基于机器视觉的
交通运输基础设施裂缝检维与管理

Machine Vision-based Detection, Maintenance,
and Management of Cracks for Transportation Infrastructures

邱实 等 编著

中南大学出版社
www.csupress.com.cn
·长沙·

序

Preface

　　交通基础设施是国民经济和社会发展的基石，加快推动基础设施高质量发展是我国建设现代经济体系，推动经济高质量发展的重要举措。在过去的几十年里，我国交通基础设施的建设无论从速度还是从规模上，都达到了一个高潮。当前我国的基础设施建设已经开始由高速建设转向高质量建设，由信息化发展阶段转变为智能化发展阶段。与此同时，随着我国基础设施建设速度的不断加快，智能运维作用不断凸显。传统的管理与维护措施通常是哪里损坏就修哪里，需要大量的人力。而未来，在全球新一轮科技革命和产业变革环境下，以5G、大数据、物联网为代表的新一代信息技术的广泛应用，以及新材料、新工艺、新能源的持续创新发展，必将会对基础设施的发展产生革命性影响。

　　本书在总结我国基础设施发展现状和建设经营管理模式的基础上，对基础设施裂缝产生的成因与运维阶段存在的问题进行了详细的阐述，并从基础设施裂缝的图像数据采集、处理、特征分析、识别和评价等方面具体介绍了相关方案的技术特点和实践状态，是当今"新基建"助力"老基建"发展的实际案例。所提出的基于主动安全的交通运输基础设施裂缝维护管理模式，在促进我国基础设施安全管理工作高质量发展的同时，无论对基础设施管理者，还是从事该领域的技术人员均有益处。

杜彦良

中国工程院院士

2021 年 3 月

前 言

Foreword

　　交通基础设施是国民经济大动脉、国家重要基础设施和综合交通运输体系的骨干，加快交通基础设施建造、运营和维护全过程的科技创新，对全面落实交通强国建设要求、推动我国综合交通运输领域技术发展具有重要示范带动作用。在过去的 40 年里，我国逐步建立了与发展需要相匹配的交通运输体系。截至 2019 年底，全国公路总里程达到 501.25 万 km（其中高速公路里程达到 14.96 万 km）；铁路运营里程达到 13.9 万 km（其中高速铁路运营里程达到 3.5 万 km）；隧道里程达到 1.8 万 km；铁路、公路桥梁达到 87 万座；民用航空机场达到 238 个。与此同时，随着"一带一路"建设的深入推进，我国交通基础设施在实现与周边国家互联互通过程中正在发挥越来越重要的作用，对交通基础设施持续健康稳定运营的要求更加迫切。为有效应对西方社会的技术封锁和打压，牢牢掌握交通基础设施持续健康发展的主动权，我国必须进一步加快自主创新步伐，紧密围绕事关交通基础设施监测、运维、安全等核心技术的领域，深入推进自主研发和产业应用，实现交通基础设施的智能运维和科学管养。

　　《国铁集团"十四五"科技创新规划》指出：到 2025 年，我国铁路总体技术水平达到世界领先；以智能检测监测、评估和故障预测技术为重点的基础设施安全保障技术研究取得重要进展；基于大数据、云计算和人工智能技术的运营维护技术取得明显成效；综合安全生产大数据平台得到全面应用；形成区块链接、互联互通、上下贯通的安全生产信息网络；安全管理的信息化水平全面提升；铁路安全保障体系持续完善，支撑着我国铁路安全水平不断提升。为实现上述目标，我国需要打造一套科学高效的交通基础设施检测监测、维护和管理体系，不断推进北斗定位、数据传输、数字图像处理等技术在基础设施日常检测监测中的应用；研究基于大数据平台的基础设施故障预测与健康管理技术；加强既有基础设施服役性能跟踪，构建基础设施安全与运维集成平台，实现基础设施全生命周期安全管理；充分挖掘信息化、智能化等新兴科技的发展和应用潜力，超前部署相关应用基础研究和前瞻技术研究，加快形成一批独有独创的引领性创新成果，全面打造世界领先的交通基础设施智能运营和健康管理模式，构建并不断巩固我国在世界交通科技领域的"领跑者"地位。

按照这一规划的指导，我国在交通基础设施病害检测监测、维护和管理领域大量引入了诸如人工智能、大数据、无人驾驶、深度学习等前沿技术，一方面以此来提高我国交通运输基础设施的智能化运营和管理水平，另一方面提升交通运输业对关键设施服役状态的在线监测、远程诊断和智能维护能力，其中一项关键内容便是提升对各专业交通运输基础设施裂缝检测、识别和维护的能力与水平。

对于各类交通运输基础设施，结构裂缝是出现频率最高、分布最广、影响最大的病害之一。同时，结构裂缝也是评价各类交通基础设施服役状态的重要参数之一。基础设施结构裂缝是大部分病害的早期表现形式，直接影响着各类基础设施的承载能力、服役寿命、使用安全，及早地发现裂缝并进行维护能及时避免裂缝进一步发展及由此造成的严重影响。基于此，有必要加强对各类交通运输基础设施结构裂缝的关注，大力推动先进信息技术、智能养护设施设备的应用，提升对在役交通运输基础设施裂缝等伤损病害的检测、监测、维护能力，保障各类交通运输基础设施在正常服役期内安全、可靠、稳定地运营。

本书作者一直从事轨道交通领域的基础设施维护和管理等相关工作，尤其对各专业交通基础设施裂缝的检测和维护进行了深入细致的研究工作。在裂缝微观特征刻画测量理论方面，提出了基于区域强度聚类能量的主动轮廓模型、基于各向异性热方程的广义局部光照自适应模型、统计滤波算法、改进的三维阴影建模等一系列创新性算法。这些算法可以应用于轨道板、路面等不同基础设施裂缝的自动化识别领域。研究成果发表在 *Computer-Aided Civil and Infrastructure Engineering*，*Automation in Construction*，*Journal of Computing in Civil*

Engineering 等业内声誉优异的 SCI 期刊，获得了国内外相关领域专家学者的广泛引用。作者还提出了一整套裂缝微观几何形态特征的精确测量理论和方法，并自主开发了高速铁路轨道板破损自动识别系统。该系统能够清晰准确地记录高速铁路轨道板巡检图像信息，选择合适的识别精度将裂缝准确地提取出来，并进行自动分类。该软件系统将应用于铁科院研发的新一代自动化巡检系统中，并作为其中的模块之一。

本书从交通基础设施的检测与实际维护需求出发，结合作者多年从事基础设施裂缝检测和管理研究的经验，从采集、预处理、分析、评估等方面对各种先进的机器视觉解决方案在道路、铁路、桥梁、隧道等各类交通运输基础设施裂缝检维工作中的应用历程和实践状态进行了深入的阐述和分析。针对"裂缝定义不清晰，检测维护效率低"的问题，全面、系统地梳理了交通运输各专业基础设施的裂缝成因及类型，并提出了有针对性的前瞻性技术与未来发展方向；针对"检测系统杂、数据类型多"的问题，分功能、分场景、分尺度地总结归纳了道路、铁路、桥梁和隧道等基础设施的裂缝数据采集系统、数据类型及相应的预处理方法；针对"工程分工模糊、检测水平低"的问题，首次将交通运输基础设施裂缝检测工作明确划分为图像辨识、区域定位和特征表达，揭示了以深度学习为代表的人工智能检测技术相比传统启发式特征提取方法的优异性能，并针对实际工程应用中存在的风险与挑战指出了人工智能检测技术的演进和发展方向。本书进一步结合先进的人工智能检测技术和海量巡检数据，针对"现有裂缝维护不及时，组织管理混乱"的问题，提出了基于 BIM + GIS 的裂缝数据可视化管理体系和基于主动安全理论的基础设施裂缝维护管理模式，丰富和发展了基础设施裂缝的智能管理和维护决策，指导建立健全规范化、标准化、智能化的维护管理技术标准与规程制度，实现了从自动化的裂缝数据检测到智能化的基础设施维护管理的无缝衔接，以不断提高基础设施裂缝的管理水平和工作效率。

本书由邱实、汪雯娟、王卫东、王劲、胡文博、韩哲共同编著，共 8 章。其中邱实、汪雯娟负责整体策划、大纲编写和组织协调工作。本书第 1、2 章主要由邱实、汪雯娟、魏晓负责编写；第 3 章至第 7 章主要由王卫东、王劲、胡文博、彭俊、许馨月、王梦迪、吴铮、于冀蒙、刘贤华、杨波波、孙颖、李培等负责编写；第8章主要由邱实、王劲、汪思成、伍定泽、孙颖、刘俊、林熹东等负责编写。在本书出版的过程中，得到了 Kelvin C. P. Wang、王平、钱臻、艾成博、王大为、蔡小培、杜博文、张傲南、王子甲、陈雍君、孟雪飞、魏中华、王少帆、许贵阳、刘海波等专家的悉心指导、高铁联合基金（U1734208）和国家自然科学基金面上项目（52178442）的资助以及中铁十七局集团上海轨道交通工程有限公司、湖南蓝布科技有限公司、北京大鲁仪器科技有限公司等企业的大力支持，在此一并表示感谢。

本书是作者多年来在交通运输领域对裂缝检测研究以及项目工作经验的总结和提炼，希望以此为契机与各位同仁共同分享基础设施裂缝检测、识别研究中的一些理念、技术方法等。由于作者水平有限，书中疏漏之处恐在所难免，敬请读者批评指正。

作 者

2021 年 6 月

目 录

Contents

第 1 章

交通运输基础设施裂缝检维现状概述

随着我国经济快速发展，交通运输基础设施进步显著。截至 2019 年底，我国公路总里程达到 501.25 万 km，高速公路里程达到 14.96 万 km；铁路运营里程达到 13.9 万 km，高铁运营里程达到 3.5 万 km；民用航空机场达到 238 个。中国交通运输基础设施里程(数量)发展历程如图 1-1 所示。

在各类交通网线分布日趋完善的同时，交通运输基础设施的养护管理工作也逐渐成为重点。《国家中长期科学和技术发展规划纲要(2006—2020)》将"交通运输基础设施建设与养护技术及装备"确定为重点领域及若干优先主题之一。总体而言，无论是从国家政策层面还是从行业发展需求的角度来看，现阶段我国交通运输领域都有必要提高基础设施整体的科学管养水平。借助前沿技术，以科学的理论为指导，以真实的数据为支撑，建立符合我国国情的交通运输基础设施服役状态监控与管理体系，协助维护人员及时、准确地发现基础设

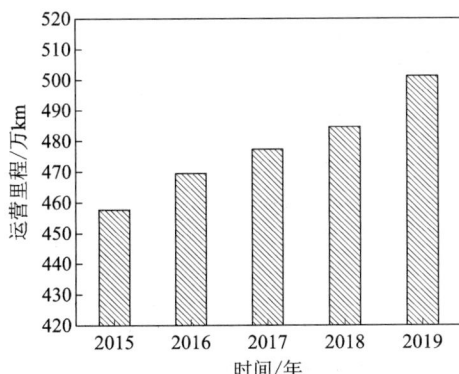

（a）全国公路里程统计图

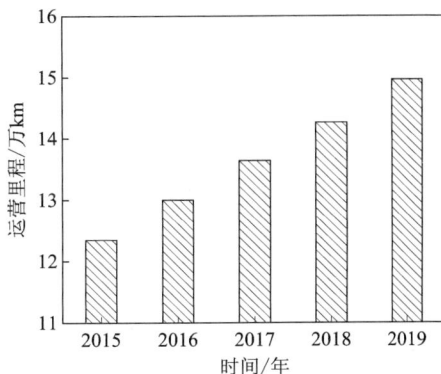

（b）高速公路里程统计图

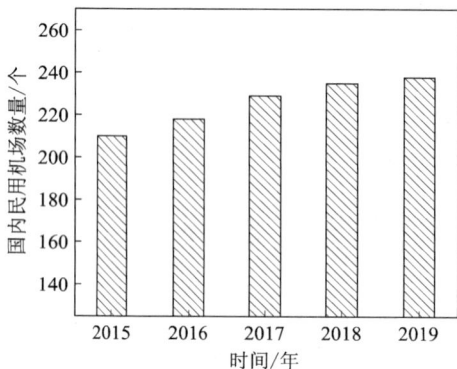

(c) 全国民用机场统计图

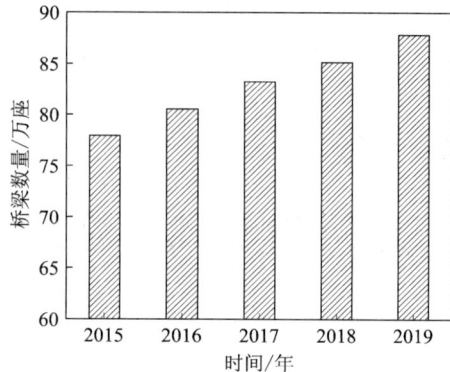

(d) 全国桥梁数量统计

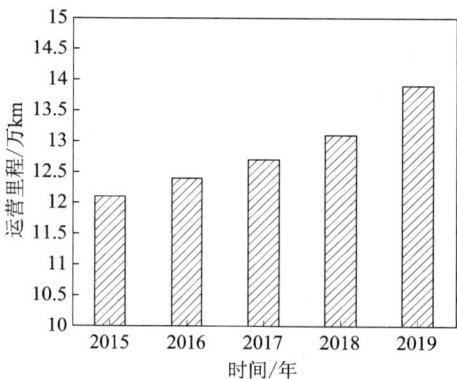

(e) 铁路运营里程统计图

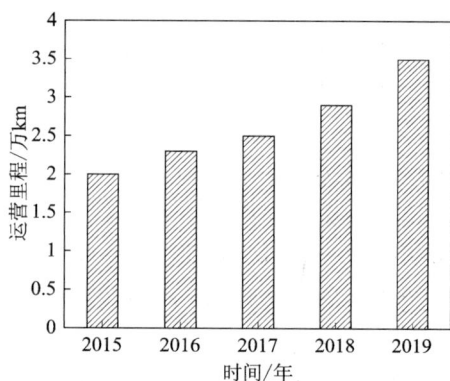

(f) 高铁运营里程统计图

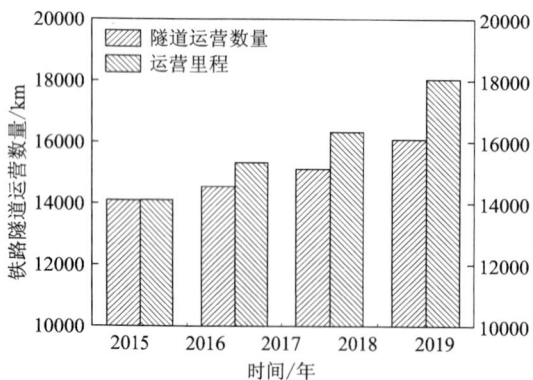

(g) 铁路隧道数量与里程图

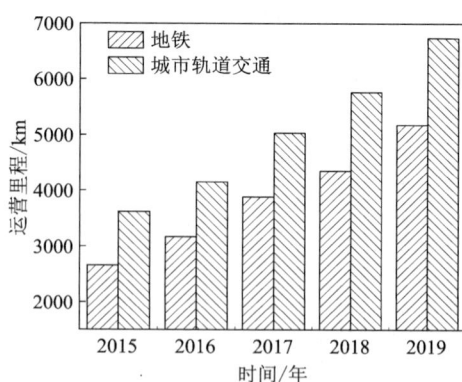

(h) 轨道交通运营里程

图 1-1　中国交通运输基础设施里程与数量发展历程

施病害，精准地掌握基础设施的服役状态，并以此为依据，制定科学合理的维护计划，合理地安排资金，保障我国交通运输基础设施安全、稳定、可靠地运行。

1.1　交通运输基础设施裂缝成因与危害概述

按交通运输部 2020 年发布的《交通运输部关于推动交通运输领域新型基础设施建设的指导意见》中对交通运输基础设施的定义，交通运输基础设施具体包括公路、铁路、内河航道、港口、民航、客运枢纽等基础设施。在针对各类交通运输基础设施服役状态的检测工作中，结构裂缝是出现频率最高、分布最广、影响最大的病害之一。同时，结构裂缝也是评价各类交通运输基础设施服役状态的重要指标之一。基础设施结构裂缝是大部分病害的早期表现形式，直接影响着各类基础设施的承载能力、服役寿命、使用安全，及早地发现裂缝并进行维护能及时避免裂缝的进一步发展及由此造成的严重影响。基于此，在基础设施伤损病害检测工作中有必要加强对各类交通运输基础设施结构裂缝的关注，使用先进的技术提高结构裂缝的检测、识别能力，为及时开展维护工作提供相应的辅助决策建议，最终实现对各类交通运输基础设施的科学管养，延长其使用寿命，保证服役安全。

交通运输基础设施在服役过程中，由于荷载、屈曲、疲劳、物理过程、化学作用等因素，会不可避免地出现裂缝伤损，混凝土和沥青结构是交通运输基础设施表面常用材料，其裂缝根据成因可以分为如下几类。

（1）受弯裂缝

对于钢筋混凝土结构，受弯构件的截面由受拉区和受压区构成，由于混凝土抗拉能力很差，拉应力由钢筋承担，除少数预应力构件外，一般构件受拉区均存在裂缝，即使在正常使用极限状态，大部分受弯构件也是带裂缝工作。受弯裂缝一般垂直于主拉应力迹线方向，裂缝呈楔形，在受拉区边缘裂缝最宽，而中止于受压区边缘。

（2）受压裂缝

当基础设施受压构件所受压应力达到材料抗压强度时，受压变形会因超过极限而破坏。压力引起构件侧向膨胀，裂缝通常沿主压应力迹线方向发生，将构筑物结构压成许多纵向受力的微小柱体，最后随着这些微柱的压毁而破坏。

（3）受拉裂缝

钢筋混凝土结构由于混凝土抗拉强度低，当受拉构件所受拉应力超过材料强度极限时便会产生受拉裂缝，受拉裂缝方向垂直于主拉应力且为通透性裂缝。沥青路面在车辆外部荷载的反复作用下，沥青半刚性基层的底部拉应力过大，超过材料强度极限，形成由上而下的受拉裂缝。

（4）收缩裂缝

钢筋混凝土结构由于混凝土胶凝固化、干燥失水、碳化等造成收缩，在混凝土结构表面或内部引起裂缝。对于沥青路面，由于沥青本身的特性，当服役环境温度在小范围变化时，沥青路面具有良好的抗变形能力。但是当环境温度骤降，沥青材料会硬化、收缩，当收缩应力过大，超过沥青材料的极限强度时，沥青路面层便会开裂，形成收缩裂缝。

（5）温度裂缝

和绝大多数物质一样，混凝土也具有热胀冷缩的性质。当钢筋混凝土结构温度变化并受到变形约束时，会由于应变差异而引起裂缝。此类裂缝是在温度应力作用下因混凝土结构变形不协调而产生的。对于沥青路面结构，当其服役环境温差较大，在短时间内温度升降明显时，沥青材料会产生疲劳效应，弹性模量也会随之降低，进而在温度应力的作用下形成裂缝。

1.1.1 铁路无砟轨道结构裂缝成因及影响

我国铁路客运专线绝大多数采用的是双块式或板式无砟轨道结构。这两种轨道结构的特点是道床板（轨道板）混凝土设计强度等级较高、混凝土表面积与体积大、混凝土的粗骨料粒径较小、胶凝材料用量较大等。此外，水泥水化、水分蒸发、温度梯度、约束应力等原因都易导致道床板开裂。

（1）铁路无砟轨道结构裂缝类型

无砟轨道系统道床板裂缝按形成位置可以分为如下几种：

①轨枕八字角裂缝。出现于双块式无砟轨道道床板与轨枕的四个角周围，呈放射状，被称为八字角裂缝。

②横向裂缝。大多出现在轨道板轨枕所在断面，贯穿整块轨道板，此类裂缝是轨道结构中影响最大、裂缝宽度最宽的一种裂缝。

③侧向裂缝。是路基支承层浇筑完成后，由于假缝的设置时间较长，在假缝处沿侧向出现的裂缝。

④表面不规则裂缝。由于浇筑轨道板时养护不及时，收面后的压光不到位，轨道板表面失水过多而形成了龟裂缝。

（2）铁路无砟轨道结构裂缝形成原因

轨道结构一方面要为机车系统提供导向作用，另一方面要承受列车运行过程中从上部传下来的动荷载，并要将动荷载传递至下部基础。轨道板在此过程中起着关键的"承上启下"作用，受力情况复杂。在多方面因素的作用下，轨道板裂缝的产生也将不可避免。而轨道板产生裂缝的原因归纳而言，有如下几点：

①由于轨道系统所采用的轨枕一般为事先预制，而轨道板常采用现浇的方式修建，所以轨道板在失水硬化过程中，其收缩变形与轨枕不同步。此外，轨枕与轨道板相接的四个角由于圆弧半径很小，容易形成应力集中，进而形成八字形裂缝。

②混凝土是一种由砂石骨料、水泥、水及其他外加材料混合而成的非均质脆性材料。过分的振捣会使粗骨料下沉，挤出水分和空气，在表面形成一层砂浆层。表面的混凝土比下层混凝土干缩性更强，待水分蒸发后，容易形成收缩裂缝。

③混凝土养护过程中，由于轨道板内外温差大，较大的温度应力会导致裂缝产生。特别是在恶劣的服役环境中，如果养护不当、混凝土浇水养护不及时，极易形成表面裂缝。

④由于轨道板混凝土的塑性收缩、干燥收缩而形成裂缝，具体如下：

混凝土塑性收缩。混凝土塑性收缩是造成轨道板产生早期裂缝的主要原因。以双块式无砟轨道为例，道床板施工距离长，服役环境复杂，混凝土塑性阶段长时间暴露于空气中，表面混凝土失水较快，水分蒸发速度超过其泌水速度，导致表层混凝土稠硬收缩，产生过大的拉应力，进而导致轨道板产生裂缝。

混凝土干缩。道床板在停止浇水养护后，会失去内部毛细孔水、凝胶水和吸附水，随后混凝土干缩产生裂缝。干燥收缩裂缝在无砟轨道道裂缝中所占比例较大，尤其是采用泵送混凝土浇筑而成的轨道板。

⑤轨排伸长引起裂缝。我国目前大多数轨道线路采用无缝钢轨，受温度变化的影响，在钢轨内部会产生极大的温度应力，在轨道连接部件的作用下，钢轨、扣件、轨枕、道床板形成了一个有机的整体。由于温度变化导致钢轨内部产生的拉(压)应力最终会由轨道板来平衡。若温度应力过大，轨道板所受的拉(压)应力超过其极限荷载，就会导致轨道板开裂。

⑥混凝土骨料塑性沉落引起裂缝。在混凝土浇筑的过程中，如果粗骨料的沉落受到钢筋的阻挡，就会出现沿钢筋走向的裂缝。施工过程中，如果钢筋绑扎不到位，模板沉陷、移动，都会引起此类裂缝的出现。

⑦温度裂缝。温度裂缝主要是由轨道系统服役环境、轨道板内外温差大造成的。温差的类型可以分为三类：水化热引起的混凝土内外温差、结构整体的温度升降差、轨道系统从上表面至下表面的温度梯度。

（3）裂缝伤损对轨道结构的影响

轨道系统功能的正常发挥依赖于其结构的完整性，而裂缝的产生，一方面破坏了轨道系统的完整性，另一方面也会诱发其他伤损和病害的产生和发展，进而威胁到轨道系统的安全运营。裂缝的存在对于轨道系统的影响有如下几点：

①轨道板是轨道结构的重要组成部分，控制轨道板裂缝的产生及裂缝宽度的发展是保证无砟轨道高速铁路正常运营的必要条件。轨道板及轨枕在服役过程中会产生裂缝，当裂缝宽度的发展超过限值要求，将导致轨道板和轨枕中的钢筋暴露于空气中，加速钢筋的锈蚀，而钢筋的锈蚀又将进一步挤胀混凝土，致使裂缝加速发展，形成恶性循环。

②当轨道板出现裂缝并发展至一定规模时，会导致轨道系统绝缘节点的绝缘卡子逐渐失效，降低轨道结构整体的绝缘性。

③轨道板裂缝的出现会导致轨道板防水性能降低，产生道床渗水并加速基础下沉速度，从而影响轨道整体结构的平顺性，在反复的列车荷载作用下将进一步降低道床的耐久性和承载能力，不但增大了维护的工作量，还会影响行车安全。

④轨道板横向裂缝一旦形成贯穿裂缝，危害极大。它会极大地降低无砟轨道的耐久性、绝缘性、承载力和安全性。

轨道系统受施工、荷载、环境等因素的影响，随着服役年限的增长，轨道板会不可避免地产生裂缝。目前，我国各条线路皆有轨道板开裂的现象存在，甚至部分裂缝宽度已经超过现行技术要求。大量裂缝的存在势必会影响到无砟轨道结构的服役性能与使用寿命，基于此，有必要提高无砟轨道裂缝伤损的检测、识别、数据收集能力，做到及时发现、及时判断、及时维护，为轨道系统的科学运维提供理论与技术支持，保障铁路运输的质量与安全。

1.1.2　桥梁结构裂缝成因及影响

目前，我国大批新建于 20 世纪 80 年代和 90 年代的桥梁，时至今日已服役 30 年以上，大量桥梁已经出现结构老化、材料强度极限下降等问题，而桥梁结构裂缝作为多种病害的前期征兆则早已大量出现。

（1）桥梁结构裂缝类型

桥梁裂缝按出现位置可分为如下几类：

①上部结构裂缝。桥梁上部结构裂缝分为结构性裂缝和非结构性裂缝。结构性裂缝多是由于桥梁结构在外部荷载作用下，梁体所受应力达到其最大允许值进而产生的裂缝，此类裂缝是梁体开始破坏的特征。非结构性裂缝是在混凝土材料组成、浇筑方法、养护条件和服役环境等多方面因素的共同作用下产生的，可以分为：收缩裂缝、温度裂缝、钢筋锈蚀裂缝。

②下部结构裂缝。桥梁下部结构包含桥台、桥墩、桥梁基础等,下部结构一方面要承受桥梁上部的自身荷载与车辆动荷载,同时将桥梁上部荷载传递至基础。因为桥梁下部结构受力、服役环境复杂,下部结构也是裂缝频发的敏感结构。裂缝在桥梁下部结构中的表现主要为:盖梁开裂、防震挡块开裂、混凝土墩台开裂。

(2)桥梁结构裂缝形成原因

桥梁结构中出现的裂缝病害,通常是肉眼可见的梁体裂缝或者墩台裂缝等。此类裂缝的发展历程一般会经历微裂缝萌生、在反复动荷载作用下发展、形成肉眼可见的大规模裂缝等阶段。梁体产生裂缝的原因可以归纳为如下几点:

①混凝土泌水效应引起裂缝。对于混凝土桥梁,无论是预制还是现浇,其桥墩、桥台、梁体等结构,在混凝土浇筑入模、捣固、养护、硬化等过程中都很难避免离析泌水现象的发生。由于离析泌水现象的存在,混凝土结构内部会形成缺陷,导致桥墩、桥台、梁体等结构内部匀质性与密实性差。这些缺陷的存在会使桥梁结构在受力过程中出现应力集中的现象,加之循环荷载与动荷载的作用,最终会导致微裂缝的萌生并进一步发展为裂缝。

②混凝土的收缩效应引起裂缝。桥梁结构与轨道结构类似,会因为混凝土塑性收缩、干燥收缩等而产生裂缝,其原理基本一致。

③外部直接荷载作用引起裂缝。桥梁结构属于典型的梁体结构,在服役过程中主要承受自重荷载和外部车辆反复动荷载。当梁体微裂缝或者裂缝已经形成时,在动荷载作用下,梁体中和轴以下的受拉区会成为敏感区域,容易产生新裂缝。同时,由于桥梁结构形式不同,受力方式各不相同,受拉区产生的裂缝形式也有所区别。

④温差引起约束应变裂缝。当大体积混凝土基础浇筑在坚硬基岩或厚大的老混凝土表层时,桥梁结构因整体性要求没有或不能采取隔离层等放松约束措施,混凝土在大气温度及其水化热温度的作用下,其内部产生很大的温度,在降温收缩过程中变形受到岩石地基或老混凝土垫层的约束,内部出现很大的拉应力而产生约束裂缝。

⑤设计与施工缺陷。梁体设计不合理、设计材料不合理、布置错误等都会导致桥梁在使用年限到达之前出现伤损和病害,而裂缝是多种病害的前期反映。

⑥环境因素导致桥梁裂缝。由于混凝土碳化、电化学腐蚀、冻融现象等,混凝土结构会产生过大的应变,进而导致桥梁混凝土构件产生裂缝。

(3)裂缝伤损对桥梁结构的影响

裂缝是桥梁结构多种病害的前期表现形式,同时也是对桥梁结构服役稳定性、耐久性、安全性影响较大的病害之一。对于桥梁结构，在不加维护的情况下，随着服役年限的增长，裂缝数量、宽度、深度会呈逐渐上升趋势，对桥梁结构服役的安全性造成极大的威胁。桥梁结构裂缝的影响有如下几点：

①对于一般的混凝土结构桥梁，裂缝的出现会使混凝土中性轴上移，桥梁受压区面积减少，受压能力降低，进而降低桥梁的承载能力。

②混凝土桥梁裂缝首先会以微裂缝的形式出现，然后在荷载作用下宽度与深度不断增加，包裹在混凝土中的钢筋会逐渐暴露于大气中，钢筋与大气中的水分和氧气在电化学作用下会被逐渐锈蚀，有效受力面积不断减小，进一步导致桥梁承载能力的减弱。

③对于跨度较大的钢箱桥梁，由于箱梁采用焊接的方式进行连接，在车辆动荷载的反复作用下，原始焊缝处容易产生微裂缝，微裂缝逐渐扩展贯通形成可见的裂缝，会导致钢箱桥梁承载力发生较大程度的降低，进而直接威胁到行车安全性。

桥梁结构裂缝的产生、发展不仅影响桥梁结构的整体美观，而且降低了桥梁结构的承载力、耐久性、安全性。此类伤损也是桥梁结构维护工作中的一大关注重点。

1.1.3 公路路面裂缝成因及影响

在我国交通运输基础设施中，公路(高速公路、市政公路、村镇公路、机场跑道)是数量最大、分布最广、最常见的一种基础设施。公路按面层材料的不同可以分为沥青路面公路和混凝土路面公路。

(1)沥青路面裂缝类型与成因

沥青路面裂缝按形态主要有五种类型：横向裂缝、纵向裂缝、块状裂缝、龟裂、反射裂缝。无论是哪种裂缝，都会对路面结构造成一定程度的破坏。虽然裂缝形成初期，对路面的行车功能未产生明显影响，但是在交通荷载、降水、温度等多种因素的影响下，裂缝必将进一步发展，最终因路面结构损坏、材料组成变化而发展成为严重裂缝，严重影响路面整体承载能力和行车安全性。

1)横向裂缝

按美国路面长期性能手册(Long-Term Pavement Performance, LTPP)中对沥青路面横向裂缝的定义，横向裂缝是指垂直于路面中心线的裂缝。对于沥青路面，横向裂缝是出现频率最高的一种裂缝形式。沥青路面所处的服役环境温度较低或者出现温度骤降现象，均易导致沥青面层缩裂，进而形成横向裂缝。

2)纵向裂缝

LTPP 对纵向裂缝的定义是与路面中心线平行、在轮道或非轮道区域的长裂缝。国内组织对纵向裂缝的描述是沿路面行车方向分布的单根裂缝，一般成熟的纵向裂缝都较长。纵向裂缝的形成原因归类而言有如下四点：

①在高填方路段，由于路基压实不好，道路在服役过程中出现路基不均匀沉降的现象，进而产生纵向裂缝。

②道路加宽时，新旧路基结合位置处理不当，沉降速度不一致导致纵向裂缝产生。

③沥青混凝土面层摊铺时，若纵向施工冷接缝搭接不好，会沿着搭接缝产生较长的纵向裂缝。

④轮迹带因荷载重复作用产生疲劳伤损，进而产生纵向裂缝，同时产生车辙。

3）块状裂缝

块状裂缝是使沥青路面呈块状、离散分布的一种裂缝，这类裂缝是对沥青路面整体性破坏最为严重的一种裂缝。若沥青公路面层和基层强度不足，在车辆反复动荷载作用下，在路面强度不足区域容易形成块状裂缝。

4）龟裂

龟裂是在沥青路面局部区域发生的类似龟纹状的裂缝，龟裂常常伴随着路面的沉陷现象。一般认为，龟裂是路面结构在重复荷载作用下的疲劳破坏，是结构强度不足的体现。路面出现龟裂的主要原因有如下两点：

①道路层间黏结不良。沥青路面由于面层与下层黏结不良，在荷载、环境等多种因素作用下上下层黏结失效，导致面层的沥青混合料单独承受荷载与温度作用，道路面层出现龟裂，道路中下层完好。

②路面随服役年限的增长，在车辆动荷载和温度荷载反复作用下，导致沥青结构疲劳老化，沥青混合料劲度模量增大，疲劳性能下降，随后出现龟裂。

5）反射裂缝

根据 LTPP 的定义，反射裂缝是指发生在沥青混凝土路面接缝处的表面裂缝。中国交通运输部对沥青路面反射裂缝的定义为，由于下铺层裂缝向上传递而导致沥青面层产生与下铺层相似的裂缝，一般发生于加铺层上。由于旧有的水泥路面存在接缝、裂缝或旧有的沥青路面存在纵向裂缝、横向裂缝和块状裂缝，在加铺时未对旧有路面加以适当的处理会导致加铺层产生与下铺层裂缝相似的反射裂缝。

（2）水泥混凝土路面裂缝类型与成因

水泥混凝土路面裂缝类型多样，根据不同的要求，其分类也有所区别。按裂缝发生的时期，可以分为早期裂缝和使用期裂缝。按裂缝深度可以分为表面裂缝和贯穿裂缝。按裂缝严重程度可以分为轻微裂缝、中等裂缝、严重裂缝三类。在《水泥混凝土路面养护规范》(JTJO 73.1—2001)中，根据裂缝产生的方向及路面板裂块数来分，可以分为四种：

①与道路中心线接近平行的裂缝。

②垂直于道路中心线或者是斜向的裂缝。

③从板角隅到斜裂缝距离小于 1.8 m 的角隅断裂裂缝。

④两条以上裂缝交叉，使路面断裂成 3 块以上的交叉裂缝。

高等级混凝土路面因其舒适、平坦，在我国被广泛使用，但是由于公路一般暴露于自然环境中、服役环境复杂且遭受反复动荷载的作用，相当一部分混凝土路面存在裂缝伤损。混凝土路面出现裂缝伤损的原因可归纳为如下几点：

①混凝土路面施工过程复杂，工期长，涉及环节多，特别是在混凝土路面养护过程中，混凝土的凝结过程会产生大量的热量，若这部分热量无法及时排出，随着外界气温的迅速下降，混凝土表面会受到内外温差作用的影响，从而导致裂缝的出现。

②水泥混凝土在硬化凝结过程中，水化反应会一直持续并伴随一系列的化学与物理收缩反应。物理收缩与化学收缩都会导致路面裂缝的产生。

③混凝土路面在服役过程中长期暴露于自然环境中，受到阳光、雨水、气温骤升骤降等因素的影响，若路面薄弱处、接缝处未能得到及时的养护，容易形成裂缝。

④路面结构自然伤损。路面受到地下水的长期侵蚀导致基层自然沉降，路面内部结构失去有效支撑，从而出现路面下降与裂缝等问题。

⑤车辆行驶对路面长期碾压、摩擦，路面承载能力下降，进而导致路面出现沉降与裂缝。

⑥当公路所在区域为软土基础时，由于施工工艺不合理或施工未按照要求来处理，导致路基密实度未达到压实度标准，混凝土路面在车辆荷载作用下会出现不均匀沉降，进而导致裂缝和不均匀沉降的出现。

⑦由于施工过程不严格、未按照相应规范进行施工、采用不合格的建筑材料、混凝土配合比不合格、集料级配不合理，造成混凝土质量达不到设计要求，导致混凝土公路在服役过程中产生裂缝。

对于公路路面，裂缝是影响最为严重的一种病害，裂缝的出现会损坏路基与路面，并进一步促进裂缝的发展，影响行车质量、安全，同时也提高了路面养护工作的强度和费用。若不能及时处理，会严重影响道路的使用寿命，造成巨大的经济损失。

1.1.4　隧道结构不同类型裂缝成因及影响

根据实际工程案例的反馈，大多数的隧道衬砌层在施工或者运营阶段都会不可避免地出现裂缝。长期以来，衬砌裂缝也是隧道衬砌结构病害治理工作中的重点内容。

（1）隧道裂缝类型

隧道裂缝按形态可分为如下几类：

①纵向裂缝。纵向裂缝的特征是其走向与隧道纵轴线基本保持平行。相比于其他形式的裂缝，纵向裂缝对隧道结构安全造成的危害最大。当纵向裂缝发展至一定规模，轻则引起拱顶塌落，重则导致整条隧道坍塌。单线隧道出现的纵向裂缝则多见于边墙部位，双线隧道纵向裂缝多见于拱腰部位。

②斜裂缝。斜裂缝的特征是其走向与隧道纵轴线呈一定角度，多发生于隧道边墙、拱顶位置。斜裂缝主要是由于隧道衬砌层受纵向力和环向力作用而产生的。

③环向裂缝。环向裂缝的特征是其走向与隧道轴线基本保持垂直，隧道结构不均匀沉降会导致此类裂缝发生，其多发生于岩石地层与不良地质区域的交接处，相对于另外两种裂缝，环向裂缝的危害较小。

（2）裂缝伤损对隧道结构的影响

已有的隧道工程实践表明，不良地质条件、施工不当或设计不当会降低隧道衬砌结构的承载能力和稳定性，给列车的安全运行带来隐患。隧道衬砌结构裂缝是一种出现频率高且危害性较大的隧道病害，裂缝本身会对结构承载能力造成影响，同时还可以与渗漏水等其他病害共同作用，进一步破坏衬砌结构。隧道结构裂缝的危害主要有如下几点：

①裂缝的出现破坏了隧道衬砌层结构的完整性，减小了衬砌层的受力截面，从而显著降低了衬砌结构整体的承载能力，同时也严重影响了衬砌结构的可靠性。

②裂缝的出现改变了隧道衬砌层内部结构应力分布，容易形成应力集中，进而产生隧道局部过度变形，使隧道净空变小，侵犯安全使用界限，影响隧道的使用功能。

③当衬砌内出现纵向裂缝时，会导致衬砌剥落掉块，使得衬砌结构拱腰部位内缘受拉张开。拱脚部位裂缝的产生则会导致衬砌错动，进而引发掉拱。当裂缝出现在衬砌结构边墙位置时，由于衬砌结构混凝土内缘受拉张开而错位，整个隧道都会失稳。

④纵向、横向、环向及斜裂缝相交时，容易在拱顶形成网状裂缝，进而导

致隧道拱顶掉块，影响行车安全。

⑤衬砌层开裂会导致隧道漏水，容易造成钢筋锈蚀、渗水，同时会携带围岩细土从裂缝处析出，形成围岩背后空洞，降低隧道整体的可靠性与安全性。

⑥在运营期内对开裂衬砌进行维护，施工过程会对隧道的正常运营形成干扰，影响道路的通行能力，也使得衬砌裂缝的整治费时、费力、费钱。

1.2   交通运输基础设施表面裂缝检维现状

1.2.1   裂缝检维与管理的目标与意义

近年来，随着我国交通运输事业的大发展，我国交通运输基础设施的建设规模也以"一日千里"的速度增长着。各类交通运输基础设施的大量兴建给我国经济社会活动带来诸多便利的同时，也带来了繁重的检测与维护任务。在各类基础设施运营过程中，由于车辆载具反复的动荷载作用和复杂服役环境的侵蚀作用，各类交通运输基础设施都会出现裂缝等病害。裂缝的产生给基础设施的美观程度、承载能力、行车安全性、服役寿命等带来了负面影响，可能造成巨额的社会损失。特别是当雨水等物质通过裂缝渗透到公路路面、铁路道床之下，侵蚀路基之后，将会降低公路、铁路的承载能力与安全性，甚至酿成灾害性后果。由此也凸显了针对各类交通运输基础设施的裂缝检测、识别、评估与维护工作的重要性。

与20世纪初相比，在过去20年中，我国交通运输基础设施数量与里程急剧增长，多项数据已居世界第一。目前，我国交通运输领域已经进入"建养并重"的新时期，而新时期也向我国交通运输维护工作提出了新问题、新要求。

2020年，我国发布《交通运输部关于推动交通运输领域新型基础设施建设的指导意见》，并对我国交通运输领域发展方向做出了规划。到2035年，交通运输领域新型基础设施建设将取得显著成效。先进信息技术深度赋能交通基础设施，精准感知、精确分析、精细管理和精心服务能力全面提升，成为加快建设交通强国的有力支撑。基础设施建设运营能耗水平得到有效控制。泛在感知设施、先进传输网络、北斗时空信息服务在交通运输行业深度覆盖，行业数据中心和网络安全体系基本建立，智能列车、自动驾驶汽车、智能船舶等逐步应用。科技创新支撑能力显著提升，前瞻性技术应用水平居世界前列。主要任务之一是打造融合高效的智慧交通基础设施。在交通运输基础设施的规划、设计、建造、养护、运行管理工作中，大力推动先进信息技术应用，逐步提升基础设施全要素、全周期数字化水平。鼓励应用智能养护设施设备，提升在役交通运输基础设施检查、检测、监测、评估、风险预警以及养护决策、作业的快速化、自动化、智能化水平，提升重点基础设施自然灾害风险防控能力。

目前我国交通运输领域基础设施维护工作，一方面由于传统的检测方式存在危险、效率低下、耗时长等不足，另一方面由于我国各类交通运输基础设施线网规模巨大，维护工作量大，要求高。面对新时期一系列的新问题、新要求与新挑战，在基础设施运维工作中引入先进信息技术、智能养护设施设备也成为行业发展的必然选择。对于基础设施裂缝检测工作同样如此，先进信息技术和智能、自动检测设备的使用一方面使裂缝检测工作更为经济、安全、高效，另一方面相比于传统的检测技术与检测方法，融入先进信息技术的检测技术与方法具备精度高、规范化、标准化、便于数据存储与分析等优点，便于形成标准化的检测制度。这将有助于维护人员更精准地了解基础设施的服役状态，并以此为依据科学合理地制定维护计划，提高维护效率，降低维护成本，保障交通运输基础设施安全、可靠地运营。

1.2.2　裂缝检测系统的发展历程与现状

回顾交通运输基础设施裂缝检测技术的发展历程，20 世纪 60 年代之前，世界各国基本采用人工的方式对交通运输基础设施裂缝进行检查。以桥梁结构裂缝检测为例，传统的检测方式是人通过桥梁检测车，站在桥梁梁体裂缝所在位置，检测人员使用游标卡尺对裂缝长度、宽度等进行测量，如图 1-2 所示。传统的路面、轨道板裂缝检测也是依靠人工行走查看的方式来进行检测。

图 1-2　桥梁裂缝检测

一方面，人工检测由于存在安全性差、效率低、劳动强度大、影响正常交通等缺点,在实际工程中,无法进行大规模的检测。另一方面,随着现代交通运输基础设施建设规模的不断增大,传统的人工检测方式已经难以满足现代公路、铁路、桥梁等基础设施裂缝检测、维护工作的需要。如何在不影响正常交通的情况下对各类交通运输基础设施裂缝等特征参数进行快速、客观、准确的检测和评价,一直是国内外交通运输领域关注的重点。

从 20 世纪 80 年代开始,以美国和日本为代表的发达国家就启动了基础设施裂缝自动检测相关技术研究工作,初期研究内容均围绕车内录像测读法和胶卷式相机记录法进行。尽管这些方法能够获得大量裂缝图片资料,但是其图片信息不利于转换成适用于计算机存储和分析的数字图像形式,需要大量的人工干预才能完成后期的路面病害识别工作。因此,这些技术没有得到广泛应用。

自 20 世纪 80 年代末期,摄像技术、计算机技术和传感技术得到飞速发展,国内外研究部门开始利用摄像机开发基础设施伤损信息自动采集系统,开发出了许多基于二维图像扫描的采集系统。根据成像方法的不同,可将二维图像扫描技术分为:线扫描、面扫描。典型的基于二维图像扫描的采集系统如表 1-1 所示。

表 1-1 基于二维的基础设施裂缝采集技术及系统

检测技术	时间	典型检测系统
模拟摄像技术	20 世纪 60 年代末期至 20 世纪 80 年代后期	GERPHO 系统(法国) PCES 系统(美国) PAVUE 系统(瑞典) ARAN(加拿大)
数字摄像技术	20 世纪 90 年代中期至今	DHDV 系统(美国) Aigle RN 系统(法国) RoadCrack 系统(澳大利亚) Hawkeye2000 系统(澳大利亚) AMAC 系统(法国)

在 20 世纪 80 年代之后,基于数字摄像的二维图像采集和分析技术是研究路面病害特征的主流方法。但是二维裂缝图像采集系统对于光照不均、路面阴影、油污、裂缝信息较弱等情况,检测效果一直不理想,如图 1-3 所示。此外,基于二维的裂缝图像信息采集技术,只能给出裂缝的位置、长度及宽度,而无法给出路面裂缝的深度信息。随着三维激光扫描技术、立体视觉和激光雷达技术的发展,三维图像采集技术开始被应用于交通运输基础设施裂缝检测。

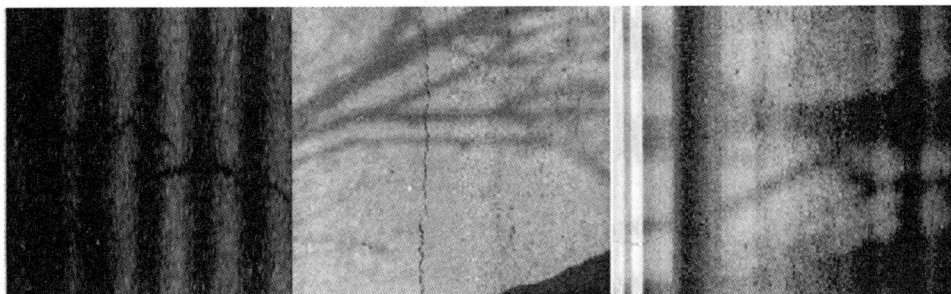

图 1-3　含有噪声的路面三维图像

三维扫描技术应用于基础设施病害检测的研究始于 1997 年，在之后的 20 多年间，各个研究团队开发出了多种适用于基础设施病害检测的三维扫描技术。三维图像扫描技术是多种传感器技术的应用与集成，按照激发光源的不同可分为基于可视光谱的三维扫描和基于不可视光谱的三维扫描。过去 20 年间，发展相对成熟的基础设施三维扫描技术有：立体成像技术、激光全息技术、结构光三维扫描技术等。

1.3　现有裂缝检测存在的问题与前瞻性技术

1.3.1　交通运输基础设施裂缝检测存在的问题

随着我国经济社会的快速发展，公路、铁路、桥梁、隧道、机场跑道等交通运输基础设施在此大环境中也得到了很好的发展，全国各类交通运输线网在过去四十年中日趋完善。时至今日，在交通运输领域，我国多项基础设施里程、数量稳居世界第一。完善的交通运输基础设施线网在给国民经济发展提供助力与便利的同时，也向我国交通运输领域维护工作提出了新的要求和问题。

桥梁、轨道、隧道、公路、机场跑道等交通运输基础设施裂缝产生的原因多样，按成因大体可以分为荷载型裂缝和非荷载型裂缝两大类。其中，荷载型裂缝是在运载工具反复荷载作用下促成的，此类裂缝也称结构性破坏裂缝。非荷载型裂缝，通常是由于环境温度变化、化学腐蚀作用而产生的。若能够早期检测并发现裂缝伤损，及时对其进行修复处理，能大大减少交通运输基础设施的养护费用和巨额开销，延长基础设施服役寿命，同时也能减少基础设施服役过程中的安全隐患。

交通运输基础设施裂缝检测技术经历了历史悠久的人工目测、半自动检测、无损全自动检测三个发展阶段。过去依靠人工视觉来检测裂缝的方式已经不能匹配当前交通运输基础设施快速发展的目标。传统的检测方式耗费时间较长、人力成本高且危险，检测过程常影响交通运输基础设施的正常运营。同时传统的检测方式由于依靠人工进行长时间的检测工作，检测人员不可避免地会产生视觉疲劳，使得基于人眼判别检测的正确率降低，不具备准确性、安全性、鲁棒性和实时性，不能对交通运输基础设施是否健康做出及时而准确的判断并修缮。半自动化检测相对于人工视觉检测有了一定程度的改进，但是人工检测存在的问题依然没有完全解决。

目前常用的基础设施裂缝图像信息采集技术大体上可分为：二维图像采集技术、三维图像裂缝采集技术。常用的裂缝图像信息采集技术对比如表 1-2 所示。

表 1-2　常用裂缝图像信息采集技术对比

类别	技术	优势	不足
二维	数字摄像技术	采样密集，信息量大	对阴影、油污、光照不均等干扰因素敏感
三维	激光全息	灵敏度高、响应速度快，可重建物体三维信息	结构复杂、成本较高
	立体视觉	可重建物体三维形貌	精度低、重建算法复杂，且需要大面积均匀照明装置
	结构光三维扫描	原理简单、精度高、对环境光免疫能力强	检测速度与精度无法同时提升、可靠性不足

基于二维的基础设施裂缝采集技术所获取的图像信息具有直观、信息量大、特征丰富等优点，通过图像分析方法可获取裂缝较为全面的信息。然而，二维图像采集与分析技术对阴影、光照不均等干扰因素敏感，存在大量的误判和漏检问题，且难以给出基础设施裂缝的深度信息。

基于三维的基础设施裂缝图像信息采集技术不受上述干扰因素的影响，具有更高的识别率和更低的误判率。激光全息技术利用干涉和衍射原理记录并再现物体真实的三维信息，具有灵敏度高、响应速度快等优点，但是该技术对路况的要求较高且系统结构复杂，成本较高。立体视觉技术可对扫描目标物进行三维形貌重建，但是精度不高，重建算法复杂，且在图像采集过程中对光照要求比较高。结构光三维检测技术具有原理简单、精度高、对环境光免疫能力强等优点；但是结构光三维检测技术由于其自身的设计原理，在基础设施伤损数据采集过程中无法同时提高采集速度与精度，此外，在裂缝等病害的特征提取与分离过程中还存在可靠性不足的问题。

1.3.2　先进基础设施裂缝检测技术

对于交通运输基础设施裂缝检测，传统的人工视觉检测方式和半自动检测方式在一定程度上都存在耗时、耗工、正确率低、缺乏安全性、鲁棒性和实时性等问题，已经很难满足我国交通运输基础设施快速发展的需要。基于此，研究者提出了多种无损自动化检测方法，目前最新的无损自动化检测系统较人工检测与半自动检测方式在各方面都有显著的改进和提升。无损自动化检测技术能做到快速化、智能化，有效地降低了检测工作的时长与成本，同时又显著地提升了对裂缝等多种伤损检测的效率、安全性、准确性。新时期，大量新兴技术被广泛应用于我国交通运输基础设施裂缝检测与维护工作，随着激光扫描技术、人工智能、计算机技术与大数据技术的快速发展，诸如高速高精度激光扫描技术、融入人工智能的裂缝自动化检测与分析技术、大数据驱动的智能化决策与维护技术，已经在我国交通运输基础设施各类病害的特征采集、分析判断、维护决策等工作中扮演着重要角色。各类先进前沿的采集、分析、辅助决策技术的使用，一方面提升了对各类基础设施病害的特征采集速度与精度、判断分类的准确性、维护计划的合理性，另一方面则对既有的伤损病害检测与维护模式进行了优化，极大地提升了我国交通运输基础设施的管养水平。在可预见的未来，随着技术的日趋成熟，此类新兴技术将会在我国交通运输维护工作中扮演越来越重要的角色。

（1）高速、高精度、时空同步激光检测技术

在我国交通运输基础设施裂缝检测与维护工作中，如何快速、准确、自动化获取裂缝规模、位置等信息一直是研究人员与维护人员关注的重点。各类基础设施都是三维的客观实体，裂缝病害本质上也是以三维信息的形式存在的。在裂缝特征信息采集工作中，相比于二维图像，三维图像能够承载更多有用信息。基于此，如何获取能反映基础设施裂缝真实信息的三维数据一直是维护人员关注的重点。

在现代工业中，三维激光扫描是一种先进的全自动立体扫描技术，其以多种传感器集成技术和计算机技术为基础，通过向被检测物体投射激光，并由激光测距仪按照指定频率读取物体表面三维信息。这项技术也被称为"实景复制技术"，主要面向高精度逆向工程的三维建模与重构。三维激光扫描技术作为

一种新型的三维数据获取手段，是对传统测量与检测技术的重要补充。

就过去 20 年的应用情况来看，各类激光扫描系统在实际使用过程中依旧存在着自身明显的不足。例如，由于数据传输速度的限制，扫描精度的提高往往伴随着扫描速度的降低；由于硬件设计的固定化，仪器的工作距离必须控制在一个较小的范围内；激光光斑的大小不仅影响感光元件的曝光效果，还直接影响扫描精度。激光光斑越大且强度越高，曝光效果越好，但是却影响着扫描物体的边缘与转交处的扫描精度。因为上述问题的存在，所以激光扫描系统在基础设施伤损检测中并未得到大规模的使用。

过去十年，随着数据传输技术、计算机技术、硬件技术的进步，激光扫描系统曾经存在的诸多不足，因为上述技术的进步而得到了有效弥补。此外，随着信息技术的迅猛发展与 5G 时代的到来，高精度的时空同步技术与激光扫描技术的结合成为可能。近十年，国内外多家公司与高校科研机构纷纷参与到相关领域的研究中，并且研发出了高速、高精度、适用性强、能精准定位数据采集时间与位置的激光扫描系统，目前已逐步在实际工程中得到应用。

（2）融入人工智能的裂缝分析技术

人工智能是计算机科学的一个分支。随着近 20 年计算机技术的飞速发展，过去诸多约束人工智能发展的技术问题被接连攻克，人工智能技术得到了空前的发展。随着人工智能技术的日益成熟，这一技术也逐渐完成了从理论研究向实际应用的转变，目前人工智能技术已广泛应用于诸多领域，包括机器人、语音识别、图像识别、自然语言处理等。在土木工程领域，以机器学习和深度学习为代表的人工智能技术已被广泛应用于结构稳定检测、裂缝识别、伤损判断、辅助决策等领域，并取得了很好的效果。

①基于机器学习算法的裂缝识别与分类技术。机器学习致力于研究如何通过计算的手段，利用"经验"来改善系统自身的性能。在计算机系统中，"经验"通常以"数据"形式存在，因此，机器学习所研究的主要内容是关于利用计算机从数据中产生"模型"的算法，即"学习算法"。有了学习算法，研究者再把经验数据提供给它，它就能基于这些数据产生模型；在面对新的情况时，模型会提供相应的判断。

机器学习算法在交通运输基础设施裂缝识别领域的应用，首先需要建立相应的特征向量用于描述裂缝图像特征，然后根据选定的测试图像训练特征向量，最终利用训练后的特征向量检测和识别裂缝伤损。由于机器学习算法引入了训练机制，裂缝伤损识别正确率与效率皆有显著提升。但是这一工作的计算量巨大，机器学习技术严重依赖于训练样本量和硬件设备性能。

神经网络是模拟人类大脑结构和功能而定义的计算模型。神经网络算法是一种能够实现人工智能管理的机器学习算法，在基础设施裂缝识别领域应用较为广泛。国内外诸多研究者将 BP（back propagation）神经网络算法应用到了对裂缝的自动识别和分类上。基于神经网络的裂缝识别，首先需要提取图像的特征信息，然后用该数据信息训练神经网络，神经网络可以自动学习和记忆，从而对已知的信息进行存储。在对未知的裂缝样本进行判别的时候，神经网络可以根据此前数据集的分析对未知样本进行识别与分类。

②基于深度学习技术的裂缝识别与分类技术。机器学习通常需要经过大量的专业实践来设计原始数据特征提取器，通过一系列特征提取器将原始数据转化成适用于数据分类或识别的特征向量。该特征向量被输入至系统分类器中，最终输出识别与分类结果。依据算法复杂程度，机器学习被分类为浅层学习。深度学习则要采用多层感知器（multilayer perceptrons），由低层到高层从原始数据中提取抽象的特征向量，最后由分类器输出结果。针对原始数据复杂程度及输入形式的差异，设计不同的结构组合，并通过学习过程完成参数调整，最终可以得到非常复杂的隐式函数。深度学习在处理高维度数据方面具有强大的适用性，在自然科学领域、商用领域、行政管理领域，深度学习技术均得到了广泛的应用。

在图像识别领域，深度学习不断打破其他机器学习技术的识别正确率记录。相较于传统的图像识别方法，在图像分类、检测、分割这三大基本图像识别领域，基于深度学习的模型在准确性等方面均取得了当前最好的效果。深度学习借鉴人类视觉系统对外部信息的分级处理方式，通过组合底层特征，形成更加抽象的高层特征，即从原始图像的像素数据出发，通过不同卷积核处理，去学习得到一个低层次的表达，之后在这些低层次表达的基础上，通过线性或非线性组合，来获得一个高层次的表达。而卷积神经网络（convolution neural network，CNN）是目前深度学习领域应用最为广泛，效果最为显著的网络结构之一。卷积神经网络采用了不同的神经元核学习规则的组合，同时采用了权值共享机制，由此权值的数量大大减少，模型的复杂度大大降低。当网络的输入为多维图像时，这一优点表现得更为明显。传统图像处理方法中，最为复杂的是评估图像的特征提取是否合理、有效，而卷积神经网络可以将图像直接输入，避免了传统图像处理方法中复杂的特征提取。CNN 在二维图像处理上具有众多优势，在识别位移、缩放，以及其他扭曲不变性上具有良好的鲁棒性，因而近几年得到飞速发展，同时在交通运输基础设施裂缝检测领域也得到了很好的应用，特别是在公路裂缝伤损检测和识别方面取得了丰富的研究成果。

（3）大数据驱动的智能化决策与维护技术

大数据技术是数据科学领域一代全新的技术架构或模式，对数据量大、类型复杂、需要即时处理和价值提纯的各类数据，能综合运用新的数据感知、采集、存储、处理、分析和可视化等技术，提取数据价值，从数据中获得对自然界和人类社会规律深刻全面的知识。大数据技术涉及数据的感知、采集、存储、处理(管理)、分析、可视化呈现等诸多环节，各环节采用的技术手段多样，在各个领域皆有广阔的应用前景。

近十年，随着人们对数据科学认识的逐渐深入，世界各国都意识到数据作为国家战略资产的重要性，各国陆续发布了本国的大数据战略。我国"十三五"规划中已将大数据战略上升为国家战略，此后学术界和工业界都对大数据技术开展了大量的研究工作，并取得了丰富的成果。时至今日，大数据技术已在诸多领域取得了很好的实用效果，创造了巨大的经济与社会价值。可以预见，大数据技术在未来将会被应用于国计民生的各个领域，并为各个领域带来巨大的冲击和变革，以及前所未有的发展机遇。

对于我国交通运输领域基础设施运维管理，一方面由于信息化建设的深入、新技术的应用以及新设备的大量使用，各设备子系统同步建立了相应的检测、监测系统，同时产生和存储了海量的非结构化和结构化数据，具备使用大数据技术的基础。另一方面在交通运输基础设施运维工作中各系统所收集的数据标准不一，数据的一致性、完整性难以确保，缺乏有效的分析手段，难以对现有数据进行深入分析和挖掘，导致了大量有价值信息的流失。基于此，有必要使用大数据技术对积累的海量数据进行深入挖掘分析，进而了解各类基础设施病害和故障发生规律，优化运维管理工作流程，提升管理效率，分析潜在风险隐患，降低各类交通运输基础设施服役过程中故障和事故发生的概率，保障其安全服役。

1.3.3　交通运输基础设施检维技术未来发展方向

近十年来，随着计算机技术、信息技术、虚拟现实技术(virtual reality, VR)、增强现实技术(augmented reality, AR)、人工智能、大数据技术的迅猛发展，诸如云计算、5G、区块链、深度学习等技术相继得到实际应用。这些技术在改变人们日常生活的同时，也在逐渐改变各领域现有的工作与管理模式。在可预见的未来，大量新技术一方面会在各个领域中得到更为广泛的应用，另一方面也将成为各大领域未来发展与革新的方向。对于交通运输基础设施检维工作，诸如边缘计算、多元融合、数字孪生等技术将会给现有工作模式带来巨大的变革，同时也将成为其未来的发展方向。

(1)边缘计算技术

边缘计算是一种在物理上靠近数据源头进行数据分析与处理的方法，是一种分布式计算架构。边缘计算能进一步减小数据传输时延，提高网络运营效率和业务分发、数据传送能力，缓解终端的计算压力。在当前数字化变革过程中，这一技术可以对设备工作状态进行及时的、智能的检测、分析与判断。

对于交通运输基础设施检维工作，在可预见的未来，大量传感器会用于对敏感构件服役状态的检测，边缘计算技术可对实时产生的数据做出及时的计算与分析，对敏感构件服役状态做出判断，并将判断结果传输至终端系统。边缘计算技术一方面减轻了系统终端的计算压力，另一方面可实时对基础设施服役状态进行检测、分析、判断，并最终为科学制定维护计划提供及时、可靠的判断依据。

（2）多源数据融合技术

随着大数据技术的迅速发展，以机器学习理论为基础，以感知数据为支撑的数据融合技术也将成为基础设施运维领域的一大发展方向。多源数据融合技术通过对原始数据进行建模、分析及数据验证，得到了成熟的推理模型，最终实现了从数据到目标的转化。

多源数据融合技术中的"多源"指的是数据的来源有显著差异性。对于交通运输基础设施运维工作，这里的"多源"体现为从固定传感网络收集到的强时序性感知数据。例如，实时监测轨道路基沉降的传感数据；从移动车载传感网络采集到的具有空间分布特征的感知数据。例如，轨检车所采集的轨道几何形位数据；从便携式传感网络采集到的可分配感知数据。例如，机器人所采集的轨道、隧道、公路的图像数据。多源数据在采集方式、数据类型、时空分布上具有明显差异，在大多数情况下，多种数据非同源，而多源数据融合技术则是通过构建一个融合系统或模型，对具有互补性的多源数据进行整体分析，最终对交通运输基础设施现有的服役状态进行判断，对未来的服役状态进行预测。在可预见的未来，交通运输基础设施检维工作面临的问题将不再是缺少数据，而是如何对大量多源数据进行有效而及时的整合、分析与处理，并对其服役状态进行分析、判断与预测，而多源融合技术很好地迎合了这一需求。

（3）数字孪生技术

美国航空航天局（National Aeronautics and Space Administration，NASA）对数字孪生技术给出的定义是：数字孪生是一种面向系统的高度集成多学科、多物理量、多尺度、多概率的仿真模型，能够充分利用物理模型、传感器更新、运行历史等数据，在虚拟空间中完成映射，从而反映实体装备全生命周期过程。

在 5G 时代，交通运输基础设施的检维工作所面临的问题不再是缺少检测数据，而是如何对海量的数据完成有效的整合、分析、提取工作。一方面海量的数据能够支撑数字孪生技术的应用，建立能高精度反映实体装备的虚拟模型；而另一方面数字孪生技术的使用，能够通过虚拟模型对基础设施在服役周期内各阶段服役状态进行准确的反映与预测，帮助维护人员及时、精准地掌握基础设施在当前与未来一段时间的服役状态，进而科学合理地制定维护计划，保障基础设施的服役安全。

1.4　本章小结

本章对我国交通运输基础设施的发展历程、现有规模进行了概述，并分别从国家政策层面和交通运输行业发展需求论述了提高基础设施伤损检测与维护管养水平的必要性。在各类交通运输基础设施伤损、病害检维工作中，结构裂缝是出现频率最高、分布最广、影响最大的病害之一。同时结构裂缝也是评价各类基础设施服役状态的重要指标与大部分病害的早期表现形式。基于此，结构裂缝检测与维护一直是基础设施伤损检维工作的一大重点。

本章首先对各类基础设施裂缝类别、产生原因、影响进行了论述，然后对我国交通运输基础设施裂缝检测维护现状进行了分析，分别从我国基础设施现有运维需求与未来发展方向两方面对基础设施裂缝检测维护工作的必要性与意义进行了论述。随后对裂缝检测方法与技术的发展历程进行了概述，并详细对比了不同检测方式、检测方法的优缺点。在此基础上，总结了新时期基础设施裂缝检维工作所面临的新问题、新要求与新挑战。最后对目前用于基础设施裂缝检维工作的前沿技术进行了简略介绍。

第 2 章

基于机器视觉的基础设施表面图像采集系统

　　得益于数字图像采集和传输设备的不断进步,基于机器视觉的无接触图像采集方式被广泛应用于交通基础设施的检测和监测过程中,并逐渐取代了传统的人工目视检查,实现了全天候、动态和实时的数据采集。本章分别从搭载平台、图像传感器、照明端和定位端四个方面综述了现有的基于机器视觉的图像采集系统的工作原理和技术路线,并进一步针对路面、桥梁、轨道、隧道等基础设施裂缝的形态特征和独特性,列举并对比了不同的机器视觉采集系统的技术特点和演进方向,为后续的图像处理和基于深度学习的裂缝辨识提供了丰富和多样化的数据支撑。

2.1　基于机器视觉的交通基础设施表面图像采集系统简述

　　当前的交通基础设施裂缝数据采集依然是以人工巡道或接触式传感器为主,存在效率低、成本高、难以标准化管理的缺点。随着计算机技术、硬件设备和数字图像处理技术的不断进步,基于机器视觉的图像采集技术在交通基础设施裂缝检维领域的应用成为可能,其优势主要表现在以下几个方面:

　　①图像捕捉设备电荷耦合器件(charge couple device, CCD)、互补金属氧化物半导体(complementary metal oxide semiconductor, CMOS)相机或三维激光扫描仪等设备可以进行大面积、全方位的图像采集。

　　②高性能的图像捕捉设备极大地提升了图像分辨率,从而保障了高精度的裂缝检测。

　　③软硬件设备技术的不断革新使得图像采集工作可以在非常短的时间内完成,对交通正常运营的影响大大降低。

④得到的海量的交通基础设施裂缝特征数据，使得全面、综合的基础设施衰变状态分析成为可能。

基于机器视觉的图像采集系统是以传感器和图像采集卡为核心，辅以照明系统和定位系统的自动化、无接触式的数据采集系统，其结构组成具体可以分为搭载平台、图像传感器、照明端和定位端。

2.1.1　搭载平台

图像采集设备的搭载平台根据基础设施对象和采集环境的不同可分为轨道综合检测车、轨检小车、路面检测车、无人机、爬壁机器人等。

（1）轨道综合检测车

轨道综合检测车一般是专门为重载铁路、高速或城际铁路研发设计的，如图2-1所示。检测车车体外形和结构与普通客货车大致相同，由发电供电系统、空气调节系统、动力系统、司机室、走行转向架以及检测与数据处理系统构成。在采集速度方面，国内外现役轨检车的车辆速度最高可达400 km/h，满足了从低速货运到高铁客运不同线路的要求。通常轨道综合检测车搭载了体积庞大、质量沉重的内燃机组或变压器作为动力源，每次运行检测的费用高昂，适合长大干线重大检测维修项目。

（2）轨检小车

国内研发的轨检小车如图2-2所示。轨检小车搭载了激光测距传感器、倾斜激光传感器、里程计及用于控制图像传感器和各个其他传感器的计算机，可对铁路数据进行快捷采集。此类搭载平台体积小巧、方便快捷、操作简单，驱动方式一般为人力驱动或轻便、环保、可循环使用的动力电池组驱动，适合在稳定环境下进行小范围数据采集。

图2-1　轨道综合检测车

图2-2　轨检小车

（3）路面检测车

在采集道路表面图像时，通常采用路面检测车作为搭载平台。路面检测车一般搭载了传感器、照明设备、定位设备、存储设备和计算机等，能够实现道路表面图像的快速连续采集。路面检测车如图 2-3 所示。

图 2-3　路面检测车

（4）无人机

无人机的优点是操作性强，结构简单，能在一定区域范围内起飞、飞行、盘旋、着陆，通过在无人机上安装摄像头设备来近距离接近目标区域，实现人工遥控、航线飞线、定点悬停、拍摄图像并传回地面站进行图像处理。俄罗斯铁路公司使用大疆无人机进行铁道巡检如图 2-4 所示。在隧道、高架桥梁等地段，无人机在快速获取高分辨率影像的同时，可以更加灵活地处理复杂地形的情况，极大地提高了巡检工作的效率。

图 2-4　俄罗斯铁路公司使用大疆无人机进行铁道巡检

（5）爬壁机器人

爬壁机器人可以代替人工到达高架桥梁表面、隧道拱顶等高危部位完成采集任务。爬壁机器人可以在垂直壁面和天花板上自由移动采集表面图像，通过无线或机载储存方式传回图像资料，进行后续分析。不仅可以节省成本，降低安全风险，而且能够提高工作效率。爬壁机器人结构示意图如图2-5所示，主要由机体、两腿和尾部自由车轮组成，机器人腿部连接有仿生爪刺足，爪刺足包括25个仿生爪刺足片，每个爪刺都通过仿生柔性连接结构与足部基体连接，牢牢抓紧壁面，由电机驱动机器人两腿交替抓附在壁面上进行移动。

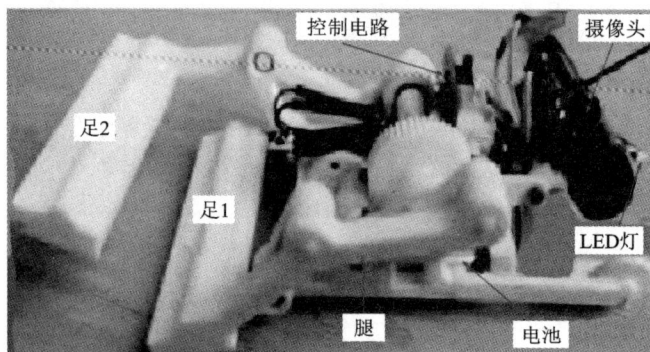

图2-5　爬壁机器人结构示意图

2.1.2　图像传感器

图像传感器主要可以分为二维图像或视频传感器、三维激光传感器和结构光传感器。

（1）二维图像或视频传感器

二维图像或视频传感器主要是靠 CCD 或 CMOS 传感器来完成采集工作，CCD 或 CMOS 传感器都是利用光敏二极管来完成光电转换，两者都可以将图像转换为数字数据，但在结构和数据传送等方面存在差别。CCD 和 CMOS 传感器简易结构对比图如图2-6所示，造成两者之间结构差异的原因是 CCD 的特殊工艺可以保证数据在传送过程中不会失真，因而可以选择将各个像素的数据先汇集到边缘再集中进行信号放大，而 CMOS 的数据在长距离传送时会产生噪声，因此必须将每个像素和模数转换器（analog to digital converter，ADC）连接，先进行信号放大再整合，从而降低噪声的影响。

根据 CCD 或 CMOS 传感器在结构、工作方式和制造工艺兼容度上的差别，两者的优缺点如表2-1所示。

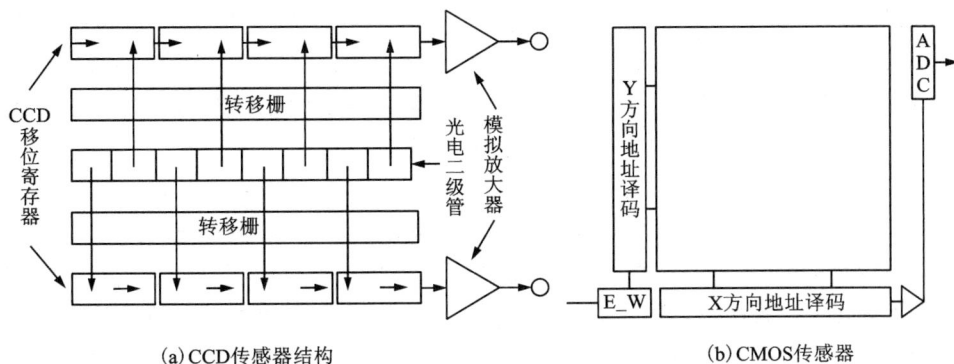

(a) CCD传感器结构　　　　　　　　(b) CMOS传感器

图 2-6　CCD 和 CMOS 传感器简易结构对比图

表 2-1　CCD 和 CMOS 传感器的性能比较

性能参数	CCD	CMOS
灵敏度	优	良
噪声	优	良
成像质量	高	较高
驱动电压	复杂，多电机驱动	简单，单一电源驱动
集成情况	低，需外接件	单片高度集成
系统功耗和价格	高	低
图像采集和处理速度	较慢	快
抗辐射	弱	强
动态范围	大于 70 dB	大于 70 dB
模块体积	大	小
彩色编码	片外	片内
ADC 模块	片外	片内

　　CCD 与 CMOS 传感器的主要差异在于数字电荷传送的方式，CMOS 器件可以集成有源电路且集成度高，而 CCD 很难将这些有源器件集成在一起，集成度低，并且功耗较高，是 CMOS 传感器功耗的 60 倍左右，成本高。但是 COMS 传感器也存在一些缺点，如灵敏度低，且因 CMOS 传感器的各元件之间的距离太近，干扰比较严重，导致 CMOS 传感器的性能受到限制，成像质量较差。

　　CMOS 传感器在半导体工艺不断发展的过程中显示出比其他图像传感器更

强劲的发展势头，市场前景更具潜力。但是 CMOS 传感器最大的问题就是噪声，这种噪声包括源跟随器电路噪声、复位噪声、暗电流噪声等。随着 CMOS 传感器厂家逐步解决噪声引起的图像质量降低问题，CMOS 传感器正渐渐取代 CCD 传感器。

（2）三维激光传感器

三维激光扫描技术自 20 世纪 90 年代中期开始出现，是测绘领域继 GPS 空间定位系统后的另一划时代技术。三维激光扫描仪依托计算机视觉理论，通过使用激光发射器、激光接收器等主要感测设备，把传统的单点式或二维数据采集方式转变为连续自动获取目标物体三维信息的方式，是机器视觉领域先进的测量方式。三维视觉表面图像采集，即利用三维视觉测量技术获取交通基础设施表面图像的三维点云，对点云坐标分析处理后，通过点云坐标间的偏差或与标准模型间的偏差判断是否有裂缝等病害以及具体的几何特征量为多少。由于三维激光扫描仪获取的点云信息不但拥有长度、宽度等二维信息，还包含了二维图像所没有的深度信息。因此三维激光扫描仪内置的步进电机可稳定、精确地控制激光测距系统的转动，从而控制并记录出射方向。通过改变激光束出射的方向，可实现激光束对目标表面的全面、精密扫描。三维激光扫描仪简图如图 2-7 所示。

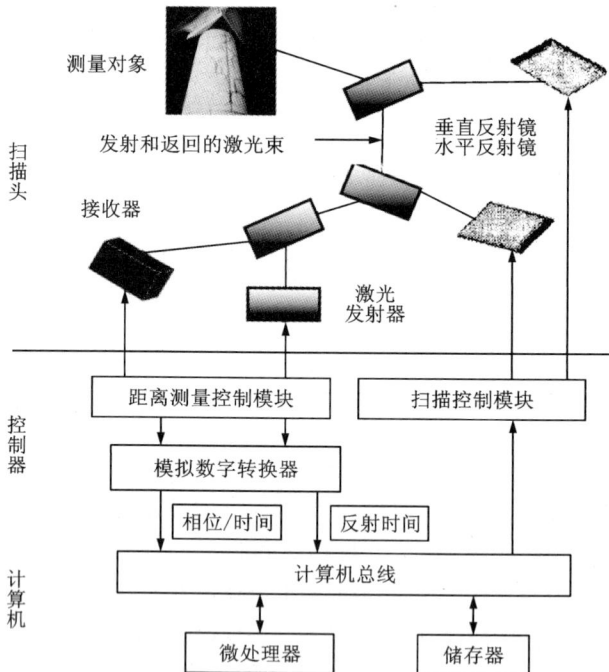

图 2-7　三维激光扫描仪组成简图

　　激光脉冲信号经激光脉冲二极管发射，通过垂直反射镜和水平反射镜，射向基础设施表面，经过探测器，接收反射回来的信号，利用记录器记录这些表面信息，再转换成能被数据处理模块处理的数据信息。

　　三维激光扫描技术无须借助反射棱镜，不需要接触目标表面就可快速地获取目标对象表面高密度的海量点云数据，同时对环境光线、温度具有一定的抗干扰能力。其主要技术特点如表 2-2 所示。

表 2-2　三维激光裂缝扫描技术特点

	三维激光裂缝扫描技术特点
非接触式	无须布设反射棱镜，不接触目标表面或对目标表面做标记，可以通过激光扫描直接获得目标表面点云数据
速度快	能在 1 s 内采集数百万个样本点，高密度、高分辨率地获取基础设施表面海量点云数据
高精度	点云采样点间的距离可达亚毫米级，每平方米的点云数量可达几千万个，可以精确地表达目标对象表面的几何信息
对环境光线、温度要求低	三维激光扫描技术受环境光线、温度影响很低，即便是在阴暗的地下隧道环境中，也能通过自身发射的激光获得目标对象的表面几何信息
扩展性强、数字化程度高	三维激光扫描技术将目标物体的表面信息全部用数字表示，可以通过多种软件和平台进行数据处理和数据共享

　　（3）结构光传感器

　　基于结构光的三维成像，实际上是三维参数的测量与重现，由于区别于纯粹的如双目立体视觉之类的被动三维测量技术，因而被称为主动三维测量。结构光采集设备的硬件主要由投影仪和摄像头组成，需要通过投影仪在物体表面主动投射结构光，通过结构光的变形（或飞行时间等）来确定被测物的尺寸参数。单个或多个相机拍摄被测表面可以获得结构光图像，通过图像像素级别的编码找到投影仪像素与图片像素之间的对应关系，基于三角测量的原理，可以实现三维重建，从而获得物体的深度信息。结构光的关键是在对图像进行编码以及解码（即寻找对应关系）的过程中，可以进行结构光点云深度估计，精度很高，而且价格低廉，易用性强。

　　不同于三维激光扫描技术是利用激光测距原理（包括脉冲激光和相位激光）瞬时测得空间三维坐标值（点云数据）的测量仪器，结构光是将光结构化：结构光投射到待测物体表面后被待测物的高度所调制，被调制的结构光经摄像系统采集，传送至计算机内分析计算后可得出被测物的三维面形数据。其中调制方式可分为时间调制和空间调制两大类。时间调制方法中最常用的是飞行时间法，该方法记录了光脉冲在空间的飞行时间，通过飞行时间可解算待测物的面形信息；空间调制方法为结构光场的相位、光强等性质被待测物的高度调制后都会产生变化，读取这些性质的变化就可得出待测物的面形信息。

2.1.3　照明端

为减小光照对图像采集的影响，需要在表面图像采集模块中增加人工光源，并设计相应的照明系统。合适的光源能使交通基础设施裂缝和背景图像呈现出最佳的对比，方便后续的数字图像处理模块和裂缝判识决策。

在选择辅助光源时应该考虑光源的亮度、寿命、能耗、价格等因素。常见的光源有白炽灯泡、卤素灯、荧光灯、氙灯、LED（light emitting diode）灯、激光等，表 2-4 给出了各种光源的特性。激光光源和 LED 灯因亮度高、寿命长和能耗低而被机器视觉领域所青睐，在图像采集时常用 LED 光源和激光光源。此两类光源均属于固定光源，相较于传统灯泡光源 4000 h 的寿命，固定光源具有 10000 h 以上的使用寿命，且固定光源的亮度衰减速度慢，在使用 2000 h 后，亮度依然在标称亮度的 80% 以上，而传统灯泡光源在工作 2000 h 后，光源亮度只剩下原来的二分之一。LED 光源为发光二极管光源，此种光源具有体积小、寿命长的优点，光照亮度为 880~1100 lm。而激光光源光照亮度范围为 1500~4000 lm，亮度相对 LED 光源更高。

表 2-4　主要光源的发光特性

光源	颜色	寿命/h	发光亮度/lm	能耗
白炽灯泡	白	2000~7000	100~400	高
卤素灯	白色，偏黄	5000~7000	1000~3000	高
荧光灯	白色，偏绿	5000~7000	800~1500	较高
氙灯	白色，偏蓝	3000~7000	1500~3000	高
LED 灯	红、绿、白、蓝	60000~100000	880~1100	较低
激光	由发光频率决定	10000~40000	1500~4000	低

由表 2-4 可知，激光光源在光照亮度和能耗方面均优于 LED 光源，但 LED 光源使用寿命更长，且相对于激光光源价格更低。因此可在成像质量要求高、光照条件差的夜晚情况下使用激光光源，而在光照条件尚可的白天采集时使用 LED 光源，降低图像采集的成本。

2.1.4　定位端

为方便检修人员快速找到伤损位置，图像采集模块中增加了定位模块，为每一帧图像带上坐标。

目前全球四大卫星导航定位系统包括我国的北斗卫星导航系统、美国的全球定位系统（global positioning system，GPS）、俄罗斯的格洛纳斯卫星导航系统（global navigation satellite system，GLONASS）和欧盟的伽利略卫星定位系统（Galileo satellite navigation system，GALILEO）。

①北斗。北斗卫星导航系统是中国正在实施的自主研发、独立运行的全球卫星导航系统。2012 年底我国已发射区域性组网所需的 16 颗卫星，2020 年我国北斗三号系统建设基本完成，该系统由 5 颗静止轨道卫星（geostationary earth orbit，GEO）、27 颗中轨道地球卫星（medium earth orbit，MEO）、3 颗倾斜同步轨道卫星组成，于 2020 年 7 月 31 日正式开通，开始提供全球性导航定位服务，是继美国 GPS 系统、俄罗斯 GLONASS 卫星导航系统之后第三个成熟的卫星导航系统。

②GPS。GPS 即全球定位系统，是美国从 20 世纪 70 年代开始研制的系统，历时 20 年，耗资 200 亿美元，于 1994 年全面建成，具有在海、陆、空进行全方位实时三维导航与定位能力的新一代卫星导航与定位系统。

③GALILEO。GALILEO 是欧盟正在建设的卫星定位系统，由空间段、地面段、用户段 3 部分组成。系统由分布在 3 个轨道平面上的 30 颗中轨道卫星（MEO）构成，每个轨道平面上有 10 颗卫星，9 颗正常工作，1 颗运行备用，轨道平面倾角 56°。

④GLONASS。由苏联在 1976 年启动建设，比美国的全球定位系统更早。GLONASS 的空间星座由 27 颗工作星和 3 颗备份星组成，27 颗星均匀地分布在 3 个近圆形的轨道平面上，这 3 个轨道平面两两相隔 120°，每个轨道平面有 8 颗卫星，同平面内的卫星之间相隔 45°，轨道高度 2.36 万 km，轨道倾角 56°。四大卫星导航定位系统特点见表 2-5。

表 2-5　四大卫星导航定位系统特点

项目	北斗	GPS	GALILEO	GLONASS
组网卫星数	5GEO +（24-30）MEO	（24-30）MEO	30MEO	24MEO
定位精度	全球：10 m 区域：1 m	民用：10 m 军用：毫米级	1 m	10 m
数据速率/（bit·s^{-1}）	50500	50	501000	50
测地坐标系	中国 2000	WGS-84	WGS-84	PZ-90

除四大卫星导航定位系统可以提供位置信息之外，惯性测量定位单元 IMU（inertial measurement unit）和同步定位与地图绘制技术 SLAM（simultaneous localization and mapping）也可为采集模块提供精确的位置信息。

IMU 由三个单轴的加速度计和三个单轴的陀螺仪组成，加速度计检测物体在载体坐标系统独立三轴的加速度信号，进行一次积分可得到速度，二次积分可以算出位移，而陀螺仪检测载体相对于导航坐标系的角速度信号，一次积分后可以得到物体转过的角度。对这些信号进行处理之后，便可解算出物体的姿态位置信息。其中加速度计和陀螺仪测量值都是基于 IMU 载体坐标系下的数据，需通过坐标系变换和积分运算得到在世界坐标系中的位置姿态。加速度计在惯性导航系统中主要起定位及修正姿态的作用，而陀螺仪负责姿态解算及辅助定位。IMU 传感器导航定位功能示意图如图 2-8 所示。

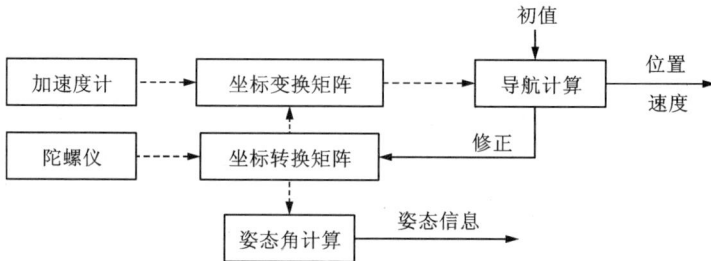

图 2-8　IMU 传感器导航定位功能示意图

SLAM 通常包含视觉里程计、后端优化、回环检测以及建图几个过程，这些过程的最终目的是更新采集设备的位置估计信息。由于通过采集设备运动估计得到的机器人位置信息通常具有较大的误差，因而，不能单纯地依靠采集设备运动估计机器人的位置信息。在使用采集设备运动方程得到机器人位置估计后，我们可以使用测距单元得到的周围环境信息更正采集设备的位置。上述更正过程一般通过提取环境特征，然后在采集设备运动后重新观测特征的位置实现。SLAM 的核心是扩展卡尔曼滤波（extended Kalman filter，EKF），EKF 结合上述信息可以估计采集设备准确位置。上述选取的特征一般称作地标，EKF 将持续不断地对上述采集设备位置和周围环境中的地标位置进行估计。SLAM 的一般过程如图 2-9 所示。

与四大卫星导航定位系统不同的是，IMU 和 SLAM 提供的是一个相对的定位信息，作用是测量相对于起点物体所运动的路线，并不能提供采集设备所在的具体位置的信息。因此，IMU 和 SLAM 常常和 GPS 等一起使用，当在隧道等

图 2-9　SLAM 的一般过程

某些 GPS 信号微弱的地方时，IMU 和 SLAM 就可以发挥它的作用，可以让汽车继续获得绝对位置的信息，不至于丢失一段位置信息。

在亚太地区进行表面图像信息采集时，可以使用定位精度更高的北斗定位板卡；欧洲则宜选择 GALILEO 定位系统；对于美洲和非洲等地，表面图像采集模块中的定位系统可以选择同时支持北斗、GPS、GLONASS、GALILEO 四种卫星定位的多系统板卡，系统兼容性好，定位精度更高；四大导航定位系统搭配 IMU 和 SLAM 等能够在信号薄弱的地方采集数据时定位表现得更加出色，从而提高图像采集的质量。

2.2　基础设施各专业技术应用概况

2.2.1　铁路工程采集应用

裂缝的存在会降低无砟轨道结构的性能与使用寿命。轨道工程地形复杂且线路长，导致轨道表面图像采集的工作量成几何倍数增长，对图像采集的精准度和效率的要求也是越来越高。人工检测已经无法满足巨大的工作量需求，不仅存在很多危险，而且效率低，稳定性差，漏检率高。基于机器视觉的基础设施表面数据采集系统可以提高轨道表面数据采集的速度和精度，极大程度地降低数据采集的工作量，还能快速实时高效地实现对轨道表面图像的自动化采集。

基于机器视觉的非接触式采集方法是通过在专用的检测列车上安装采集设备，用工业相机和辅助光源配合采集图像。一些发达国家像德国、日本、澳大利亚在 2000 年前后开始研制智能化的轨道状态数据采集设备；美国和澳大利亚等国家的一些公司也在 2005 年研制了智能化轨道状态数据采集系统并投产；到 2010 年，我国和其他一些国家开始研制轨道表面数据采集系统，如高速综合检测列车(图 2-10)；到 2015 年，3D 巡检技术在北美开始应用，标志着采集系统正向着智能化方向发展。

RAILSCAN 是由澳大利亚开发的轨道扫描系统，通过 CCD 相机对线路进行视频录像。该系统不仅采集的数据种类多，而且可以在高测量速度下得到高于

图 2-10　高速综合检测列车

0.125 mm 精度和 0.5 mm 基本分辨率的数据，与惯性系统区别很大，如表 2-6 所示。该系统是非接触式采集，与轨道没有进行物理上的接触，不需要经常维修保养，可以有效减少维修工作。

表 2-6　Railscan 采集系统的主要技术指标

技术指标	精度
分辨率/mm	0.5
精度/mm	±0.3
参数精度/mm	±0.75
每套设备的卤素灯泡功率/W	250
校正速度/(次·s^{-1})	50
运行速度/(km·h^{-1})	0~360

　　RAILCHECK 是由德国 BvSys 公司研制的轨道表面数据采集系统，采用线阵相机、高清数字成像和图像处理技术对轨道工程主要结构进行自动采集。该系统数据的采集是采用 1 台数字行式扫描摄像机对线路进行摄像，由一个与车轴连接的增量发生器控制 2 台摄像机的扫描周期，一方面可以保证对线路数据的采集不间断，另一方面还可以保证在停机时不消耗磁盘的存储空间，检测列车的最高允许采集速度在 2001 年可以达到 120 km/h。

　　TVIS 是由美国 Ensco 公司研发的轨道视觉采集系统，采用了可以覆盖整个轨道宽度的 4 个线扫描相机，以 3.175 mm 的分辨率连续采集轨道的俯视图，如图 2-11 所示。

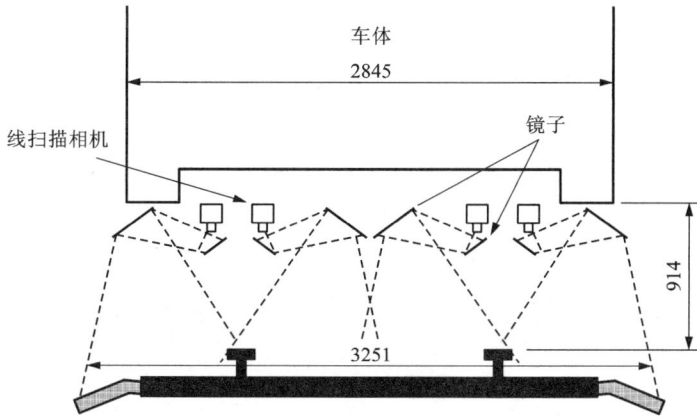

图 2-11　美国 Ensco 公司轨道视觉检查系统(TVIS)结构

意大利 Mermec 公司研制的轨道表面数据采集系统,采用了线阵相机和基于光学非接触式的采集技术,数据采集系统结构及数据效果如图 2-12 所示。这个系统的特点是分离光源和相机,其系统的检测速度可以达到 160 km/h。2006 年我国引进了该系统并在 2009 年正式投入青藏铁路格尔木工务段,主要对格拉线进行轨道状态数据采集。

图 2-12　意大利 Mermec 公司轨道数据采集系统结构及数据效果

铁科院与中国公司联合研发的 CRH380A-001 高速综合检测列车，如图 2-13 所示，检测速度达到 400 km/h，动态定位精度为 1 m。其检测速度为目前世界最高，检测技术先进、检测项目齐全、检测精度高，达到国际领先水平。

图 2-13　CRH380A-001 高速综合检测列车

2.2.2　桥梁日常采集应用

桥梁上部结构易出现外荷载引起的结构性裂缝和变形引起的非结构性裂缝，桥梁下部结构的桥台、桥墩、桥梁、基础等易发生盖梁开裂、防震挡块开裂、混凝土墩台开裂。桥梁有着不同于道路和隧道结构的特点，其梁体有桥墩等自然障碍阻断，而且在路线下方比较隐蔽；同时有桥墩等低空构件和桥塔等高空构件，同时也有锚碇、梁体等块状或面状结构和支座、拉索等点状或线状结构。不同于道路和隧道结构视野开阔的表面、较为一致的标高、较少的自然障碍，桥梁数据采集的难度更大。

针对桥梁的数据采集，相应的采集技术有人工检测、桥梁检测车、无损检测、智能化检测。对比这些桥梁采集技术，人工检测和桥梁检测车因为需要人工用肉眼对桥梁表面进行数据采集，不仅速度慢、效率低、易漏检，而且实时性差、影响交通、安全性差；无损检测成本昂贵，且不能大范围测量。而智能化检测技术如基于机器视觉的基础设施表面数据采集系统具有自动化程度高、采集效率高、采集成本低、不影响交通以及高耸构件采集便捷等优点。因桥梁不同于其他交通运输设施的特点，视频系统不容易到达并进行连续拍摄，所以完整的桥梁表观图像获取难度较大。因此，针对不同的需求提出了基于非接触检测仪、机械臂、爬壁机器人、无人机的图像采集技术。

非接触检测仪可以用于采集和获取桥梁桥塔、梁体、锚室的视频图像,不仅有仪器携带方便、拆装简单、工作量小、直观、精度高的优点,还能够适用于多种桥梁结构并满足采集环境的要求,如武汉大学开发的 HTQF-X 非接触桥梁检测仪,测量精度达到了 0.02 mm,工作距离可达 50 m,如图 2-14 所示。

基于机械臂的图像采集跟桥梁检测车相似,使用数个重量较轻的

图 2-14　非接触检测仪

拍照或摄像系统代替桥梁检测车的数位采集人员,可以大大减轻重量。例如韩国汉阳大学开发的智能化桥梁检测车,是将一套带有摄像头的轻量化机械臂加装到原有的桥梁检测车上,通过配套的软件运用机器视觉技术对裂缝进行识别的检测技术。

基于无人机的图像采集技术是在无人机下部或顶部安装了相机和补光系统,通过 GPS 的航线规划或人工控制无人机来拍摄桥梁表观图像的,如图 2-15 所示。如李良福等的研究是通过大疆无人机自带的 CMOS 面阵相机采集桥梁的表观图像的。无人机可以在桥梁裂缝的附近悬停,无人机上的云台可以调整面阵相机,使镜头与桥梁裂缝的表面平行且距离裂缝表面 30 cm,调整好后就可以让无人机沿着桥梁裂缝进行平稳飞行并且连续拍照采集数据了。武汉理工大学研究的四旋翼飞行器飞行高度可以达到 250 m,实

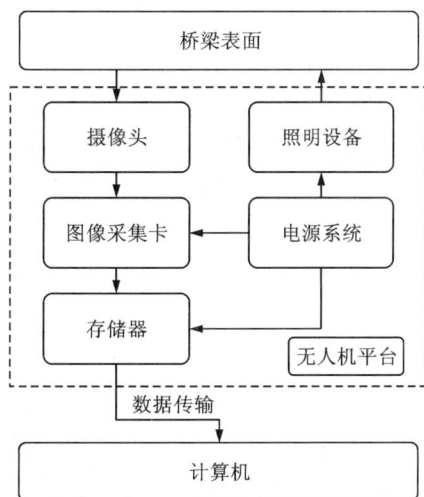

图 2-15　基于无人机的桥梁表观图像智能采集系统

现了距离桥底 15 cm 位置的拍摄。不过基于无人机的裂缝图像获取技术存在桥下 GPS 信号缺失、大风、易出现碰撞事故等缺点。

基于爬壁机器人的桥梁表观图像采集是在机器人上装载摄像头并通过无线

方式实时获取表观图像。如陈瑶等研究的仿生足式壁面攀爬机器人，向上攀爬速度为 40 mm/s，向下攀爬速度为 46 mm/s，安装在爬壁机器人尾部的彩色微型摄像头（dragon eye camera）的分辨率为 768 × 576 像素，帧率为 25 fps，如图 2-16 所示。爬壁机器人成本低、效率高、体积小、重量轻、灵活性强，能在难以到达的狭窄区域进行连续不断的采集工作。

图 2-16　爬壁机器人采集

负压式爬壁机器人移动速度向上爬行最大可达 17.5 mm/s，向下爬行能至 25.8 mm/s，爬行时动态负载能达 58 N，如图 2-17 所示。传输的图像稳定、清晰、连续，可以满足桥梁表观图像采集的基本要求。

图 2-17　负压式爬壁机器人负压发生装置

2.2.3　路面工程采集应用

公路路基的面层、基层等易出现横向裂缝、纵向裂缝、块状裂缝、龟裂这四种类型的裂缝。随着公路建设里程的不断增长，数据采集的工作量也随之变大。针对路面图像数据的采集，不仅需要提高速度和精度，还需要有高效率低成本的采集方式，同时需要对车辙、标线、纹理、油斑等复杂路面背景有良好的鲁棒性和适应性。

机场道面是承载飞机各类行动的主要设施，因机场飞机架次的增多，飞机起降频繁，道面承受冲击量大，并且随着机场使用年限的增加，机场道面出现很多裂缝。并且机场道面的图像采集只能在夜间停航期间进行，由此需面对光照条件差、图像对比度低、噪声干扰强烈等问题。因机场道面与公路路面类似，本书主要围绕公路路面的图像采集展开论述。

传统人工检测费时费力，并且会对正常通行造成严重影响，缺乏时效性和经济性。而基于机器视觉的基础设施表面图像采集系统能够实时快速高效地采集路面图像。基于二维图像的路面数据采集技术主要经历了从模拟摄像技术到数字摄像技术(面阵和线阵相机)的发展历程，如表 2-7 所示。

表 2-7　基于二维图像的路面裂缝采集技术发展历程

采集技术	时间	典型应用系统
模拟摄像技术	20 世纪 60 年代末期	GERPHO 系统(法国)
	20 世纪 80 年代后期至 20 世纪 90 年代中期	PCES 系统(美国)、PAVUE 系统(瑞典)、ARAN(加拿大)
数字摄像技术 (面阵相机)	20 世纪 90 年代中期至今	DHDV 系统(美国)、Aigle RN 系统(法国)
数字摄像技术 (线阵相机)	20 世纪 90 年代中期至今	RoadCrack 系统(澳大利亚)、Hawkeye2000 系统(澳大利亚)、AMAC 系统(法国)

英国运输研究所(Transport Research Laboratory Ltd)推出了路面病害检测 HARRIS 系统，采用时间延迟积分 TDI 线扫描摄像机采集路面数据。相机被安装在车后部的悬挂支架上，依靠附加的人工照明光源，该系统能够获取高质量无阴影路面图像。根据路面裂缝检测覆盖范围不小于车道宽度 80% 的检测要

求，系统采用了三个 TDI 线扫描相机。每个相机获取的路面图像大小为 512×512 像素，图像的分辨率为 2 mm，系统工作时检测车速度可达 80 km。

法国 Vextra 公司推出的路面状况检测 AMAC 系统采用两个线扫描相机和线激光器，如图 2-18 所示，该系统能够检测 4 m 宽的横向车道，图像分辨率为 1 mm，可检测最小宽度为 2 mm 的裂缝。该系统能够实现全天候的路面裂缝数据采集，通过离线处理的方式获取路面裂缝信息。

图 2-18　法国路面检测 AMAC 系统

基于面阵或线阵相机的二维图像采集技术是研究路面病害特征的主流方法。但是，二维图像采集技术对于光照不均、路面阴影、油污、裂缝信息较弱等情况的采集，效果一直不理想。此外，基于二维图像的采集技术，只能给出位置、长度及宽度，无法给出深度信息。随着激光扫描技术、激光雷达技术、立体视觉和三维激光扫描采集技术的发展，3D 技术被广泛应用于路面数据采集。

加拿大 GIE 公司推出了其所开发的路表三维激光可视化 LaserVISION 系统，如图 2-19(a) 所示。LaserVISION 的核心技术为 BIRIS 激光传感器，如图 2-19(b) 所示。BIRIS 激光传感器利用结构光三维检测的基本原理，采用红外激光二极管发射三组激光束到被采集路面，每一个激光束的角度是 52°，与路面相交的长度约为 90 cm。CCD 通过接受由路面反射激光的角度信息来分析路面三维信息。该系统具有多特征数据提取、处理快速等优点，但仍然存在价格昂贵、成像解析度不高等问题。

加拿大 INO 公司 Laurent 等在前期三维路面病害检测系统 LCDS 的基础上发展了激光裂缝测量系统（laser crack measurement system, LCMS），如图 2-20 所示。LCMS 采用两个高能量线激光器和 TDI 线扫描相机获取路面信息，系统覆盖整个 4 m 宽的车道，采样频率为 5600 Hz，横向分辨率为 1 mm，深度分辨率为 0.5 mm。

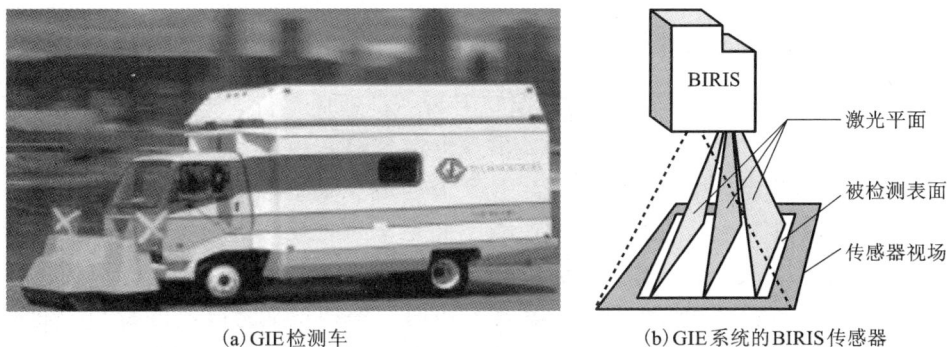

(a) GIE 检测车　　　　　　　　　　　(b) GIE 系统的 BIRIS 传感器

图 2-19　GIE 公司 LaserVISION 路表三维激光可视化系统

图 2-20　INO 公司的 LCMS 测量原理和实物图

美国 WayLink 公司推出的路面裂缝检测 Pave Vision 3D Ultra 系统，如图 2-21 所示，采集速度高达 100 km/h。该系统能够获取超高分辨率的路面信息，纵横向分辨率为 1 mm，深度分辨率为 0.5 mm。

图 2-21　Pave Vision 3D Ultra 检测车

2.2.4 隧道工程采集应用

大多数的隧道衬砌结构在运营期间因为不良地质条件、施工不当、设计不合理、运营年限、气候条件等问题易出现纵向裂缝、斜裂缝和环向裂缝。而且由于隧道环境黑暗、检测条件较恶劣且天窗期短，对采集速度要求较高。

传统的人工检测无法满足快速、效率和安全的要求。基于机器视觉的隧道表面采集技术通过搭载光源的相机获取隧道衬砌的表观图像，利用计算机进行图像处理、裂缝识别和数据管理，具有采集速度快和识别精度高的特点。隧道因其黑暗的环境和圆弧断面的衬砌结构对光照强度和均匀性要求较高，需要多台相机同时进行拍摄，以保证图像不失真，而且因为光源频率的要求也需要采集速度慢且匀速。因此，隧道表面数据采集技术需要解决光照不均匀、图像自动拼接效果差等问题。

西安理工大学设计的隧道智能裂缝宽度测量系统将照明光源、光学镜头CCD相机、激光测距仪、平板计算机提手等部件科学合理地组合在铝合金三脚架上，重量较轻，便于携带，系统结构如图2-22所示。该系统可以通过对光电测量仪进行方位和俯仰角度调节，实现对图形的完整采集。该系统外场测量精度达0.2 mm，达到了工程应用的要求。

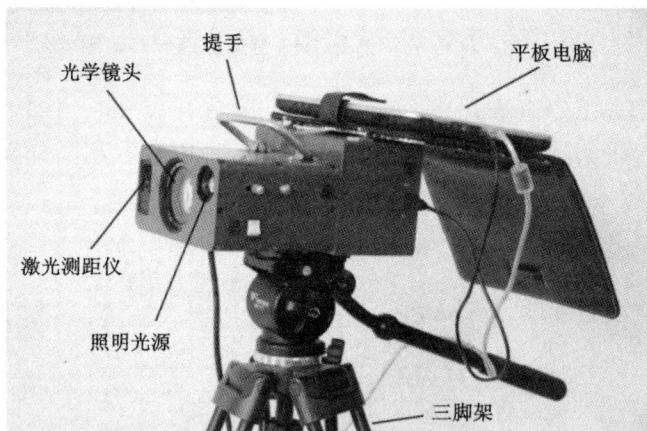

图 2-22 隧道裂缝宽度采集系统的结构图

日本计测检测株式会社推出的 MIS&MMS 隧道裂缝检测系统，如图 2-23 所示，由 CCD 相机和 LED 照明设备相结合对隧道表面进行采集，其精度为0.2 mm，因设备成本较高和能耗大，所以系统只适用于对公路隧道的采集。

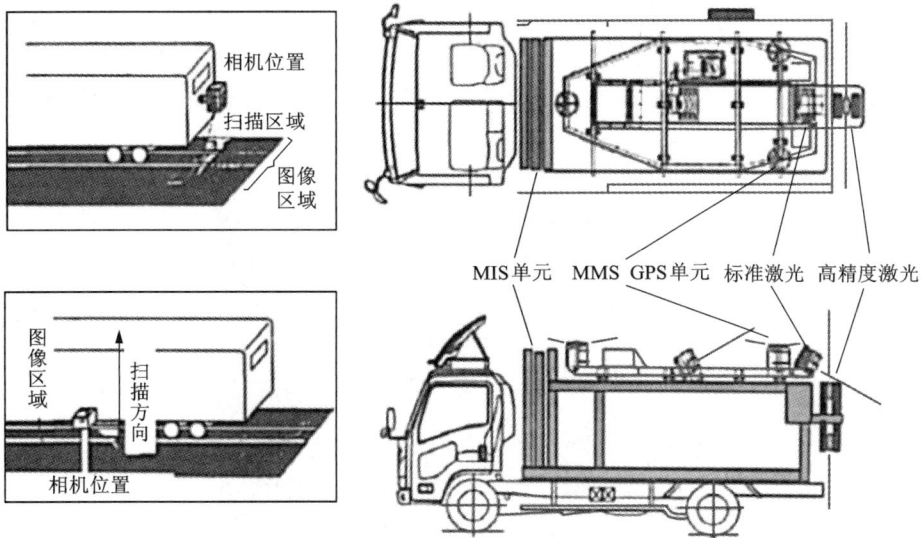

图 2-23　MIS&MMS 隧道裂缝检测系统

　　日本 FAST 公司对隧道表面数据的采集采用车载超高频的面阵相机，为了实现隧道全断面成像，由 8 组以上的工业相机共同配合，最高分辨率可达 0.2 mm × 0.2 mm，可以检测宽度为 0.3 mm 及以上的裂缝，采集速度最高可达 50 km/h。日本仓敷纺绩株式会社探索性地将机器视觉引入到公路隧道采集领域，研发了首台智能隧道检测系统，如图 2-24 所示，其由 3 台线扫描相机、高强度光纤光源、惯性导航等组成，隧道表面采集速度达到了 80 km/h。

图 2-24　智能隧道检测系统

国内引进的公路隧道快速检测系统，如图 2-25 所示，由装载的面阵相机和红外补光灯相配合来连续拍摄隧道衬砌表观；国内下线的隧道快速测量系统包含 16 台工业面阵 CCD 相机、LED 照明光源等；国内的隧道裂缝全景快速检测系统由 4 台商业单反相机和多个频闪补光灯构成。

图 2-25　公路隧道快速检测车

在直径较小、洞身长度较短的隧道进行采集时可选用手持式相机或者附带三脚架等简单机械设备的相机，逐个点位对隧道表面图像进行采集；在直径较大、洞身长度较长的长大隧道宜采用专门的隧道检测车，对隧道内壁进行扫描采集，速度较快，且可采集的隧道洞身范围大。

随着三维激光扫描技术的发展，有很多研究者将三维激光扫描技术应用到隧道表面裂缝采集中。如冯英会等将三维激光扫描仪引入隧道检测，三维激光扫描仪能以 3 min/站的速度快速检测隧道内裂缝，可在一小时的天窗时间内检测 400 m 的铁路隧道长度。

2.3　机器视觉数据采集技术的演进与发展方向

基于机器视觉的基础设施表面数据采集系统为后续图像预处理、裂缝辨识、定位与表征、及时采取相应措施以防止裂缝进一步发展的决策和分析行为提供了良好的数据支撑。随着我国基础设施建设的不断完善，相应的养护维修需求也会不断增大，而目前的采集系统并不能满足需求，需要不断朝着多维化、多样化、规模化、规范化、实时化、智能化的方向改进，提高获取准确可靠裂缝信息的能力，推进土木工程的发展。

2.3.1　多维化与多样化

传统的二维图像采集系统无法获取有效的深度信息，三维采集系统能够获得裂缝的长度、宽度和深度信息，但缺少对裂缝信息的实时感知和反馈。为了更好地实现对裂缝的预警，裂缝检测需要感知裂缝变化三维信息的实时动态，来获取在时间维度下的裂缝宽度、长度、深度信息，因此基于机器视觉的图像采集系统也将会朝着四维方向发展。如舒杰等进行的高精度混凝土裂缝宽度智能监测系统设计，他采用高分辨率的 CMOS 图像传感器和功能强、成本低的单片机组成光电检测系统对裂缝进行测量，结合定时程序可以使裂缝监测具有定时自动测量功能。但该系统虽然考虑了时间维度，却并不完整。

此外，利用智能检测车进行表面数据的采集是进行养护维修的主要方法，发展前景十分广阔，也能取得很好的经济效益。但是诸如桥梁结构的梁体、桥墩等较为隐蔽的构件，单纯使用检测车并不能获得完整的表面图像，因此，需要与多样化的采集设备相结合进行图像采集工作。基于非接触检测仪、爬壁机器人、无人机、机械臂等平台的采集系统也在研发和应用，如表 2-8 所示，未来需要对采集方式进行改进并进一步发展更加多样化的采集方式。

表 2-8　图像采集系统的多种搭载平台

图像获取设备	搭载平台	试验及工程应用
数码相机 + 天文望远镜	非接触检测仪	南京长江三桥的操作检测等
高清摄像头	爬壁机器人	南京长江二桥等现场评估
全向摄像机	四旋翼飞行器	飞行器在距桥底 20 cm 左右处悬停进行拍照

2.3.2　规模化与规范化

目前，基于机器视觉的数据采集系统在道路、铁路、桥梁、隧道、机场等交通基础设施中已经有了一定规模的应用。对轨道表面数据的采集有各种类型的检测列车，如 0 号高速综合检测列车在我国已经广泛应用，并且已经有很多基于机器视觉的数据采集方式被应用到桥梁，但规模化还有待提高；对道路(机场)来说，路面裂缝检测车已经被大规模应用；针对隧道表面，采集系统在各种隧道检测车上也得到了规模化应用。随着机器视觉的不断发展进步，采集系统在各种基础设施的应用规模会越来越大。

为了获得便于后续处理的图像信息，需要由专门的技术人员科学地使用规范的采集系统，提高采集的效率。根据实际的采集经验和教训，基础设施重点检测区域需要采集的部分、采集原则、采集的技术要求、采集设备要求等需要进行详细的规定，因地制宜地按照规范要求进行图像采集可以最大限度上规避错误和提高效率。

2.3.3　实时化与智能化

随着裂缝监测需求越来越高，高效、灵敏的实时图像采集系统将会成为未来图像采集的主要发展方向。由于实时采集和处理系统中的数据量庞大，需要对采集到的数据进行实时存储、实时同步、实时分析，因此实时系统需要有较强的处理能力。与传统的计算机相比，嵌入式图像处理平台比较符合图像处理实时化的发展需求，因此，人们越来越关注基于数字信号处理（digital signal processing，DSP）和现场可编程逻辑门阵列（field programmable gate array，FPGA）图像采集监测通信平台的研究工作。

为了更加精确、高效地进行基础设施的裂缝检测，智能化采集系统的发展目标除了要能将采集到的高清晰图像实时传输到处理平台，便于工作人员分析裂缝形态外，还要在系统内部设置智能识别模块和报警模块。在采集系统中预先设定好裂缝的长度、宽度、深度和面积等分类标准和阈值，系统内部的图像预处理电路会对采集到的原始数据进行自动识别，将它们分类上传，以便于后续检索。如果识别到采集的图像中的裂缝特征超过了阈值，系统还会自动追踪该裂缝，并触发报警软件。

2.4　本章小结

本章重点介绍了基于机器视觉的交通基础设施表面图像采集系统，第一节介绍了基于机器视觉的表面图像采集系统工作原理和技术路线，从机器视觉表面图像采集系统的四个组成部分（搭载平台、图像传感器、照明端、定位端）介绍了其对表面图像采集性能的影响。第二节针对桥梁、轨道、路面、隧道等基础设施的裂缝形态特征，以及这些交通基础设施在裂缝检测上独有的特性，列举和对比了在不同交通基础设施上的各种不同的机器视觉采集系统来阐述机器视觉的先进性和适用性。第三节从多维化和多样化、规模化和规范化、实时化和智能化角度介绍了机器视觉数据采集技术的演进与发展方向。总之，基于机器视觉的交通基础设施表面数据采集系统为后续的研究提供了充分的数据基础与理论基础。

第 3 章

交通基础设施裂缝数据基本特征及预处理

　　基于机器视觉的交通基础设施表面数据采集系统为交通基础设施裂缝检测与管理提供了数据基础。然而，直接采集到的图像数据并不能直接满足后续自动检测分析任务的需求，需要对采集到的图像数据进行处理。本章的主要内容围绕机器视觉采集的图像数据展开。首先描述了二维和三维裂缝数据的特征，介绍了典型的二维和三维裂缝的公开数据集；然后分析了机器视觉图像采集过程中的一些干扰因素，归纳出解决这些干扰因素的图像预处理方法；最后介绍了机器视觉任务中主要的数据增强方法，这些数据增强方法有助于提高深度学习模型的鲁棒性以及泛化能力。图像数据的采集及处理是机器视觉识别的必要前置步骤，在减小环境影响、增强模型泛化能力等方面具有重要的工程意义。

3.1　交通基础设施裂缝图像数据概述

　　本节主要介绍了交通基础设施裂缝检测所需的裂缝数据特征。首先，简要介绍了 CrackForest 数据集、AigleRN 数据集、Crack500 以及 Gaps 数据集等公开数据集的基础数据特征。然后，介绍了不同特征的概念及其对基础设施裂缝检测任务的贡献。

　　本节主要介绍了二维图像数据以及三维图像数据两种主要的裂缝图像数据类型。其中，二维图像数据一般由 RGB[①] 三通道矩阵组成。三维图像数据实际上由两部分组成，其中一部分是普通的 RGB 三通道彩色图像，另一部分是深度图像。深度图像类似于灰度图像，它的每个像素值都是传感器距离物体的实际距离。通常 RGB 图像和深度图像是配准的，像素点之间具有一对一的对应关系。

---

　　① R(Red：红)，G(Green：绿)，B(Blue：蓝)。

3.1.1　交通基础设施裂缝图像二维数据概述

裂缝交通基础设施裂缝检测是交通基础设施养护维修的关键一环,基于机器视觉的交通基础设施裂缝检测任务需要大量数据样本用作模型训练。本节简要介绍了几种常见的道路裂缝数据集,如 CrackForest 数据集、AigleRN 数据集、Crack500 以及 Gaps 数据集等。

本节主要介绍了几种关于交通基础设施裂缝的数据集,并介绍了这些公开数据集的数据来源及其基本特点。二维数据由最基本的像素点组成,在拍摄距离固定的前提下,单个像素点所代表的长度与真实的物理长度存在一定的比例关系,这种比例关系可以简单理解为地图与真实世界的比例关系。

（1）CrackForest 数据集简述

CrackForest 数据集由 iPhone5 拍摄的 118 张北京城市路面裂缝图像组成。每张图像的大小调整为 480×320 像素,并已标记,该数据的典型图片如图 3-1 所示。

CrackForest 数据集相较于其他数据集的不同有:①应用部分通道特征重新定义标记裂纹;②引入随机结构化森林来生成高性能的裂缝检测器,这种裂缝检测器可以识别任意复杂的裂缝。

（2）AigleRN 数据集简述

AigleRN 数据集包含 38 条法国路面上的预处理灰度图像。该数据的典型特点是包含了多尺度的信息,即该数据集的图片大小并不统一,其中一半为 991×462 像素,一半为 311×462 像素。AigleRN 数据集数据集的具体图片如图 3-2 所示。

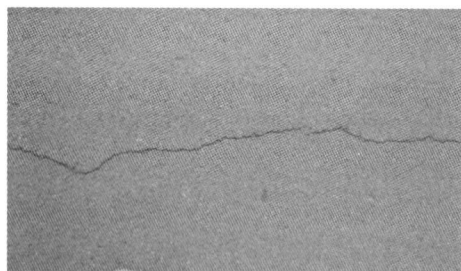

图 3-1　CrackForest 数据集中的裂缝图像　　图 3-2　AigleRN 数据集中的裂缝图像

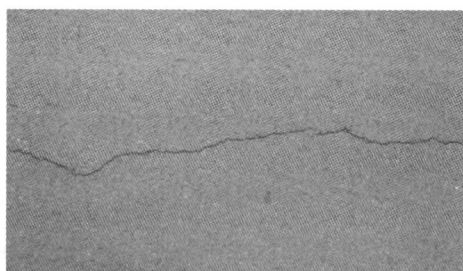

（3）Crack500 数据集简述

Crack500 是由用智能手机拍摄的 500 张 2000×1500 像素的路面裂缝照片组成的数据集。每个裂纹图像都有一个用于注释的二进制蒙版图像。数据集分为三个部分，即用于训练的 250 张图像、用于验证的 50 张图像和用于测试的 200 张图像。

（4）Gaps 数据集简述

Gaps 数据集是德国的沥青路面裂缝数据集，包括 1969 张灰度路面图像，该数据集被分为 1418 个训练图像、51 个验证图像和 500 个测试图像。图像分辨率为 1920×1080 像素。

3.1.2　交通基础设施裂缝图像三维数据概述

现有的大多数裂缝检测方法都是基于二维图像。随着立体相机和基于距离的传感器的发展，基于三维图像的裂缝检测正成为裂缝检测中的一种新的方法。相比于二维数据，它可以为深度信息提供准确而可靠的数据。现有的三维立体图像数据主要是三种，即多视图、点云和体素数据。

（1）多视图

早期的 3D 图像是通过多视图来表示的。多视图表示从不同视点捕获的渲染多边形网格二维图像集合，以简单的方式表达三维几何形状。一方面，该方法易于理解，但难以表达三维数据的空间结构。另一方面，由于多视图投影只能表示三维物体的二维轮廓，在投影过程中不可避免地丢失了一些详细的几何信息。

（2）点云

点云是 3D 空间中的一组点，其中每个点都由 3D 坐标 (x, y, z) 和颜色的 RGB 值等其他信息指定。这些大量的点被用来插值几何形状对于物体表面，点云越密集，模型创建越精确，该过程称为三维重建。如图 3-3 所示，图 3-3(a) 是路面裂缝二维图像，图 3-3(b) 是路面裂缝三维图像，相比于二维图像，三维图像具有额外的深度信息。3D 扫描仪和激光雷达设备也可用于生成三维图像数据。

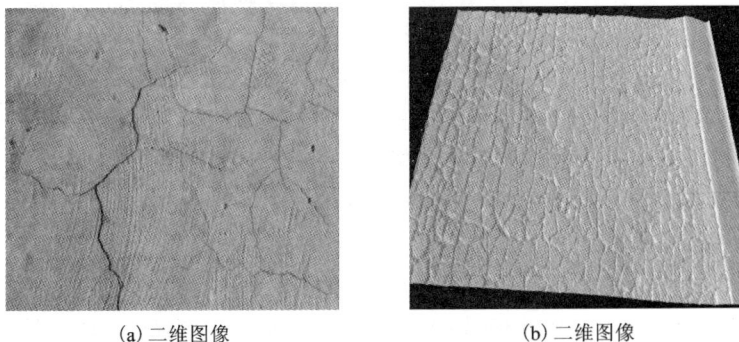

(a) 二维图像　　　　　　　　　　(b) 二维图像

图 3-3　路面裂缝二维图像及三维图像对比

（3）体素

点云数据可以转换为结构化的三维规则网格，即体素。体素是三维空间分割中数字数据的最小单元，每个单元都可以看作一个固定坐标的网格。

与二维图像相似，三维图像也有分辨率，三维空间划分得越细，每个网格越小，分辨率越大。为了便于参考，在表 3-1 中比较了三维数据与二维数据的区别。

表 3-1　三维图像数据与二维图像数据的区别

数据类型	三维图像数据	二维图像数据
不同点	①能够表达图片数据的深度信息，数据更加立体 ②数据由两种矩阵组成，相比于二维图像，多出了一个表达深度信息的矩阵 ③蕴含的信息更加丰富，占用的内存空间更大	①不能表达图片的深度信息，只能通过比例尺关系大致推导图片的深度信息 ②数据由单纯的 RGB 三通道矩阵组成，其中灰度图像有二值化单通道举证组成 ③蕴含的信息有限，占用的内存空间小
相同点	①两者都含有表达物体二维形状的图像矩阵部分 ②两者都有分辨率，图片信息与分辨率成正比	

三维图像数据常见的储存格式有 LAS、PCD 以及 PLY 等。其中 LAS 格式是一种二进制文件格式，其目的是提供一种开放的格式标准，允许不同的硬件和软件提供商输出可互操作的统一格式。LAS 格式文件已成为 LiDAR 数据的工业标准格式。LAS 文件按每条扫描线的排列方式存放数据，包括激光点的三维坐标、多次回波信息、强度信息、扫描角度、分类信息、飞行航带信息、飞行姿态信息、项目信息、GPS 信息、数据点颜色信息等。

PCD 是 PCL（point cloud library）库官方指定格式，是典型的为点云量身定制的格式。优点是支持 n 维点类型扩展机制，能够更好地发挥 PCL 库的点云处理性能。文件格式有文本和二进制两种格式。PCD 格式具有文件头，用于描绘点云的整体信息。数据本体部分由点的笛卡儿坐标构成，文本模式下以空格做分隔符。

PLY 格式是一种由斯坦福大学团队设计开发的多边形文件格式，因而也被称为斯坦福三角格式。文件格式有文本和二进制两种格式。典型的 PLY 对象定义仅仅是顶点的 (x, y, z) 三元组列表和由顶点列表中的索引描述的面的列表。

随着三维数据采集变得越来越容易，将三维数据应用于交通基础设施的缺陷检测越来越普遍。以公路为例，用深度图像的三维数据可以很好地表示道路缺陷的空间信息(长度、宽度和深度)，并对缺陷的面积、体积和其他方面进行多方位分析。但是由于关于三维点云的相关研究起步较晚、基础设施检测领域专业性太强等诸多因素，交通基础设施裂缝检测领域缺乏较为专业的三维裂缝图像开源数据集，同时基于三维裂缝图像开源数据的相关研究也比较少。

3.1.3　交通基础设施裂缝图像特征

交通基础设施裂缝常见的裂缝图像特征有颜色特征、纹理特征、形状特征、空间关系特征。上述特征为基础设施图像数据的低级特征，需要对这些特征进行处理，才能获得能够用于裂缝检测任务的高级特征。

(1)交通基础设施裂缝图像颜色特征

1)颜色特征与交通基础设施裂缝检测任务的联系

颜色特征表现的是裂缝图像的全局特征，描述了裂缝图像所对应的不同物体的表面性质。具体到实际问题中，裂缝区域由于表面裂缝的存在破坏了颜色过渡的平滑性和统一性，因此颜色特征的过渡不均匀性能在一定程度上表征裂缝的边缘特征。裂缝区域的颜色深浅与周围表面存在一定的差异，且在一般情况下，裂缝区域内的裂缝深度越深，颜色越暗，因此，裂缝区域的颜色特征的区域性与深浅能够在一定程度上反应裂缝的区域特征与严重程度。交通基础设施裂缝的一般颜色特征是基于像素点的特征，此时所有属于图像背景或裂缝区域的像素都有各自的贡献。由于颜色对图像的方向、大小等变化不敏感，所以颜色特征不能很好地捕捉图像中对象的局部特征，仅使用颜色特征查询时，许多不需要的图像也会被检索出来。

2)颜色特征常用的提取与匹配办法

常见的颜色特征提取方法有颜色直方图、颜色集、颜色聚合向量以及颜色矩。这些方法具有各自的优缺点。

①颜色直方图。颜色直方图法是一种全局颜色特征提取与匹配方法，它无法区分局部颜色信息。颜色直方图的优点在于它能简单描述一幅图像中颜色的全局分布，即不同色彩在整幅图像中所占的比例，特别适用于描述那些难以自动分割的图像和不需要考虑物体空间位置的图像。而其缺点在于：它无法描述图像中颜色的局部分布及每种色彩所处的空间位置，即无法描述图像中的某一具体的对象。最常用的颜色空间为 RGB 颜色空间、HSV 颜色空间。RGB 颜色空间以 R(Red：红)、G(Green：绿)、B(Blue：蓝)三种基本色为基础，进行不同程度的叠加，能产生丰富而广泛的颜色，俗称三基色模式；HSV(Hue,

Saturation，Value）是 A. R. Smith 根据颜色的直观特性由在 1978 年创建的一种颜色空间，六角锥体模型（hexcone model），这个模型中颜色的参数分别是：色调（H）、饱和度（S）、明度（V）。颜色直方图常用特征匹配方法有：直方图相交法、距离法、中心距法、参考颜色表法和累加颜色直方法。

②颜色集。颜色集类似于颜色直方图，如图 3-5 所示，首先将图像从 RGB

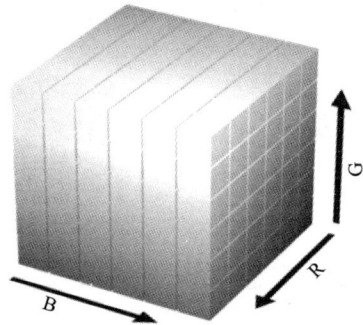

图 3-4　RGB 颜色空间

颜色空间转化成视觉均衡的颜色空间（如 HSV 空间），并将颜色空间量化成若干个柄。然后，用色彩自动分割技术将图像分为若干区域，每个区域用量化颜色空间的某个颜色分量来索引，从而将图像表达为一个二进制的颜色索引集。在图像匹配中，比较不同图像颜色集之间的距离和色彩区域的空间关系。

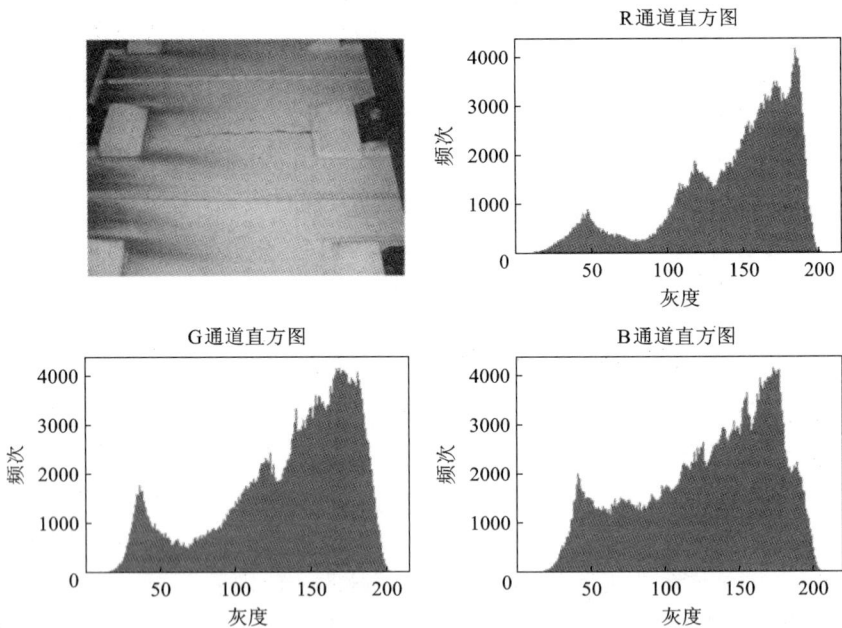

图 3-5　基础设施裂缝图像颜色直方图

③颜色聚合向量。颜色聚合向量的核心思想是将属于直方图每一个柄的像素分成两部分，如果该柄内的某些像素所占据的连续区域的面积大于给定的阈

值，则该区域内的像素作为聚合像素，否则作为非聚合像素。

④颜色矩。颜色矩方法的数学基础在于图像中任何的颜色分布均可以用它的矩来表示。此外，由于颜色分布信息主要集中在低阶矩中，因此，仅采用颜色的一阶矩（mean）、二阶矩（variance）和三阶矩（skewness）就足以表达图像的颜色分布。

（2）交通基础设施裂缝图像纹理特征

1）纹理特征与交通基础设施裂缝检测任务的联系

纹理特征也是一种交通基础设施裂缝图像的全局特征，它描述了交通基础设施裂缝图像区域的表面性质。具体到交通基础设施裂缝检测任务，在一方面，纹理特征会在一定程度上干扰检测任务的进行。例如，沥青路面与水泥路面的纹理特性截然不同，以及水泥路面本身存在的防滑凹槽纹理与裂缝具有一定的相似性，这些纹理特征在客观上会给交通基础设施裂缝检测任务带来一定的难度。在另一方面，纹理特征具有高度的自相似性和全局统一性，表面裂缝的存在会破坏这种自相似性以及全局统一性。因此，交通基础设施裂缝图像特征纹理存在差异的区域可能即为表面裂缝存在的区域。

由于纹理特征只是一种物体表面的特性，并不能完全反映出物体的本质属性，所以仅仅利用纹理特征是无法获得高层次图像内容的。与颜色特征不同，纹理特征不是基于像素点的特征，它需要在包含多个像素点的区域中进行统计计算。在模式匹配中，这种区域性的特征具有较大的优越性，不会由于局部的偏差而无法匹配成功。作为一种统计特征，纹理特征通常具有旋转不变性，并且对于噪声有较强的抵抗能力。但是，纹理特征也有其缺点，一个很明显的缺点就是当图像的分辨率变化的时候，所计算出来的纹理可能会有较大偏差。另外，由于有可能受到光照、反射情况的影响，从二维图像中反映出来的纹理不一定是三维物体表面真实的纹理。例如，水中的倒影、光滑的金属面互相反射造成的影响等都会导致纹理的变化。由于这些并不是物体本身的特性，因而将纹理信息应用于检索时，这些虚假的纹理有时会对检索造成"误导"。在检索具有粗细、疏密等方面较大差别的纹理图像时，利用纹理特征是一种有效的方法。但当纹理之间的粗细、疏密等易于分辨的信息相差不大的时候，通常的纹理特征很难准确地反映出人的视觉所感觉到的不同纹理之间的差别。

2）常用的纹理特征提取与匹配方法

常用的纹理特征提取方法包括灰度共生矩阵的纹理特征分析方法、几何法和模型法。下面简要介绍几种方法。

①纹理特征分析方法。灰度共生矩阵的纹理特征分析方法是在研究共生矩阵中各种统计特征的基础上，通过实验，得出灰度共生矩阵的四个关键特征：

能量、惯量、熵和相关性。统计方法中的另一种典型方法，则是从图像的自相关函数(即图像的能量谱函数)中提取纹理特征，即通过对图像的能量谱函数的计算，提取纹理的粗细度及方向性等特征参数。

②几何法。几何法是建立在纹理基元(基本的纹理元素)理论基础上的一种纹理特征分析方法。纹理基元理论认为，复杂的纹理可以由若干简单的纹理基元以一定的有规律的形式重复排列构成。在几何法中，比较有影响的算法有两种，即 Voronio 棋盘格特征法和结构法。

③模型法。模型法以图像的构造模型为基础，采用模型的参数作为纹理特征。典型的方法是随机场模型法，如马尔可夫随机场模型法和吉布斯随机场模型法。

(3)交通基础设施裂缝图像形状特征

1)形状特征与交通基础设施裂缝图像检测任务的联系

交通基础设施裂缝具有鲜明的形状特征。交通基础设施裂缝是基础设施在服役过程中因为内部缺陷以及外部荷载等多种因素的联合作用而产生的，因此其形状特征具有高度的随机性和多样性。交通基础设施裂缝的随机性以及多样性与周围人工形成的规则表面形成了强烈的对比。这种强烈的对比包含了裂缝的边缘信息以及区域信息，裂缝特有的形状特征在包含了裂缝的轮廓特征的同时，也包含了裂缝的区域特征信息。

各种基于形状特征的检索方法都可以有效地利用目标来进行检索，但它们也有一些共同的问题，包括：①目前基于形状的检索方法还缺乏比较完善的数学模型；②如果目标有变形时，检索结果往往不太可靠；③许多形状特征仅描述了目标局部的性质，要全面描述目标的性质对计算时间和存储量有较高的要求；④许多形状特征所反映的目标形状信息与人的直观感觉并不完全一致，或者说，特征空间的相似性与人视觉系统感受到的相似性有差别。另外，在二维图像中表现出来的三维物体实际上只是物体在空间某一平面的投影，从二维图像中反映出来的形状通常不是三维物体真实的形状，由于视点的变化，可能会产生各种失真。

2)常用的形状特征提取与匹配方法

通常情况下，形状特征有两类表示方法，一类是轮廓特征，另一类是区域特征。图像的轮廓特征主要针对物体的外边界，而图像的区域特征则关系到整个形状区域。常见的特征提取方法包括边界特征法、傅立叶形状描述符以及几何参数法等。

①边界特征法。边界特征法是通过对边界特征的描述来获取图像的形状参数。其中 Hough 变换检测平行直线方法和边界方向直方图方法是经典方法。

Hough 变换是利用图像全局特性而将边缘像素连接起来组成区域封闭边界的一种方法，其基本思想是点—线的对偶性；边界方向直方图法是首先由微分图像求得图像边缘，然后，做出关于边缘大小和方向的直方图，通常的方法是构造图像灰度梯度方向矩阵。

②傅立叶形状描述符。傅立叶形状描述符的基本思想是用物体边界的傅立叶变换作为形状描述，利用区域边界的封闭性和周期性，将二维问题转化为一维问题。由边界点导出的三种形状表达，分别是曲率函数、质心距离、复坐标函数。

③几何参数法。几何参数法的形状表达和匹配采用更为简单的区域特征描述方法，例如采用有关形状定量测度（如矩、面积、周长等）的形状参数法（shape factor）。在 QBIC 系统中，便是利用圆度、偏心率、主轴方向和代数不变矩等几何参数，进行基于形状特征的图像检索。需要说明的是，形状参数的提取，必须以图像处理及图像分割为前提，参数的准确性必然受到分割效果的影响，对分割效果很差的图像，甚至无法提取形状参数。

3.2　交通基础设施裂缝图像数据预处理

交通基础设施裂缝图像数据预处理是对最低抽象级的图像进行的操作，预处理的输入和输出都是强度图像。这些图像通常与传感器捕获的原始数据属于同一类，强度图像通常用一个或多个亮度值矩阵表示。预处理不会增加图像信息的内容。图像预处理是因为前期采集到的图像质量不够高，因此避免精细预处理的最好方法就是专注于高质量的图像采集。因此，预处理的目的是改善图像数据，抑制不期望的失真或增强一些对进一步处理很重要的图像特征。预处理在许多情况下是非常有用的，因为它有助于抑制与特定图像处理或分析任务无关的信息。

本节根据用于新像素亮度的像素领域大小将图像预处理方法分为了四个部分来描述。第一小节介绍了在实际摄取裂缝图像过程中的一些环境及人为因素对裂缝图像的影响；第二小节描述了裂缝图像像素亮度变换；第三小节主要介绍了裂缝图像的局部预处理；而最后一小节则是介绍了裂缝图像的恢复方法和流程。

3.2.1　裂缝图像质量影响因素

在交通基础设施裂缝检测与养护时，由于经常会遇到恶劣的天气和工作环境，得到的图像无法直接进入下一步的算法处理。本节着重从光强度的干扰导致的图像质量差、拍摄各环节造成的图像背景噪声、图像中出现阴影和异物对图像识别造成干扰这三方面来介绍在交通基础设施裂缝检测时遇到的主要环境影响。

（1）光照干扰

光照强度对图像处理的干扰主要是由光照环境或物体表面反光等原因造成的图像整体光照不均，导致图像在预处理时出现提取信息困难问题。

按照图像光照不均匀的表现可以分为如下三种情况：

①图像整体灰度值低。由于采集图像时周围环境光照条件不佳或采集图像设备本身的问题，得到的图像整体灰度值偏低，图像的对比度低，目标抓取区域难以识别，如红外图、夜晚时获取的图像。

②图像局部灰度值低。图像部分灰度值低，图像动态范围大，信息无法提取。

③图像出现高光现象。图像位于金属光滑表面或有弧度的物体表面，使得采集到的图像出现高光现象，如图 3-6 所示。高光现象改变了图像的原始面貌，使图像信息提取更加困难，导致信息处理也进一步增加困难。

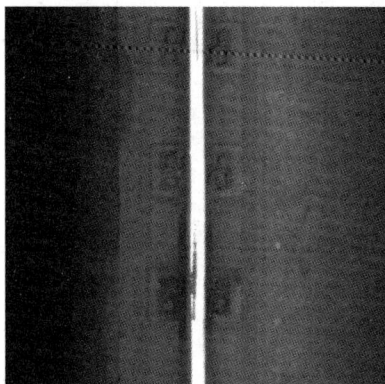

图 3-6　高光现象

（2）背景噪声

背景噪声在图像上一般是引起较强视觉效果的孤立像素点或像素块。背景噪声的存在会影响图像的可观测信息，通常是与图像中的研究对象不相关，但总是影响其图像数据的提取与输出。

1）背景噪声的特点

①噪声在图像中的分布和大小不规则，即具有随机性。

②噪声与图像之间一般具有相关性。

③噪声具有叠加性。在串联图像传输系统中，各部分窜入噪声是同类噪声，可以进行功率相加，依次信噪比要下降。

2）背景噪声的来源

两种常用类型的图像传感器 CCD 和 CMOS 在采集图像过程中，由于受传感器材料属性、工作环境、电子元器件和电路结构等影响，会引入各种噪声，如电阻引起的热噪声、场效应管的沟道热噪声、光子噪声、暗电流噪声以及光响应非均匀性噪声。

　　图像信号传输过程中由于传输介质和记录设备等的不完善，数字图像在其传输记录过程中往往会受到多种噪声的污染。另外，在图像处理的某些环节，当输入的对象并不如预想时，也会在结果图像中引入噪声。

　　3)背景噪声的分类

　　如图 3-7 所示，几种常见的图像噪声包括高斯噪声、泊松噪声、乘性噪声以及椒盐噪声，下面就几种噪声展开详细说明。

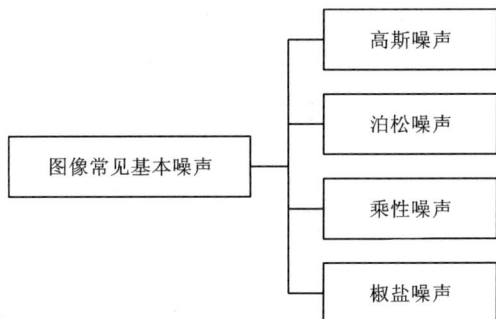

图 3-7　常见基本噪声分类

　　①高斯噪声。高斯噪声是指概率密度函数服从高斯分布(即正态分布)的一类噪声。一个噪声，如果幅度分布服从高斯分布，而它的功率谱密度又是均匀分布的，则称它为高斯白噪声。高斯白噪声的二阶矩不相关，一阶矩为常数，是指先后信号在时间上的相关性。高斯噪声产生的原因是传感器拍摄时光线不够、电路各元器件自身噪声和相互影响以及图像床干长期工作，温度过高。

　　②泊松噪声。泊松噪声是符合泊松分布的噪声模型，泊松分布适合于描述单位时间内随机事件发生的次数的概率分布。如某一服务设施在一定时间内收到的服务请求的次数、电话交换机接到呼叫的次数、汽车站台的候车人数、机器出现的故障数、自然灾害发生的次数、DNA 序列的变异数以及放射性原子核的衰变数等。

　　③乘性噪声。乘性噪声一般由信道不理想引起，它们与信号的关系是相乘的，信号在，它在，信号不在，它也不在。

　　④椒盐噪声。椒盐噪声又称脉冲噪声，它能随机改变一些像素值，是由图像传感器、传输信道、解码处理等产生的黑白相间的亮暗点噪声。通常是由图像切割引起的。

　　如图 3-8 所示，加椒盐噪声的基础设施裂缝图片[见图 3-8(b)]与原始图片[见图 3-8(a)]的图像具有明显区别,加椒盐噪声的基础设施裂缝图片具有一定数量大小随机、空间位置随机的白色噪声点,这些噪声点在一定程度上能够增强模型的泛化能力。

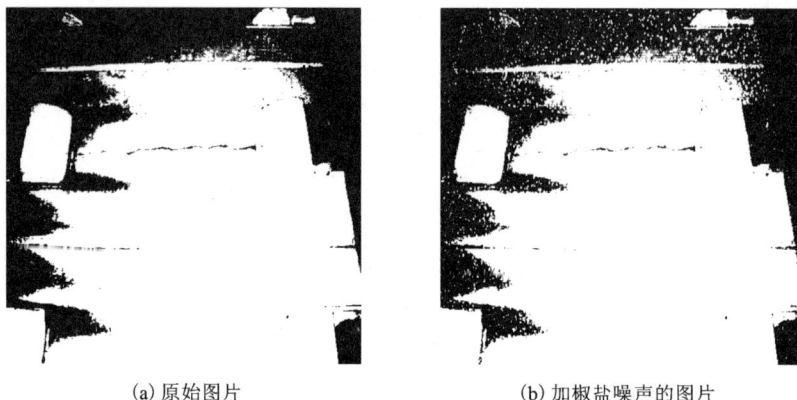

(a)原始图片　　　　　　　　　　　(b)加椒盐噪声的图片

图 3-8　交通基础设施裂缝原图与椒盐噪声图对比

(3)阴影

光照及遮挡物的遮挡使得阴影在自然图像中几乎是无处不在的,图像中的阴影对后续的图像处理造成了极大的干扰。由于光源的种类、强度和遮挡物体的大小、形状、透明度、背景材质以及反射率参数等多种因素的影响,图像中的阴影也随之变得更加复杂。如何有效地将图像中的阴影去除,为后续的图像处理提供便利,成为图像预处理的重中之重。

1)阴影检测方法

①基于区域的阴影检测。

对于相同反射率的区域,在相同的照明条件下,它们具有相似的纹理和颜色分布,而不同的光照条件,其纹理仍然相似,颜色强度却会存在很大的差异。这种方法的思路是用区域的颜色和纹理特征来预测该区域是否处于阴影区域。无论是相邻还是不相邻的区域对,它们若具有相同的纹理和相同的颜色强度,则极有可能处于相同的照明条件下,即它们应共享相同的阴影/非阴影标签;若具有相同的纹理和不同的颜色强度,则颜色强度相对较弱的极有可能处于阴影区域,而颜色强度较强的则处于非阴影区域。

②基于深度学习的阴影检测。

阴影检测作为计算机视觉领域存在已久的难题,越来越多的人开始尝试用卷积神经网络等深度学习的方法来解决这个问题。而随着生成对抗网络的提出与发展，人们发现它在处理计算机视觉领域的诸多问题上有着其他深度模型无法超越的优势。scGAN、ST-CGAN 等生成对抗网络模型的提出，使得阴影检测的精度有了很大程度的提高。

2）阴影去除方法

①利用阴影 mask 通过公式计算直接去除阴影。

不同的阴影检测算法检测出的图像"阴影"有不同的表示形式，如图 3-9 所示（其中阴影图像来自 SRD 数据集，mask 为钱真真标注，mate 图像为采用 Qu 的方法生成）。有的方法得到的阴影图像是二值图，即非阴影区域用黑色表示，阴影区域用白色表示，这种阴影图像通常被称为阴影 mask；还有一种阴影表示形式中包含很多层次的透明度，这种阴影图像通常被称为阴影 mate。若检测出来的是阴影是后者，则可以用公式 $I_s = S_m \times I_{ns}$ 来计算出对应的无阴影图像，从而去除该阴影。其中 I_s 表示含阴影的图像，I_{ns} 表示阴影图像 I_s 所对应的不含阴影的图像，S_m 表示阴影 mate，即阴影图像可以表示为无阴影图像与阴影 mate 的像素级乘积。图 3-9 中主要就是对比了阴影 mask、mate 和原图的区别。

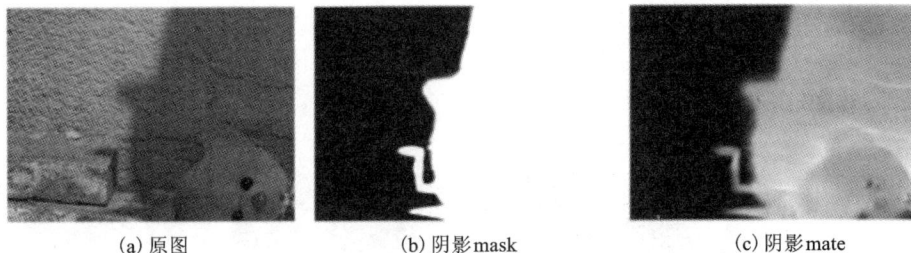

(a) 原图   (b) 阴影mask   (c) 阴影mate

图 3-9 阴影的表现形式

②基于边缘的阴影去除。

首先，根据图片序列分离出前景图像和背景图像，其中，图像阴影属于前景图像。之后，检测出前景图像和背景图像的边缘，将二者进行差分计算得到物体边缘。同时，通过光照检测计算出阴影属性。最后，利用物体的边缘及阴影属性，根据像素的明暗对比规则恢复图像来达到阴影去除的效果。这种方法多用于连续图像中物体阴影的去除，如去除在轨道检修的时候产生的阴影。与其他方法不同的是，这种基于边缘的阴影去除方法无须预先检测出阴影区域。

③基于光照模型的阴影去除。

当不发光的物体被某一光源照射后，物体会对光出现吸收、反射、折射等一系列现象。人之所以能看见世间万物，就是因为看到了反射光、折射光等。为了便于理解这些复杂的物理模型，很多人提出用数学模型来进行模拟，这些数学模型被称为光照模型（或明暗模型）。定义不同的光照模型，通过计算直射光、环境光、遮挡率、阴影系数等参数，使无阴影图像得以恢复。

④基于深度学习模型的阴影去除。

与阴影检测一样，深度学习模型也被更多地应用到图像阴影去除的工作中。卷积神经网络是深度学习的代表算法之一，这种算法的思路是利用卷积层对图像进行卷积提取特征，并结合池化层、合适的激活函数及其他模块进一步提升图像处理效果。由于卷积核的参数共享性，卷积神经网络能够快速、有效地对图像中的像素进行学习，进而提取不同层次的特征，实现阴影去除。

近年来，生成对抗网络（generative adversarial nets，GAN）的发展尤其迅速，它由生成器和判别器两部分组成，生成器需尽可能地生成真实的图像，来混淆判别器的判断，而判别器则需尽可能准确地识别出真实图像和生成器生成的"假"图像。GAN 就在二者的动态对抗中优化其参数，使得生成器能生成满足目标函数并且使判别器难以区分的真实图像。因此，将阴影图像 I_s 输入到 GAN 模型中，经过生成器的编码器、解码器，能够生成相应的无阴影图像 G，判别器对 G 以及 I_s 进行判别，并通过最小化相应的损失函数来优化模型参数。从简单的深度卷积神经网络模型到生成对抗网络，阴影去除的性能逐步得到提升。阴影的去除图像展示步骤如图 3-10 所示。

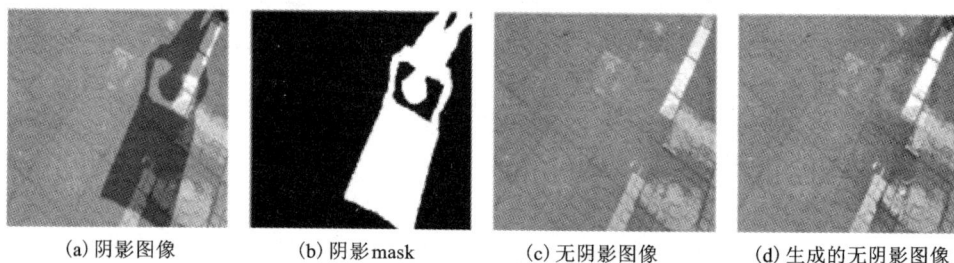

(a) 阴影图像　　　　(b) 阴影 mask　　　　(c) 无阴影图像　　　　(d) 生成的无阴影图像

图 3-10　阴影图像的去除过程

（4）调焦模糊

离焦模糊主要是因为拍摄时焦点没有正对在物体上，成像时像距、焦距和物距没有满足高斯成像定理，所以在感光版上出现了模糊图像。图 3-11 为点光源的成像原理图和离焦模糊成像系统的光学系统模型。

在拍照过程中，物距 u 为像平面到透镜间的距离，像距 v 为感光版到透镜

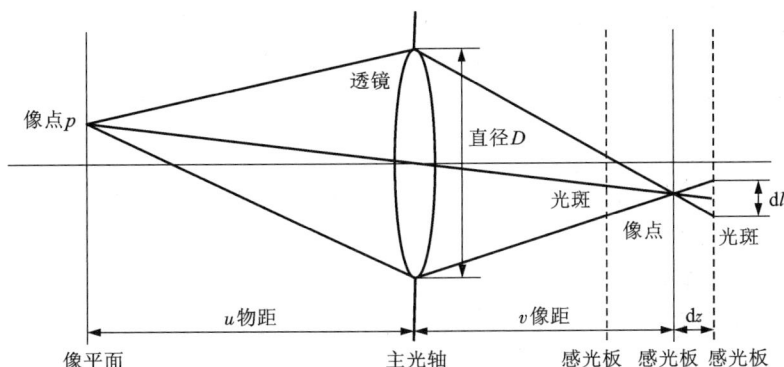

图 3-11　光学系统模型

间的距离,相机透镜的焦距为 f。由图 3-11 可以看出,感光版无论向前或向后一点都会造成模糊,所以要得到理想的清晰图像就必须遵守高斯成像定理。

常用的离焦图像的复原方法:①逆滤波复原方;②维纳滤波复原方法;③最大熵复原法;④约束最小二乘方滤波复原法。

3.2.2　裂缝图像像素亮度变换

图像的像素亮度变换主要是改变像素本身的亮度。像素亮度变换有两类,分别是像素位置亮度校正和灰度变换。像素位置亮度校正要考虑其原始亮度和像素在图像中的位置,而灰度变换改变亮度不需要考虑其像素在图像中的位置。

在理想状况下,图像的采集以及一系列数字化设备的灵敏度不会考虑像素在图像中的位置,但实际应用场景得到的图像会因为仪器的远近而导致光照不同,因传感器的感光部分灵敏度不均匀以及物体本身的光照不均匀导致图像的退化。

如果系统是退化的,则可以通过亮度校正加以抑制。多阶误差系数 $e(i,j)$ 描述了图像与理想值之间的变化。设 $g(i,j)$ 为原始未降解图像,$f(i,j)$ 为降解图像,两者关系见式(3-1):

$$f(i,j) = e(i,j)g(i,j) \tag{3-1}$$

当得到一张抑制亮度的参考图像 $g(i,j)$ 时,可以计算得到误差系数 $e(i,j)$,通过恒定亮度 c 和公式(3-2)可以得出退化图像 $f_c(i,j)$。

$$g(i,j) = \frac{f(i,j)}{e(i,j)} = \frac{cf(i,j)}{f_c(i,j)} \tag{3-2}$$

这种方法有它使用的局限性,基本上只能在图像变换呈线性状态下才可以，但是在现实生活中，亮度是局限在一定区间里面的，如果使用该公式，有些图像亮度会远远超过这个区间。

灰度变换不依赖于图像中的像素位置，根据式（3-3）可将原亮度 p 从尺度 $[p_0, p_k]$ 转换为新尺度 $[q_0, q_k]$。

$$q = \lnot (p) \qquad\qquad (3-3)$$

最常见的灰度变换如图 3-12 所示。

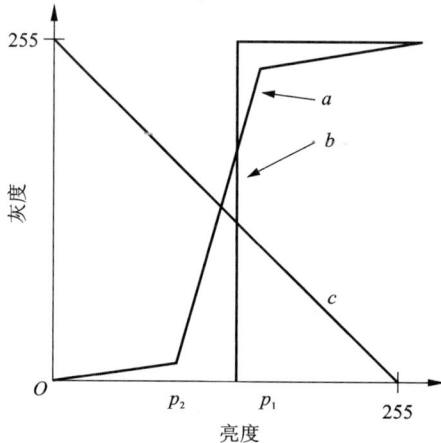

图中的纵轴为"灰度"，横轴为"亮度"。

函数 a 增强了亮度值 p_1 和 p_1 之间的图像对比；函数 b 被称作亮度阈值，变换得出的图像为黑白图像；直线 c 表示负变换

图 3-12　三种灰度变换

通常情况下，为了减少运算时间，可以利用灰度查找表来实现灰度的变换，查表的运作机制就类似于彩色显示器的红、绿、蓝三部分的自由组合。通常灰度图像有 256 个灰度级，为了快速得到想要灰度值的图像，并不需要这么精确的灰度级，比如黑白图像，就可以将 0~127 灰度值直接赋值 0，128~255 灰度值赋值 1，可以得到较少的黑白两色图像。

灰度变换的优点在于通过增强对比度来更方便地用人眼观察图像。对比度增强的变换通常是通过直方图均衡化得到的，直方图均衡化是为了创建一个在整个亮度范围内均匀分布亮度级别的图像，如图 3-13 所示。直方图均衡化是在亮度值接近直方图最大值时增强对比度，在亮度值接近直方图最小值时降低对比度。

而常见的灰度变换技术还有以下两种：对数灰度变换函数和伪彩色灰度变换法。其中伪彩色的原理是由于其输入的单色图像中的单个亮度被编码成某种颜

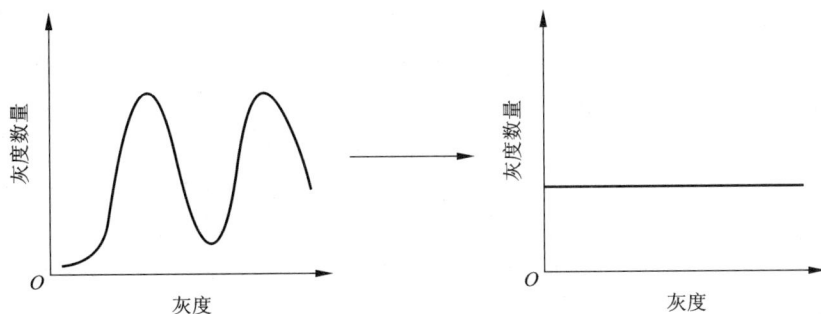

图 3-13　直方图均衡化

色，而人眼对颜色的变化非常敏感，故可以在伪彩色图像中看到更多的细节。

3.2.3　裂缝局部预处理

局部预处理方法根据加工的目的可分为两类，第一类是平滑和梯度算子。平滑的目的是抑制图像中的噪声和其他小波动，它等价于在傅立叶变换域内的抑制高频，但是平滑有时候也会模糊所有包含图像重要信息的锐边。梯度算子是基于图像函数的局部导数，当图像函数发生快速变化时，图像的导数越大，而梯度算子的目的在于指出图像中这些变化的位置。梯度算子在傅立叶变换域内有类似抑制低频的效果，但是由于噪声通常是高频，所以在梯度算子应用图像时，噪声的水平也会相应增加。平滑和梯度算子是相互冲突的两种算符，为了更好地进行图像预处理，通常是同时使用平滑和边缘增强。

局部预处理的另一种处理方法是根据变换特性区分线性和非线性变换。线性运算将输出图像中像素 $f(i, j)$ 的结果值计算为输入图像中像素 $g(i, j)$ 的局部领域 θ 的亮度的线性组合。将像素点对领域 θ 的贡献用系数 h 加权：

$$f(i, j) = \sum_{(m, n) \in \theta} h(i - m, j - n) \sum_{(m, n) \in \theta} g(m, n) \qquad (3-4)$$

式 (3-4) 等价于与核函数 h 进行离散卷积，称为卷积掩码。矩形领域通常在行和列中与奇数个像素仪器一起使用，从而可以指定领域的中心像素。

局部变换、大小和领域形状的选择很大程度上取决于被处理图像中物体的大小。如果目标相当大，可以通过平滑小的退化来增强图像。

3.2.4　裂缝图像恢复

图像恢复是指通过计算机处理，对质量下降的图像加以重建或恢复的处理过程。图像恢复是一个客观的过程，是针对质量降低或失真的图像，试图恢复其原始的内容或质量的过程。

由于摄像机与物体相对运动、系统误差、畸变以及噪声等因素的影响,图像往往不是真实景物的完善映像。在图像恢复过程中,需建立造成图像质量下降的退化模型,然后运用相反过程来恢复原来图像,并运用一定准则来判定是否得到了图像的最佳恢复。在遥感图像处理中,为消除遥感图像的失真、畸变,恢复目标的反射波谱特性和正确的几何位置,通常需要对图像进行恢复处理,包括辐射校正、大气校正、条带噪声消除以及几何校正等内容。

在图像复原中,需要对退化函数进行估计。主要有观察法、实验法和数学建模法。

观察法通过选择噪声较小的子图像(减少噪声的影响)来得到退化函数 $H(u,v)$,然后根据此信息来构建全图的退化函数 $H(u,v)$,之后利用后面的复原方法来复原。实验法是指使用或设计一个与图像退化过程相似的装置(过程),使其成像一个脉冲,从而得到退化系统的冲激响应。而建模估计则是从引起图像退化的基本原理进行推导,进而对原始图像进行模拟,在模拟过程中调整模型参数,以获得尽可能精确的退化模型。退化模型示意图如图 3-14 所示。

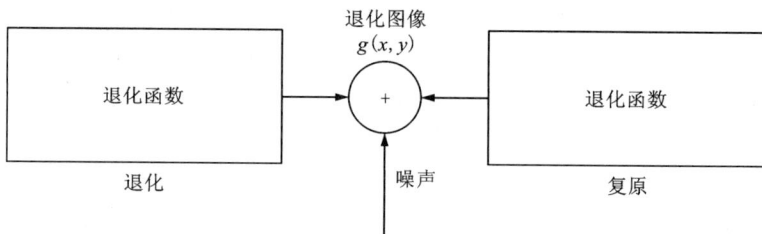

图 3-14　退化模型示意图

(1)主要的图像复原滤波

1)逆滤波

逆滤波的复原过程可简要介绍如下:①对退化图像 $g(x,y)$ 作二维离散傅立叶变换,得到 $G(u,v)$;②计算系统点扩散函数(即退化函数)$h(x,y)$ 的二维离散傅立叶变换,得到 $H(u,v)$;③逆滤波计算:$F(u,v) = G(u,v)/H(u,v)$;④计算 $F(u,v)$ 的逆傅立叶变换。

逆滤波就是将退化函数去除,直接的逆滤波没有什么意义,只是处理了靠近直流分量的部分,其他不做处理。如果加入巴特沃斯低通滤波器,效果更佳,但不适合运动或者模糊的图片。

2）维纳滤波

在一定的约束条件下，其输出与一给定函数（通常称为期望输出）的差的平方达到最小，通过数学运算最终可变为一个托布利兹方程的求解问题。维纳滤波器又被称为最小二乘滤波器或最小平方滤波器，目前是基本的滤波方法之一。维纳滤波是利用平稳随机过程的相关特性和频谱特性对混有噪声的信号进行滤波的方法。

（2）图像预处理在裂缝中的应用

在已知的交通基础设施裂缝识别中，道路裂缝是目前使用机器视觉最多的，本节主要介绍图像预处理在路面裂缝中的具体应用步骤及存在的问题。

众所周知，图像预处理主要是为后面的图像分割服务的，在路面裂缝图像预处理中，目前所用的分割算法，例如 OTSU 方法、最大熵方法等都有一个共同点，即分割结果很大程度上取决于原图像的特征，因此每种方法可能只对一种或几种特定类别的图像有效。当图像采集环境或者路面状况发生变化时，由于图像之前的特征变化了，所选的分割方法通常也就无法使用了。

本节介绍了一种有效的图像预处理方法来处理大多数路面裂缝图像。该方法主要分成三个步骤：第一步，计算出理想的图像背景，然后再对图像进行背景校正。背景校正主要是消除照明不均匀的影响，并减弱对裂缝检测影响不大的污渍、路面标记以及路面材料颗粒。第二步是通过高斯平滑来消除随机噪声。第三步是在有效的灰度范围内对图像进行直方图变换。

1）背景校正

校正图像背景主要是两类，一类是将目标图像分成几个小的图像窗口，再根据这些小图像的特征去进行背景校正，另一类是将同一组图像的几种属性分开来，针对各个属性进行背景校正。在目前的裂缝检测中，第一类方法比较普遍，其中比较具有代表性的是灰度校正算法。灰度校正算法的基础是双线性插值，即利用小窗口构造出图像的照明背景，然后再从原始图像中减去该照明背景，就可以得到裂缝图像信息了（主要是将小窗强度逐个窗口调整到相同级别来获得背景常数）。

2）高斯平滑

经过背景校正之后，图像中还会包含一些随机噪声，而高斯平滑就是比较常用的除去这些随机噪声的方法，相应效果见图 3-15，虚线是平滑处理后的直方图曲线，实线是处理前的直方图曲线。从图 3-15 中可以看出，带有校正背景的图像直方图通常是单峰曲线，经过高斯平滑后，曲线的峰值略有增加，曲线的尾部几乎不变。尽管高斯平滑很大程度上没有改变直方图曲线，但是在进行边缘检测图像分割时，经过处理还是很有必要的。

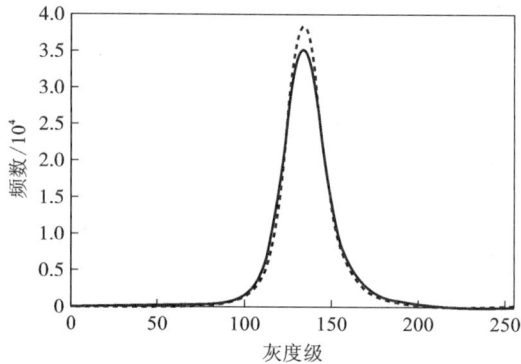

图 3-15　图像平滑前后的直方图曲线

经过背景校正和高斯平滑后的效果如图 3-16 所示,图像的背景强度相对均匀,并且图像反光和表面的异物都得到了很好的优化。

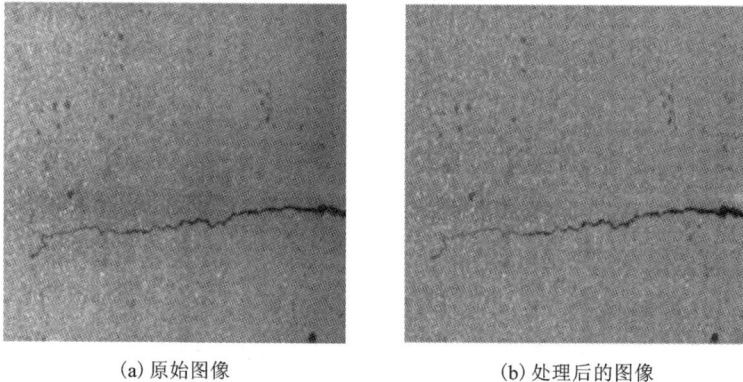

(a)原始图像　　　　　　　　　　(b)处理后的图像

图 3-16　经过背景校正和高斯平滑后的裂缝图像与原始裂缝图像对比

3)直方图变换

再经过公式(3-5)转换的裂纹图像如图 3-17(b)所示,与图 3-17(a)相比,提高了图像的亮度,并且提高了图像的对比度,消除了噪声,更加利于图像分割。

$$\begin{cases} I_{new} = 255 & I \geqslant P \\ I_{new} = I(255/P) & I < P \end{cases} \qquad (3-5)$$

式中:I 是在进行直方图转换前的灰度值;P 是转换前的图像直方图曲线峰值;I_{new} 是转换后的图像灰度值。

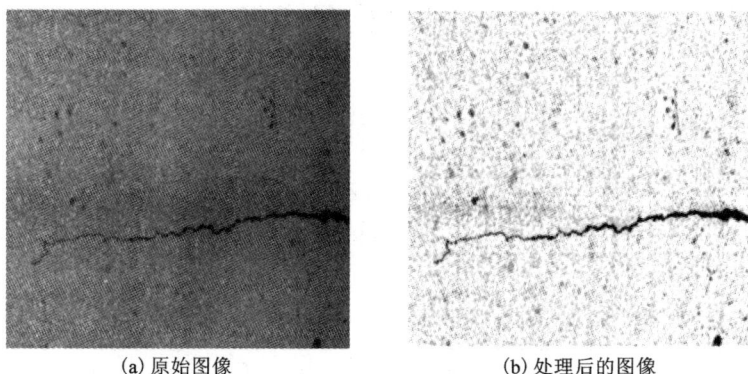

(a) 原始图像　　　　　　　　　　　　(b) 处理后的图像

图 3-17　经过直方图转换的裂缝图像与原始图片对比

转换前后的裂缝图像变化可以从图 3-17(b)和图 3-17(a)中看出，转换并没有改变直方图的曲线趋势，但是删除了无效的灰度范围，即取了有效灰度范围[0，255]，可以看出图 3-18(b)的直方图比图 3-18(a)的直方图稀疏，这是因为直方图转换后灰度级的量化水平降低了，这种稀疏程度不足以产生假边缘，并且不会影响之后的图像分割。

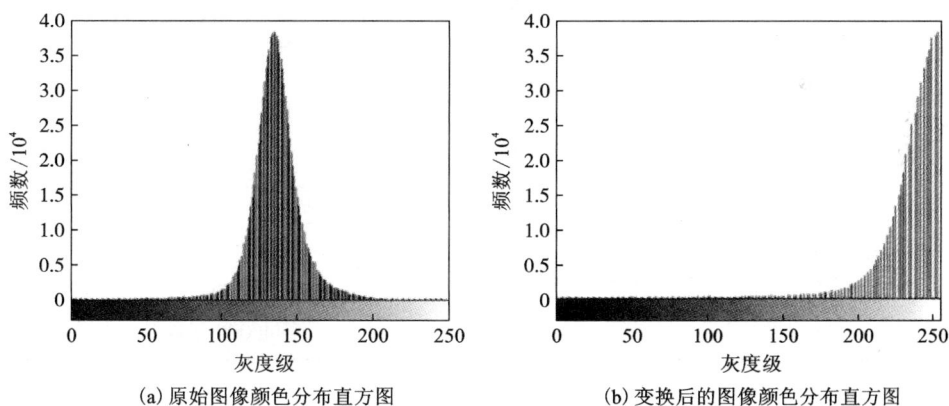

(a) 原始图像颜色分布直方图　　　　　　　(b) 变换后的图像颜色分布直方图

图 3-18　经过直方图变换后的裂缝直方图与原图对比

本节通过对图像数据进行预处理，能够在一定程度上消除在图片采集过程中环境光照等因素对图片数据质量的影响，并能够在一定程度上避免无关因素对模型性能的影响。

3.3　交通基础设施裂缝图像数据增强

深度神经网络模型的训练需要大量数据。但是，要获取并标记大量的数据并不容易，而且成本较高。数据扩充是缓解问题的有效技术。常见的数据增强方法包括图像旋转、翻转、镜像、添加噪声以及更改照明等。这些技术通常要结合使用以获取更多数据。表 3-2 显示了道路裂缝检测中使用的数据增强技术。

表 3-2　数据增强

数据类型	方法	结果
500 张图片	裁剪 旋转	640000 样本用于训练 160000 样本用于确认 200000 样本用于测试
1250 张图片	裁剪	60000 个碎片
Crack Forest 数据集	翻转	—
Video frame data	裁剪 旋转 翻转和旋转 加噪声	147344 张裂缝碎片 149460 张没有裂缝的碎片
Crack Tree260	旋转 翻转 裁剪	35100 个样本用于训练
297 张图片	翻转	2366
282 张图片	裁剪	40000 张碎片

数据增强的具体使用方法有两种，一种是事先执行所有的转换，实质是增强数据集的大小，这种方法称为线下增强。它比较适用于较小的数据集，最终将增加一定倍数的数据量，这个倍数取决于转换的图片个数，如果需要对所有的图片进行旋转，则数据量会增加一倍，本书中讨论的就是该方法。另一种是在将数据送入到机器学习模型的时候小批量地进行转换，这种方法称为线上增强或者飞行增强。

（1）图像平移

定义：将图像中所有的点按照指定的平移量水平或者垂直移动。对于原图中被移出图像显示区域的点通常有两种处理方法：可以直接丢弃，也可以通过适当增加目标图像尺寸的方法使得新图像中能够包含这些点。图像平移变换对比如图 3-19 所示。

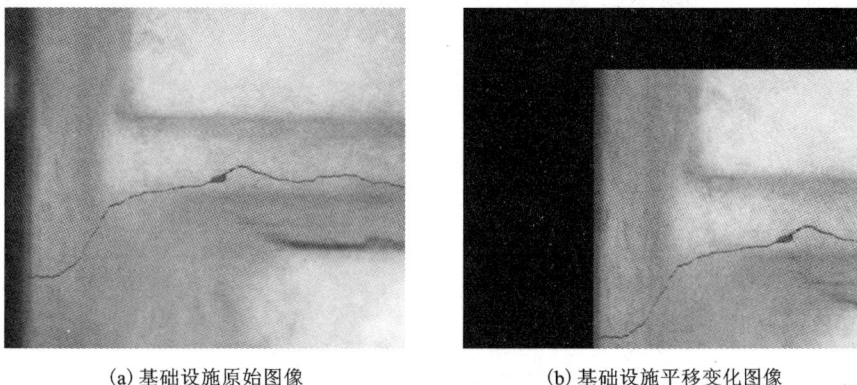

(a)基础设施原始图像　　　　(b)基础设施平移变化图像

图 3-19　基础设施裂缝原图以及图像平移变换对比图

（2）图像旋转

定义：一般图像的旋转是以图像的中心为原点，旋转一定的角度，也就是将图像上的所有像素都旋转一个相同的角度。旋转后图像的大小一般会发生改变，即可以把转出显示区域的图像截去，或者扩大图像范围来显示所有的图像。

通常情况下可以采用矩阵法，如图 3-20 所示。

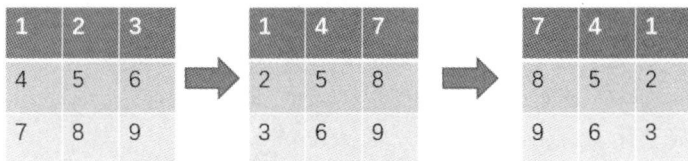

图 3-20　矩阵法

（3）图像镜像

定义：图像镜像又分为水平镜像和竖直镜像。水平镜像是将图像左半部分和右半部分以图像竖直中轴线为中心轴进行兑换；而竖直镜像则是将图像上半部分和下半部分以图像水平中轴线为中心轴进行对换。镜像变换前后对比如图 3-21 所示。

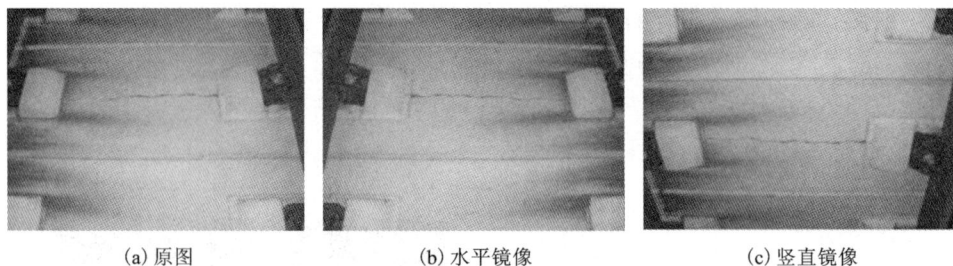

(a) 原图　　　　　　　　(b) 水平镜像　　　　　　　　(c) 竖直镜像

图 3-21　基础设施裂缝图像镜像变换前后对比图

(4)图像亮度变化

定义：图像亮度变化是在原图的基础上，对原图的 RGB 通道值进行调整，从而达到图片明暗变换的效果。图片不同的明暗变换可以有效地模拟裂缝图片在不同光照强度下的状态。亮度增加前后的对比如图 3-22 所示。

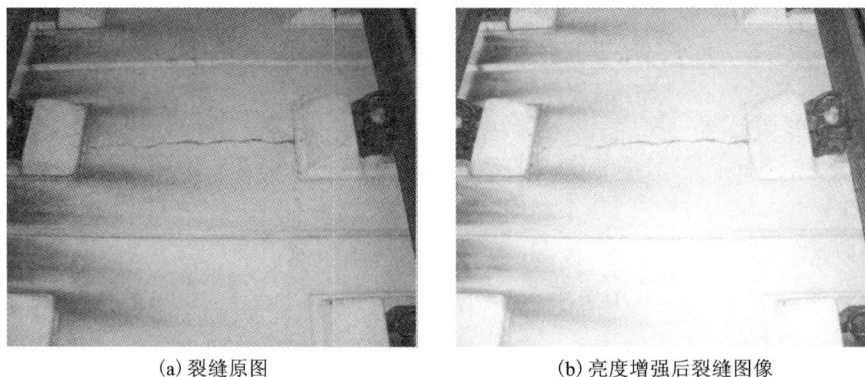

(a) 裂缝原图　　　　　　　　　　　　　(b) 亮度增强后裂缝图像

图 3-22　经过亮度增强前后的基础设施裂缝图像对比

(5)剪裁变化

定义：图像剪裁变化是在原图的基础上，对原图进行部分截取。截取部分的图片能反映原始图片的局部特性，并能够在一定程度上增强模型对多尺度信息的泛化能力。剪裁前后的对比如图 3-23 所示。

(6)图像模糊变化

定义：图像模糊是在原图的基础上，对原图增加雾化、毛玻璃等特效，使得裂缝图像的清晰程度降低。图像模糊处理能够在一定程度上增加模型抵抗外部环境干扰的能力。模糊变化前后的对比如图 3-24 所示。

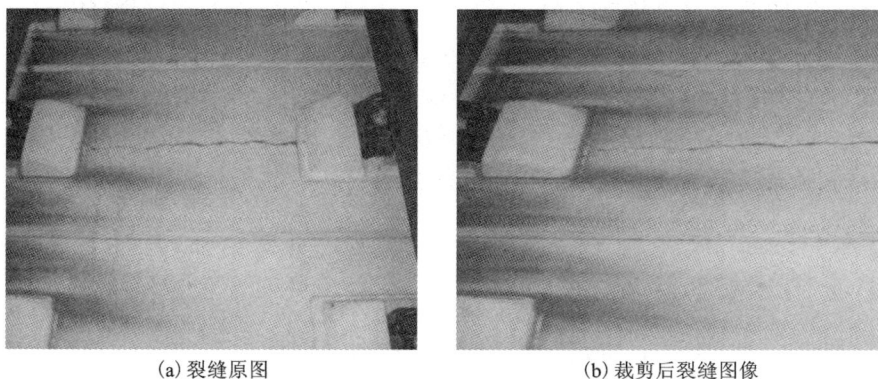

(a) 裂缝原图　　　　　　　　　　　　　(b) 裁剪后裂缝图像

图 3-23　经过裁剪前后的基础设施裂缝图像对比

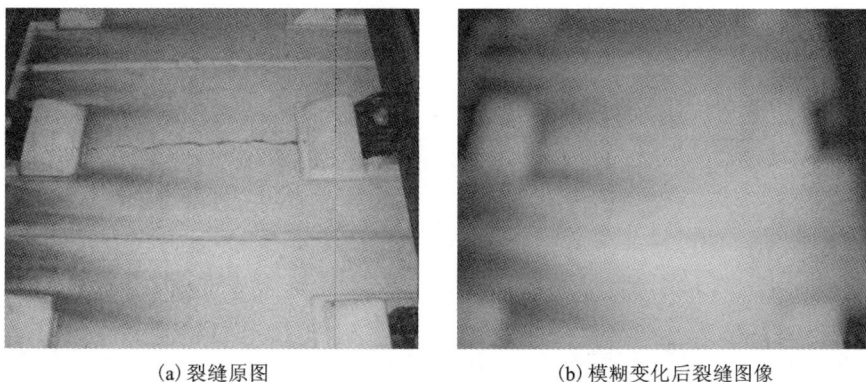

(a) 裂缝原图　　　　　　　　　　　　　(b) 模糊变化后裂缝图像

图 3-24　经过模糊变化前后的基础设施裂缝图像对比

3.4　本章小结

本章介绍了在机器视觉中采集的图像数据描述，分别介绍了图像特征的特点、环境影响、图像数据预处理以及一些典型的数据集。第一节从图像数据特征开始描述，介绍了图像数据集的基础特征，并且介绍了深度图像数据，为未来机器视觉图像的发展提供了参考；第二节主要是分析了环境中的干扰因素对图像的干扰，分别从光照强度、背景噪声、阴影以及调焦模糊问题入手探讨了这些干扰因素造成的阻碍，并提出了解决这些阻碍的方法；第三节主要是描述了图像预处理的主要流程、重要步骤以及在实际裂缝检测中的应用，数据增强是在仅有有限图像的情况下通过一系列手段扩增数据的方法，以达到为后期机器学习提供大量的图像数据集的目的，这是在图像预处理中最为重要的一个技术手段；第四节主要是描述了第三节中所应用到一系列典型数据集以及这些数据集的测试性能对比。

　　图像数据的预处理是机器视觉裂缝检测的基础，为后续裂缝图像检测任务的训练和预测提供了高质量和高数量的数据来源，在基于机器视觉的基础设施裂缝检测任务中具有不可替代的作用，对提高基础设施裂缝检测模型的泛化能力具有现实工程意义。

第 4 章

基于特征提取的基础设施裂缝诊断方法

　　公路、铁路、桥梁、隧道、港口、机场等交通基础设施的服役性能随着长时间的使用不断发生衰变，其中表面裂缝是反映这种衰变状况的最普遍和最有代表性的病害形式之一。初始阶段的表面裂缝(0.3~0.4 mm)会降低构件的耐久性，影响其正常使用；当发展到一定程度时(几毫米到几十毫米)，会产生路面脱空、隧道渗漏水等连锁反应，甚至会导致整个结构的失效，从而造成桥梁垮塌、列车脱轨等重大交通事故。因此，及时准确地检测表面裂缝的产生和发展，是保障道路及轨道交通的安全运营和可持续发展的迫切需求。为了解决表面裂缝的检测难题，基于特征提取的基础设施裂缝诊断方法得到了广泛的研究和大规模的运用，这些方法能够对表面裂缝进行非接触式的无损检测，最大限度上减少人工的干预，是实现交通基础设施表面裂缝检测和分析自动化、智能化的关键。本章首先介绍了启发式特征提取的几种常见方法：边缘检测、阈值分割、区域生长、匹配滤波器。接着分别从有监督学习和无监督学习这两种学习机制出发对现有的机器学习检测方法进行了归纳总结。最后讨论了基于特征提取的基础设施裂缝诊断方法的工程应用案例及目前存在的问题。

4.1　启发式特征提取

4.1.1　边缘检测

　　图像边缘是图像最基本的特征之一，包含了图像的大部分信息。在图像处理和计算机视觉处理领域中，图像边缘检测是最基本的技术之一，对图像裂缝的特征提取有重要的作用。在利用边缘检测来检测裂缝时，主要是通过裂缝区域和背景区域边界的灰度差值来进行裂缝诊断。

目前，经典的图像边缘检测方法有 Roberts 算子、Sobel 算子、Prewitt 算子、Kirsch 算子、Laplace 算子、Log 算子、Canny 算子等，这些方法都是利用图像梯度的极大值或二阶导数过零点值来检测图像边缘，并利用图像的微分算子模板和图像进行卷积来完成的。但是，经典的图像边缘检测方法抗噪性能比较差，而且在检测图像边缘的同时又加强了噪声。随着科学技术的不断发展，近年来图像边缘检测领域涌现出了一些新的技术和方法，例如小波多尺度方法、分形理论方法、数学形态学方法、人工智能、遗传算法等，这些方法抗噪性能强，能够更好地检测出图像的边缘。

(1)边缘检测的步骤

裂缝图像的边缘检测就是找出裂缝轮廓线上有阶跃变化的像素点，阶跃变化反映在每个像素的灰度值上就是像素灰度值导数较大或极大的像素点。通过对裂缝图像做边缘的检测处理，可以在很大程度上滤除不相关的数据，而对裂缝的形状做保留。边缘检测的基本步骤如图 4-1 所示。

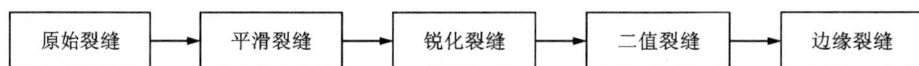

原始裂缝 → 平滑裂缝 → 锐化裂缝 → 二值裂缝 → 边缘裂缝

图 4-1　裂缝边缘检测流程图

1)平滑滤波

裂缝图像中往往含有不期望的噪声，它会影响梯度计算，所以必须先做平滑滤波，滤除裂缝图像中的噪声。

2)锐化滤波

这一步骤可以说是让后面边缘检测效果锦上添花的一步，因为锐化可以加强灰度值变化较大的像素点。

3)边缘判定

不是所有裂缝周围的像素点都是边缘点，需要去做判定，选择有用的像素点，剔除无用的像素点。二值化处理是常用的方法。

4)边缘连接

这是最后一步，就是去除虚假像素点，将所有有用的像素点连成一整条曲线来表示边缘裂缝。

(2)边缘检测的要求

边缘检测裂缝时，一般要满足以下要求：

①图像边缘定位的准确度要高，图像的边缘能够被正确地检测出来。

②被检测到的图像边缘最好是单像素的。

③不会遗漏掉图像的实际边缘，也不会产生虚假的边缘。

④边缘检测的抗噪性能要强。

（3）经典的边缘检测算法

1）微分算子法

微分算子是最原始、最基本的边缘检测算法之一，主要是根据灰度边缘处的一阶导数有极值，二阶导数过零点的原理来检测边缘的。在求边缘的导数时，需要对每个像素位置进行计算，在实际中常用模板卷积来近似计算的经典的微分算子有：

①Roberts 算子。Roberts 算子采用对角线方向相邻的两像素之差近似梯度幅值检测边缘。检测水平和垂直边缘的效果好于斜向边缘，定位精度高，对噪声敏感。

②Sobel 算子。Sobel 算子根据像素点上下、左右邻点灰度加权差，在边缘处达到极值这一现象来检测边缘。对噪声有平滑作用，提供较为精确的边缘方向信息，边缘定位的精度不够高。对精度要求不高时，这种方法比较常用。

③Prewitt 算子。Prewitt 算子利用像素点上下、左右邻点灰度差，在边缘处达到极值这一现象来检测边缘。对噪声有平滑作用，定位精度不高。

④Laplace 算子。Laplace 算子是二阶微分算子，利用边缘点处二阶导数出现零交叉这一现象来检测边缘，各向同性，对灰度突变敏感，定位精度高，对噪声也敏感，不能获得边缘方向信息。

2）最优算子法

这类方法是在微分算子的基础上发展起来的边缘检测算子，根据信噪比求得检测边缘的最优滤波器。

①Log 算子又称为拉普拉斯高斯算法，是一种二阶微分边缘检测方法。它应用 Gaussian 函数先对图像进行平滑处理，然后采用拉氏算子根据二阶导数过零点来检测边缘，该方法能较好地反映人的视觉特征。在应用中常常用 DOG 函数来近似实现 Log 算子，可使运算速度提高。所用的高斯滤波器能同时在空域和频域达到最佳。当尺度减小时，可以出现新的过零点，但已有的原过零点不消失。它的抗干扰能力强，边界定位精度高，连续性好，且能提取出对比度弱的边界。但也存在不足之处：当边界距离宽度小于算子宽度时，零交叉处的斜坡会发生融合，区域边界细节会丢失。总体来说，它是利用平滑二阶微分检测图像边缘最成功的算子之一。

②Canny 算子的实质是利用高斯函数的一阶微分，并用非极大抑制和阈值法来定位导数最大值。它是一种比较实用的边缘检测算子，能在噪声抑制和边缘检测之间取得较好的平衡，具有很好的边缘检测性能。

（4）新的边缘检测算法

1）基于小波多尺度的边缘检测方法

小波变换技术近些年来发展活跃，是一种新兴的数学分支，在众多领域中被广泛应用。它是一个时间和频域的局部变换，通过伸缩和平移运算对函数或信号进行多尺度细化分析。小波变换具有变焦性，即在高频处的时间分辨率高，低频处的频率分辨率高，因而能高效地获得图像的整体或者细节特征，尤其适合于复杂图像的边缘检测，而传统的边缘检测算子都没有自动变焦的思想。

小波变换具有"数学显微镜"的美誉，能够对图像进行细化分析，由于具有多尺度性，在不同的尺度上进行小波变换时都能获得图像一定的边缘信息。在小尺度上，可以获得图像较为丰富的边缘细节信息，而且边缘定位精度高，但是容易受图像噪声的影响；在大尺度上，图像的边缘稳定，抗噪声能力强，但是边缘定位精度差。因此，考虑将不同尺度的边缘图像结合在一起，充分发挥大小不同尺度的优势，就可以获得精确的边缘图像。多尺度边缘检测的基本方法是沿图像梯度方向，分别用几个不同尺度的边缘检测算子在相应点上检测图像梯度幅值极大值的变化情况，选取合理的阈值，再综合大小不同尺度上的图像，最终得到边缘图像，在获得图像的边缘时对噪声的抑制效果也比较好。

2）基于数学形态学的边缘检测方法

数学形态学的语言是集合论，它是一种新的非线性图像处理和分析理论，基本方法是用结构元素去度量和提取图像中的对应形状，以此来完成对图像的处理。结构元素的选择十分重要，其尺寸和形状直接影响能否获得有效的信息。利用数学形态学进行图像处理时，一般包括二值形态学、灰度形态学和彩色形态学，基本变换包括膨胀、腐蚀、开启和闭合4种运算。

3）基于神经网络的边缘检测方法

近几年神经网络技术发展迅速，被广泛应用到图像处理技术中，利用神经网络进行图像边缘检测时，不需要选取阈值，也不需要进行卷积运算。目前使用最多的神经网络模型之一是BP神经网络。BP神经网络结构简单，便于操作，它是一种非线性映射，因而能够成功地完成各种简单和复杂的分类。

BP神经网络具有很强的容错性和鲁棒性。利用BP神经网络进行边缘检测时，首先要确定神经网络的层数，一般选用三层的BP神经网络进行图像边缘检测；其次是设计网络；最后是对样本进行训练，将输入的整数型灰度图像归一化成实数型，把图像分成有限个子块，以这些有限个子块为一个循环周期进行训练，对输出的这些有限个子块重新组合，就可以得到边缘图像。但是BP神经网络的数值稳定性差，收敛速度慢，而且易收敛于局部极小点。

4）基于遗传算法的边缘检测方法

在优化算法领域中，遗传算法是一种新发展起来的计算方法，是一种以自然选择和自然遗传学原理为基础的迭代自适应概率性搜索方法，是模拟达尔文的遗传选择和自然淘汰的生物进化论而建立起来的一种计算模型。它能够进行全局并行优化搜索，由于鲁棒性强、简单、通用而被广泛应用。采用二阶微分算子进行图像边缘检测时，计算量很大，硬件资源占用量大，而且速度慢。利用遗传算法进行图像边缘检测时，首先要将给定的灰度图像转换成一些二值化边缘图像，组成初始世代群体，然后将每幅二值化边缘图像看成群体中的一个个体，计算每个个体的适应度，再通过选择、交叉、变异多代繁衍，最终得到符合要求的边缘检测图像。利用遗传算法进行边缘检测时，阈值能够实时自动选取，而且阈值选取的速度很快，抗噪性强，但是由于收敛性不稳定，会出现过早收敛的情况。

5）基于灰色理论的边缘检测方法

利用灰色理论进行图像边缘检测时，首先要确定参考数列和比较数列，一般选取非边缘点作为参考数列，将每个像素及其相邻像素灰度值一起看成参考数列，假如数列中所有像素灰度值相等，则肯定不是边缘点或噪声点，而为典型的非边缘点特征；其次要计算比较数列和参考数列间的灰色关联度，比较数列和参考数列之间的灰色关联度是判断一个像素点是否为边缘的重要依据，也是算法实现的关键所在，把计算出的灰色关联度与阈值做比较，小于阈值的为边缘点，大于阈值的为非边缘点，最终得到边缘检测图像。

6）基于分形理论的边缘检测方法

灰度图像是非严格自相似的，整体和局部之间不具有自相似性，但图像局部之间却存在着自相似性，即在局部上存在近似的分形结构，因此，根据图像局部之间的自相似性，就可以构造图像的迭代函数。分形几何中的压缩映射定理，可以保证局部迭代函数的收敛性，而根据分形几何中的拼贴定理，可以将一幅图像分成若干个分形结构，即构成一个迭代函数系统。

利用分形理论进行图像边缘检测时，最重要的一步是建立一个迭代函数系统，使它的吸引子与原图像能最大限度地相吻合，但是迭代函数系统的吸引子与原图像之间肯定存在着差异，图像的每个子图的分形结构之间也存在着差异，所以子图的分形失真程度大小不等，边缘区域的子图的分形失真程度比较大，平坦区域的分形失真程度相对比较小。因此，可以利用图像边缘在分形中的这一性质来提取图像的边缘。该方法抗噪性较强，能检测到图像的细节信息，但是检测结果受迭代函数系统影响较大。

7）基于灰色理论的边缘检测方法

图像可以看作由边界和平滑区域构成的，因此可将一幅图像分为边界部分和平滑区部分，所以图像边缘检测可以看作一个二分类问题，而支持向量机（support vector machine，SVM）最初正好是用来解决二分类问题的，利用 SVM检测图像边缘的具体算法是：首先确定训练样本，其次确定阈值，再确定标识，从较多的训练样本数据中选择支持向量，假设训练后所得的支持向量所对应的像素点为 0，则非支持向量所对应的像素点为 255，将一维向量转换为二维矩阵，还原图像就得到边缘图像。SVM 方法受阈值影响较大，没有一个方法对所有的图像都能得到很好的边缘检测效果，所以选取阈值也成了二分类方法最大的一个弱点。

4.1.2　阈值分割

(1)阈值分割原理

阈值分割的处理对象从裂缝的边缘像素点变为整幅图像的全部像素点，阈值分割基于表面裂缝和背景区域在灰度值上的差异性，通过设置阈值来区分图像上的每个像素点是属于裂缝区域还是背景区域。对灰度图像的阈值分割首先需要确定分割阈值，然后将图像中各个像素点的灰度值与分割阈值相比较，将图像的像素点分为目标和背景两类，并对相同类赋同一值。设一幅灰度图像的大小为 $M \times N$，灰度级数为 L，$f(x, y)$ 表示坐标为 (x, y) 的像素灰度级，其中 $x \in [1, M]$，$y \in [1, N]$。

单阈值分割的目的即为确定一个阈值 t，并对所有像素的灰度级进行如式(4-1)的映射：

$$f(x, y) = \begin{cases} 0 & 0 \leqslant f(x, y) \leqslant t \\ L - 1 & t \leqslant f(x, y) \leqslant L - 1 \end{cases} \tag{4-1}$$

分割后的图像仅有灰度级为 0 和 $L - 1$ 两类像素，也称"二值化"。这种分割方法适合于待分割的目标和背景像素分布在明显不同的两个灰度级范围的情况。

对于多阈值分割，假设阈值个数为 n，则灰度级映射为：

$$f(x, y) = \begin{cases} l_0 & 0 \leqslant f(x, y) \leqslant t_1 \\ l_1 & t_1 \leqslant f(x, y) \leqslant t_2 \\ \quad \vdots \\ l_{n-1} & t_{n-1} \\ l_n & t_n \leqslant f(x, y) \leqslant L - 1 \end{cases} \tag{4-2}$$

式中：$l_0, l_1, \cdots, l_n$ 为分割后图像的 $n + 1$ 个灰度级。多阈值分割方法适用于需要提取的目标有多个且这些目标分布在不同灰度级区间的情况。

（2）几种典型的阈值分割方法

1）最大类间方差法

最大类间方差法，又称 OTSU 法，是按照图像的灰度特性，将图像分为背景类和目标类。背景和目标的类间方差越大，构成图像的两部分差异则越明显，即类间方差最大时，分割效果最佳。

2）最大熵法

最大熵法是在图像信号的随机性的基础上并结合信息熵的概念，提出了最大熵图像分割方法。当熵取最大值时，目标与背景分布的信息量最大，通过分析图像灰度直方图的熵，找到最佳分割阈值。

3）最小交叉熵法

最小交叉熵法是将交叉熵应用到图像处理中，所提出的基于一维灰度直方图的最小交叉熵阈值选取算法。该算法以分割前后图像的信息量差异最小为阈值选取准则。

4）最大相关法

最大相关法是用最大相关准则来代替最大熵准则，其基本原理是将待分割图像中目标和背景的最大相关总量所对应的灰度值作为最佳分割阈值。

5）灰度熵法

为解决最大熵算法中只考虑像素灰度概率信息的问题，提出了灰度熵的概念。灰度熵不仅考虑了概率信息，而且结合了像素的灰度信息，使分割后图像的类内灰度更加均匀。

4.1.3　区域生长

（1）区域生长法及特色

区域生长通过在目标区域设置种子像素并不断生长的措施解决了低对比度和不连续的路面裂缝检测精度差的问题。区域生长法为基础设施裂缝的检测提供了新的思路。区域生长法是一种简单有效的分割方法，该方法可以将图像中具有相同特征的区域分割出来，并能保留清晰的边界轮廓信息和分割结果。具体步骤是：先从目标区域中挑选一个初始种子点，使用区域生长准则来判断周围像素点是否合并到已生长区域；把已生长区域中的新像素作为种子点，重复判断过程，当没有新像素纳入区域时停止生长，至此形成了一个分割后的区域。

影响区域生长结果的主要因素有初始种子点的选择和区域生长准则。种子点能够代表目标区域内大部分像素的性质，许多区域生长算法的准确性依赖于初始种子点的选择。判断是否将邻近像素合并到目标区域，有些依据像素的灰度相似性,例如平均灰度,有些则是依据统计参数。

种子点自动选取的三个标准为:

①种子点与周围像素点的灰度值相似。

②从目标区域中至少挑选一个初始种子点。

③不同区域之间的种子点不连通。

(2)区域生长准则

1)基于区域灰度差

该算法是通过比较新像素区域的灰度平均值与其邻域像素的灰度值来判断的,若两者的绝对值小于阈值,则将其合并。该算法过程简单,但对于有噪声的图像,容易造成区域平均灰度值的错误计算,从而影响新像素是否并入区域的判断。另外,当图像边缘的灰度变化平缓时,容易产生过分割。

2)基于区域内灰度分布统计性质

以灰度分布相似性作为生长准则,利用相似统计特征(相似统计特征是通过将一个区域上的统计特征与在该区域的各个部分上所计算出的统计特征进行比较来判断区域的均匀性)来进行判断,如果它们相互接近,则将区域进行合并,这种方法对于纹理分割有较好的效果。

3)基于置信连接方法

置信连接法是通过用户指定区域,计算该区域内像素的灰度值均值和标准差,结合一个给定控制亮度范围大小的参数乘以标准差,从而围绕着均值定义相似灰度的范围。采用置信连接度算法减少了人工干预,由于不用初始轮廓,也减少了主观影响,其分割的正确率和时间效率均有很大提高。

4.1.4　匹配滤波器

图像噪声是基于特征提取的基础设施裂缝检测所面临的一大难题,并且会对边缘检测、阈值分割、区域生长等图像处理方法的检测结果产生不同程度的干扰。各种形式的滤波器被开发出来,以消除图像噪声并提高裂缝检测精度。由于匹配滤波算法的性能较高,并且具有高鲁棒性,能够很好地抑制环境噪声,故常用于检测路面裂缝的存在。

4.2　特征学习

基于特征提取的基础设施裂缝诊断需要依靠大量的相关知识和工程经验,主要针对单个裂缝特征,具有高特异性、低通用性和不完整性,难以保证对各专业基础设施复杂多样化的表面裂缝检测结果的精度和一致性,这也成为了制约裂缝自动化检测的一大障碍。事实上，人类能够很容易地识别出不同形态特征的裂缝，并保持较高的准确性，这在很大程度上得益于人脑的学习机制。模拟人脑学习机制的机器学习方法，即有监督的机器学习算法和无监督的机器学习算法，为实现裂缝真正的自动化检测提供了一个更优的解决方案。

4.2.1　有监督的机器学习算法

（1）SVM

SVM 是一种二类分类模型。它的基本模型是定义在特征空间上的间隔最大的线性分类器，间隔最大使它有别于感知机；支持向量机还包括核技巧，这使它成为实质上的非线性分类器。支持向量机的学习策略就是间隔最大化，可形式化为一个求解凸二次规划（convex quadratic programming）的问题，也等价于正则化的合页损失函数的最小化问题。支持向量机的特征学习算法是求解凸二次规划的最优方法。支持向量机学习方法包含构建由简到繁的模型：线性可分支持向量机（linear support vector machine in early separable case）、线性支持向量机（linear support vector machine）及非线性支持向量机（non-linear support vector machine）。

（2）ANN

人工神经网络（artificial neural network，ANN）是从信息处理的角度抽象出人脑的神经网络，建立一些简单的模型，根据不同的连接方式形成不同的网络。神经网络是由大量相互连接的节点（或神经元）组成的模型，每个节点代表一种特定的输出函数，这种函数就是激励函数（activation function）。两个节点之间的每个连接代表通过连接的信号的一个加权值，称为权重，相当于人工神经网络的记忆量。网络的输出随网络的连接方式、权值和激励函数的不同而变化。人工神经网络结构见图 4-2。

有监督学习的神经网络模型主要有反向传播模型（back propagation model）、感知器等。在有监督学习中，在网络输入端放入训练样本的数据，比较期望输出与相应的网络输出，得到误差信号，从而调整权值连接强度，经过多次训练后可以收敛到一个确定的权值。当样本情况发生变化时，可以对权重进行修改，以适应新的环境。

1）反向传播模型

反向传播的对象是误差，传播是为了得到所有层的估计误差，反向是说由后层误差推导前层误差，所以 BP 算法的思想可以总结为经过节点的作用函数（通常选用 S 型函数）运算后，得到一个输出，利用该输出与期望输出的误差来估计输出层的直接前导层的误差，再用直接前导层的误差估计更前一层的误

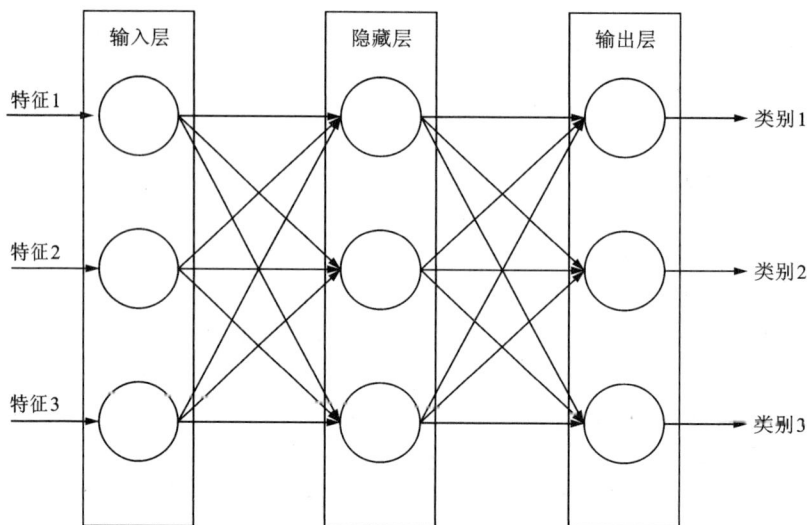

图 4-2　ANN 结构图

差，如此一直反向传播便可以获得其他所有各层的误差估计，而如果误差满足规定的要求，那学习过程就结束了。反向传播过程见图 4-3。

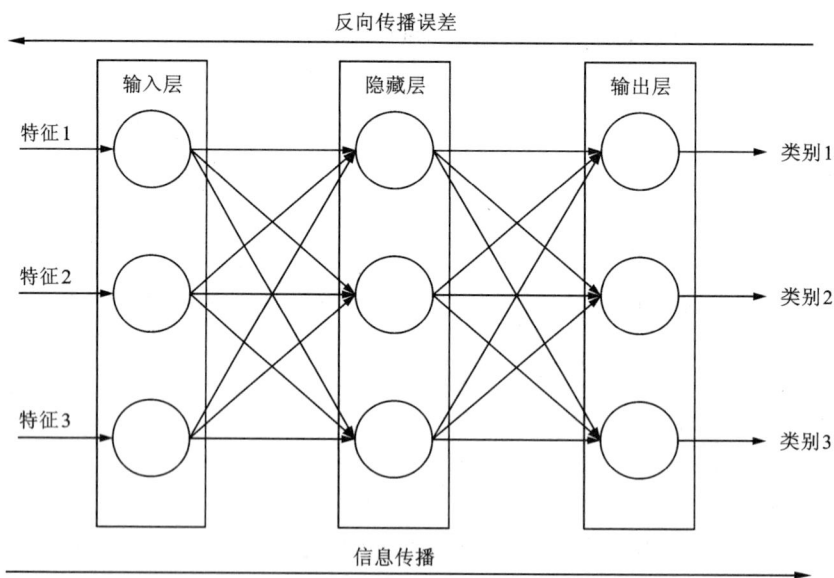

图 4-3　ANN 结构图

2）感知器模型

感知器是一种前馈式人工神经网络，即它包含直接相连的输入层和输出层，信号从输入层单向传播到输出层。只有一个单层计算单元的感知器即为单层感知器，它的算法思想是首先把连接权和阈值初始化为较小的非零随机数，然后把有 n 个连接权值的输入送入网络，经加权运算处理，得到的输出如果与所期望的输出有较大的差别，就对连接权值参数按照某种算法进行自动调整，经过多次反复，直到所得到的输出与所期望的输出的差别满足要求为止。在单层感知器的输入层与输出层之间如果有一层或多层中间层，则为多层感知器，它只可以调节某一层的连接权值，但能解决一些单层感知器无法解决的问题。

（3）naïve Bayes

朴素贝叶斯算法因其具有简单、快速和高正确率等特点而被广泛应用于基础设施裂缝提取。朴素贝叶斯法（naïve Bayes）是基于贝叶斯定理与特征条件独立假设的分类方法。对于给定的训练集，首先基于特征条件独立假设学习输入/输出的联合概率分布；然后基于此模型，对给定的输入 x，利用贝叶斯定理求出后验概率最大的输出 y。朴素贝叶斯法实现简单，学习与预测的效率很高，是一种常用的方法。

朴素贝叶斯法实际上是学习到生成的数据机制，所以属于生成模型。条件独立假设等于说是用于分类的特征在类确定的条件下都是条件独立的。这一点使朴素贝叶斯变得更简单，但有时会牺牲一定的分类正确率。

素贝叶斯法分类的基本公式为：

$$P(Y = c_k \mid X = x) = \frac{P(Y = c_k) \prod_j P(X^{(j)} = x^{(j)} \mid Y = c_k)}{\sum_k P(Y = c_k) \prod_j P(X^{(j)} = x^{(j)} \mid Y = c_k)} \tag{4-3}$$

4.2.2　无监督的机器学习算法

（1）K-means

聚类是按某种标准将类似的对象组成一个或多个类的过程。如果分类对象是数据，由聚类生成的相似性大的数据对象的集合即为簇，不同簇之间的数据差异性大。聚类所要求划分的类是未知的，所以通常不需要使用训练数据进行学习，只需要知道计算相似度的方法即可。

K-means 是最简单的聚类算法，它根据聚类相似度将需要聚类的数据划分为 K 个簇，聚类相似度是利用各簇中对象的均值来进行计算的。K-means 算法的步骤是：首先，随机地选择 K 个数据对象作为 K 个簇的初始中心；其次，对剩余的每个对象，根据其与各簇中心的相似度（距离），将它赋给与其最相似

(最近)的簇中心对应的簇;然后重新计算每个簇中所有对象的平均值,将该平均值作为新的簇中心;不断重复以上这个过程,直到准则函数收敛,也就是簇中心不发生明显的变化为止。通常采用均方差作为准则函数,即最小化每个点到最近簇中心的距离的平方和。该算法思想简单,效果明显,但要注意初始中心点的选择,如果初始中心点选择不当,结果也可能不尽如人意。

(2)高斯混合算法

一维高斯分布的概率密度函数如下:

$$f(x) = \frac{1}{\sqrt{2\pi}\sigma} \exp\left(-\frac{(x-\mu)^2}{2\sigma^2}\right) \tag{4-4}$$

式中:μ 和 σ^2 分别是高斯分布的均值和方差。

多维变量 $X = (x_1, x_2, \cdots, x_n)$ 的联合概率密度函数为:

$$f(X) = \frac{1}{(2\pi)^{d/2} |\boldsymbol{\Sigma}|^{1/2}} \exp\left[-\frac{1}{2}(X-u)^T \boldsymbol{\Sigma}^{-1}(X-u)\right] \tag{4-5}$$

式中:d 是变量维度;u 是各维变量的均值;$\boldsymbol{\Sigma}$ 是协方差矩阵,描述各维变量之间的相关度。

混合高斯模型就是用高斯概率密度函数精确量化事物,将一个事物分解为 k 个基于高斯概率密度函数形成的模型,则概率密度函数为:

$$p(x) = \sum_{k=1}^{k} p(k)p(x \mid k) = \sum_{k=1}^{k} \pi_\kappa N(x \mid u_k, \boldsymbol{\Sigma}_k) \tag{4-6}$$

式中:$p(x|k) = N(x|u_k, \boldsymbol{\Sigma}_k)$ 是第 k 个高斯模型的概率密度函数,可以看成选定第 k 个模型后,该模型产生 x 的概率;$p(k) = \pi_\kappa$ 是第 k 个高斯模型的权重,称作选择第 k 个模型的先验概率。理论上,如果某个混合高斯模型融合的高斯模型个数足够多,它们之间的权重设定得足够合理,那这个混合模型可以拟合任意分布的样本。

(3)PCA

PCA(principal components analysis)即主成分分析,又称主分量分析,它主要用于减少高维数据的维数和提取数据的主要特征分量。用矩阵 $\boldsymbol{X}_{(m \times n)}$ 表示原始的高维数据,即该矩阵有 m 个样本,每个样本有 n 个特征值,降维就是减少 n 的数量。假设降维后的结构为 $Z_{(m \times k)}$,其中 $k < n$,则 PCA 可以表示为:

$$Z_{(m \times k)} = f(\boldsymbol{X}_{(m \times n)}), \quad k < n \tag{4-7}$$

进行 PCA 实际操作的步骤为:

①整理原始矩阵 $\boldsymbol{X}_{(m \times n)}$。

②求原矩阵 $\boldsymbol{X}_{(m \times n)}$ 的协方差矩阵 $S_{(m \times n)} = \text{Cov}(X)$。

③求解协方差矩阵的特征值和特征向量。

④选取最大的 K 个特征值所对应的特征向量组成构成矩阵 $W_{(n \times k)}$。

5)直接进行矩阵计算。

$$Z_{(m \times k)} = X_{(m \times n)} W_{(n \times k)} \tag{4-8}$$

4.3　工程应用和存在的问题

4.3.1　工程应用概述

(1)轨道裂缝提取

轨道梁作为跨座式单轨梁系统的重要组成部分,梁体裂缝对其刚度及耐久性有不容忽视的影响。因此,本案例采用最大类间方差法(OTSU 法)来确定最佳分割阈值,并且采用亚像素边缘检测方法来提取轨道梁裂缝。

图像裂缝区域提取前,需要对图像进行区域分割。基于区域的分割基本思路为根据图像数据的特征,将图像空间分割成不同的区域。对图像设定一个阈值,将图像分成两部分,认为灰度值小于阈值的为目标区域,灰度值大于阈值的为背景区域。利用 OTSU 法将图像进行二值化阈值分割,并将图像黑白反转(即白色区域为目标裂缝区域,黑色区域为背景区域)。在此基础上,寻找目标区域(白色)最大的部分,并将其他区域(黑色)赋值为 0,由此提取包含裂缝的区域。

针对上述处理形成只含有白色目标裂缝区域和黑色背景区域的二值裂缝图,结合轨道梁裂缝宽度小的特点,本案例采用亚像素边缘检测来识别轨道梁裂缝。现场采集轨道梁裂缝图像,通过图像处理计算得出宽度与现场裂缝测宽仪检测的宽度进行对比图,现场检测梁裂缝宽度为 1.23 mm,由计算机识别得出裂缝宽度为 1.42 mm,相对误差为 19%。试验表明,能满足工程检测精度要求。轨道梁裂缝提取结果见图 4-4。

(2)隧道裂缝提取

地铁隧道表面大量存在划痕、水痕、涂画、刻槽等结构,这些结构的特征与裂缝非常相似,采用传统的裂缝检测算法无法将这些干扰因素滤除。根据 SVM 算法对裂缝片段与伪裂缝片段进行分类。通过构造裂缝的样本库,设计选取样本的特征,训练 SVM 并利用训练好的模型对裂缝进行识别,本案例采用 SVM 算法综合考虑了多种因素,不仅可以消除光照不均匀以及对比度低的影响,而且可以滤除各种噪声。隧道裂缝提取结果见图 4-5。

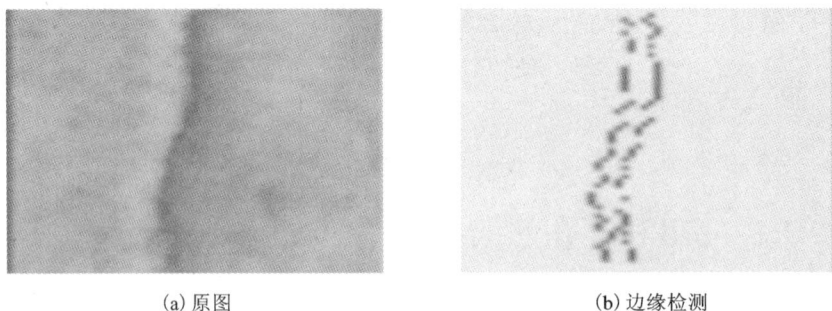

(a) 原图　　　　　　　　　　　　(b) 边缘检测

图 4-4　轨道梁裂缝提取结果

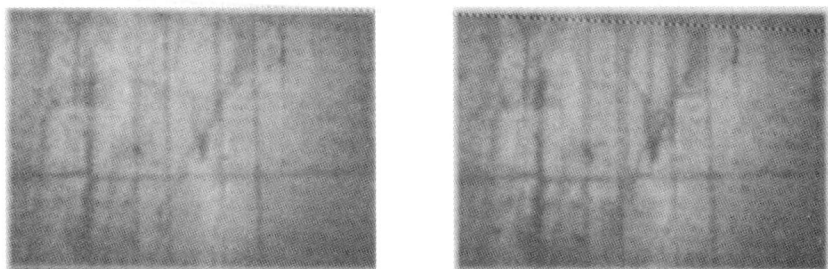

(a) 裂缝原图　　　　　　　　　　(b) SVM 算法

图 4-5　隧道裂缝提取结果

（3）路面裂缝提取

1）匹配滤波器算法

匹配滤波算法用于检测具有不同类型及严重程度的路面图像。本案例讨论了四幅具有代表性的路面裂缝图像：纵向开裂、横向开裂、纵横向混合开裂、龟裂。四种类型的开裂图像的实验结果如图 4-6（a）所示。前两个图像具有广泛的噪声。第三和第四幅图像的噪声相对较小，但开裂结构复杂得多。图中的试验结果表明，Roberts、Prewitt 和 Sobel 算法对噪声较敏感的 Log 和 Canny 探测器在去除噪声方面表现稍好，但仍然存在显著的噪声。

由于道路表面裂缝的复杂性、多样性和异物的存在，给自动化检测带来了很大的挑战。匹配滤波算法对路面裂缝进行提取，通过将预先设计的滤波器与裂缝特征按形状、方向或强度进行匹配来检测裂纹。与传统的边缘检测器（Roberts、Prewitt、Sobel、Laplacian of Gaussian 和 Canny）相比，在精确提取裂缝特征和记录裂缝方向这两个方面表现出更加优异的性能，具有高鲁棒性并能够很好的抑制环境噪声。因此利用匹配滤波算法及传统边缘检测算子对不同类型路面的检测结果见图 4-6 至图 4-9。

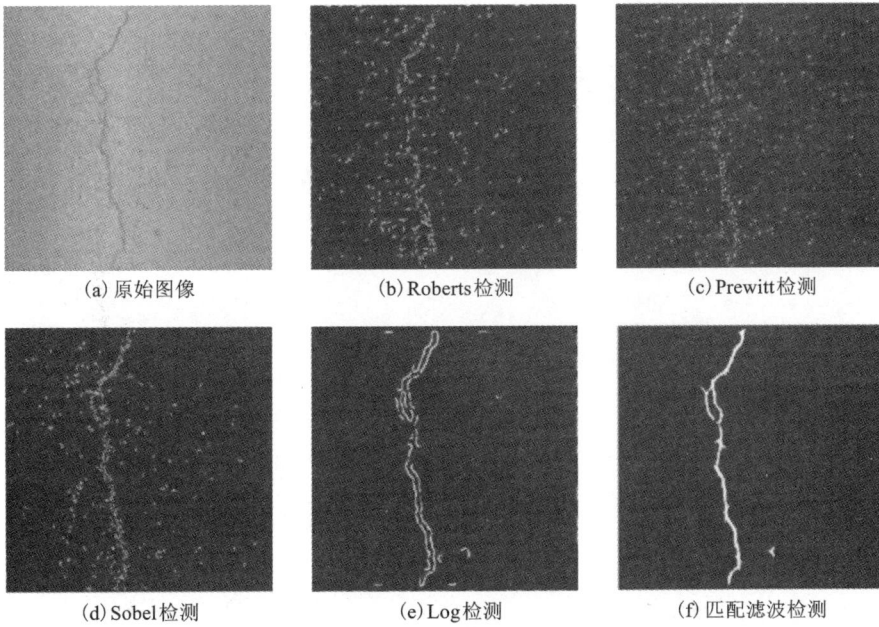

(a) 原始图像　　　　　　　(b) Roberts 检测　　　　　　(c) Prewitt 检测

(d) Sobel 检测　　　　　　(e) Log 检测　　　　　　(f) 匹配滤波检测

图 4-6　路面纵向裂缝提取结果

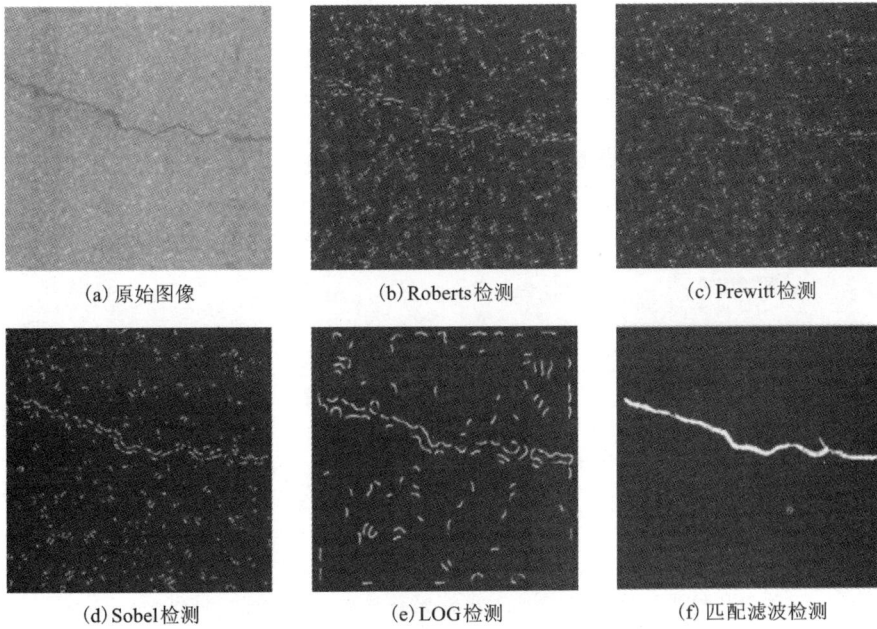

(a) 原始图像　　　　　　　(b) Roberts 检测　　　　　　(c) Prewitt 检测

(d) Sobel 检测　　　　　　(e) LOG 检测　　　　　　(f) 匹配滤波检测

图 4-7　路面横向裂缝提取结果

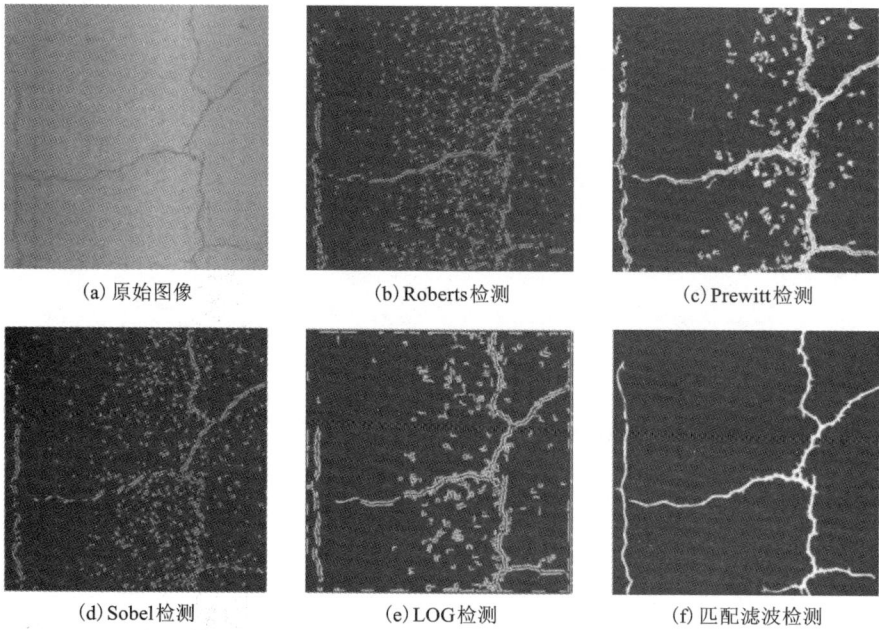

| (a) 原始图像 | (b) Roberts检测 | (c) Prewitt检测 |

| (d) Sobel检测 | (e) LOG检测 | (f) 匹配滤波检测 |

图 4-8 路面纵横向裂缝提取结果

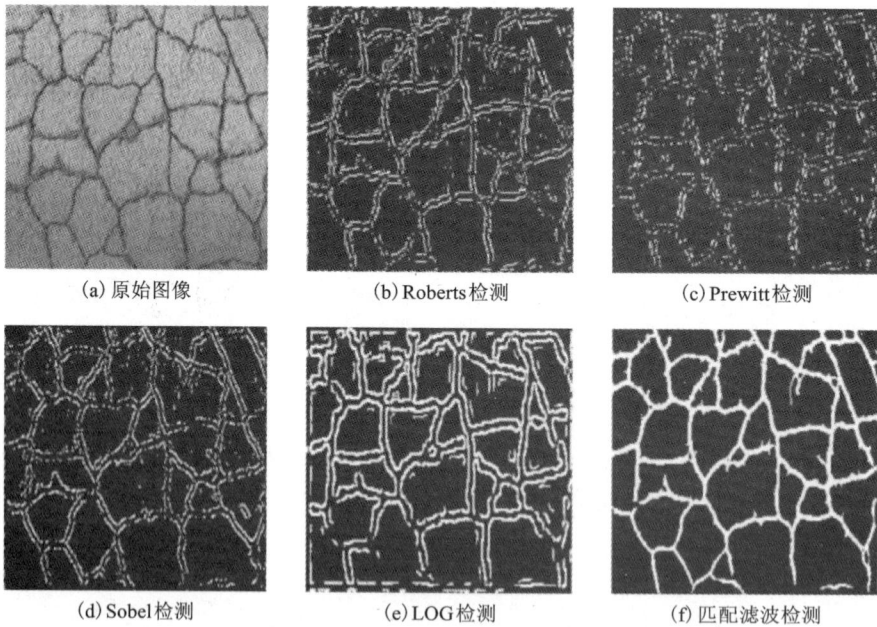

| (a) 原始图像 | (b) Roberts检测 | (c) Prewitt检测 |

| (d) Sobel检测 | (e) LOG检测 | (f) 匹配滤波检测 |

图 4-9 路面龟裂提取结果

2）K-means 算法

在裂缝检测的过程中，油污、路面接缝等都会影响裂缝的检测精度。因此，仍然需要根据路面油污的特征来设计相应的算法消除对裂缝检测精度的影响。路面图像裂缝检测算法的流程框图见图 4-10。

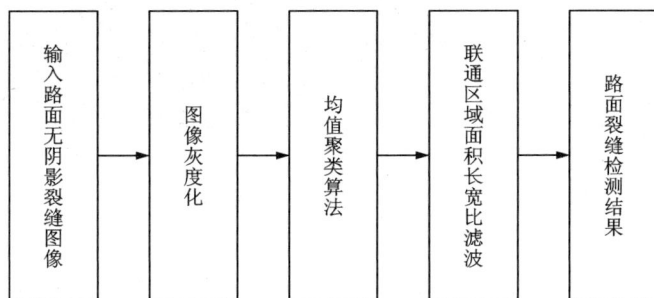

图 4-10　裂缝检测算法的流程

为了降低计算量，本案例的裂缝检测算法主要依据像素的亮度等级，因此选择将路面图像转化为灰度图进行裂缝检测操作。随后，将路面图像像素作为分类样本，将样本分为两类：一类是图像裂缝像素；另一类是背景路面像素。第一步预设 2 个像素值作为初始的聚类中心；通过计算图像中每一个像素点的值和预设点的距离，同时动态地调整聚类中心，最终把每一个像素点分配给距离它最近的聚类中心。在图像的全部像素都被分配之后，每个类的聚类中心都会根据聚类中现有的图像像素被重新计算。以上整个过程将不断重复直到聚类中心不再发生变化，则得到最佳的聚类结果。

通过 K-means 算法得到路面图像的最佳聚类结果，将属于裂缝类像素的像素值设置为 1，属于路面背景类像素的像素值设置为 0，从而得到初步裂缝二值图像。得到的二值图中除了裂缝之外，还包含有大量的伪裂缝，这些伪裂缝中主要包括沥青路面纹理、路面油污。因此，为了提高裂缝的识别率，需要根据伪裂缝的特征设计相应的算法检测并进行过滤。

利用 K-means 算法检测的结果如图 4-11 所示，使用机器学习 K-means 算法对裂缝具有良好的检测效果，裂缝纹理较为清晰，还原度较高。

3）ANN 算法

本书案例介绍了一种基于人工蜂群算法（ABC）与人工神经网络（ANN）混合的路面裂缝检测与分类系统（ABC-ANN）。首先，获取路面图像后，将利用阈值法把图像分割成损伤区域和非损伤区域。该步骤中所用的分割最优阈值将

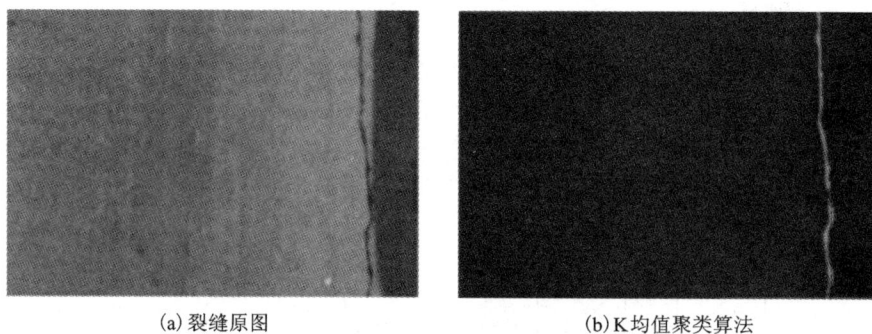

(a) 裂缝原图　　　　　　　　　　　　　(b) K均值聚类算法

图 4-11　*K*-means 算法路面裂缝提取结果

从 ABC 算法中获得。然后，从损伤区域提取图像特征并输入到 ANN 当中。最后，基于这些输入特征，人工神经网络将损伤区域划分为一种特定的病害类型，包括横向裂缝、纵向裂缝和坑洞。实验结果见图 4-12，该方法能较好地进行路面病害检测与分类，并且具有合理精度。与现有算法相比，ABC-ANN 方法获得的精度提高了 20%。

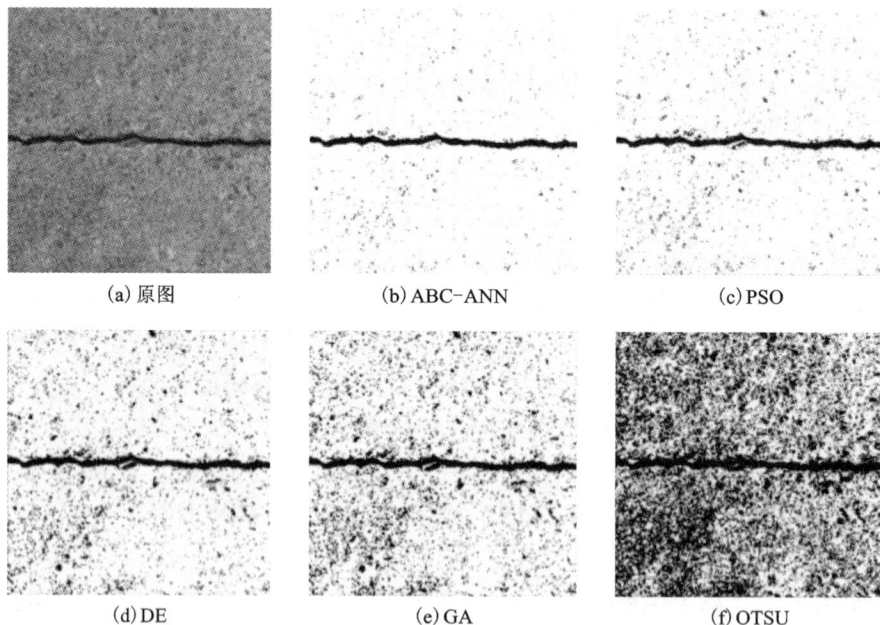

(a) 原图　　　　　　　　　　(b) ABC-ANN　　　　　　　　　(c) PSO

(d) DE　　　　　　　　　　(e) GA　　　　　　　　　　(f) OTSU

图 4-12　ABC-ANN 路面裂缝提取结果

（4）桥梁裂缝提取

1）改进的 Sobel 边缘检测算法

本案例介绍了一种改进的 Sobel 边缘检测算法来检测桥梁的裂缝。通过优化八方向 Sobel 边缘检测算子，边缘点的定位更加准确，有效地减少了虚假边缘信息。实验结果见图 4-13，该方法的裂缝检测结果与人工测量的结果相比，其误差在可接受的范围内，并且满足工程应用的需要。该算法快速、有效地实现了裂缝的自动测量，为桥梁的维护和健康状况评估提供了更有效的数据。

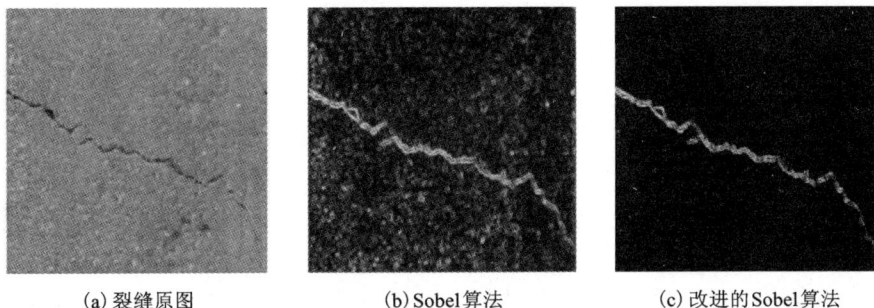

(a) 裂缝原图　　　　　　(b) Sobel 算法　　　　　　(c) 改进的 Sobel 算法

图 4-13　改进的 Sobel 算法路面裂缝提取结果

2）基于 ANN 的 BP 算法

在桥梁健康监测中，表面裂缝的检测对于桥梁的健康状况的评价具有重要意义。本案例利用基于 ANN 的 BP 算法对桥梁图像裂缝进行了识别。对于 BP 算法，其局限性主要体现在学习过程中。需要构造一个已知输出结果的输入集，并对网络进行训练。训练集大小对输出有直接影响，为了避免过拟合现象，需要多种裂缝图像来调整网络结构的适应性，因此对训练集的选择具有很强的依赖性。对于网络本身的结构，需要尝试不同的结构参数，如隐藏层数，使其更合适训练结果。裂缝识别结果见图 4-14。

（5）建筑墙体裂缝提取

1）区域生长法

建筑结构在各种因素的作用下，会产生不同程度的裂缝，当裂缝过大过密时就会影响建筑的美观性、耐久性甚至危及结构的安全性。本案例基于区域生长法的原理，只利用 1 台数码相机采集裂缝图像及在裂缝旁粘贴标定标签，利用图像处理技术即可测量建筑表面裂缝的长度、宽度、方位角等性质参数，对被测建筑干扰少，设备简单，易于实现。

图像采集后，需对图像进行预处理。裂缝图像信息中，含有大量色彩信

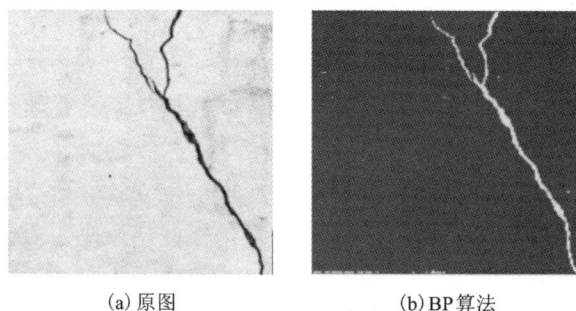

(a) 原图 　　　　　　　　(b) BP算法

图 4-14　基于 ANN 的 BP 算法桥梁裂缝提取结果

息，需转化为便于计算的属性数值，本案例采用灰度数值作为各像素点的属性数值。转为灰度图后，选取图上裂缝上的像素点作为种子点，如图 4-15(a) 所示，进行区域生长法图像分割。因是人工选取种子像素点，故可以很好地避免种子点外部因拍光线或建筑表面而存在的其他近似裂缝颜色的干扰。图像分割后进行二值化处理，即生长好的裂缝属性赋值为 1(展现结果白色)，其余为 0(展现结果黑色)，裂缝提取效果见图 4-15(b)。

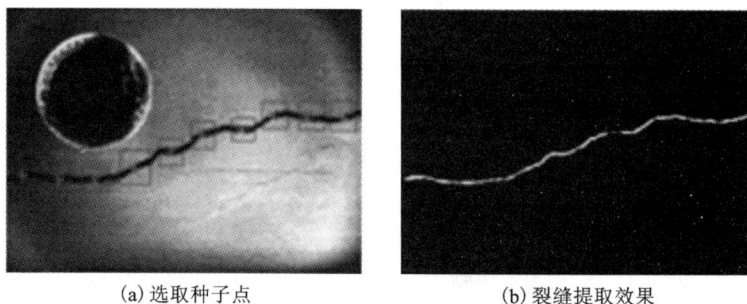

(a) 选取种子点 　　　　　　　　(b) 裂缝提取效果

图 4-15　区域生长法建筑裂缝提取结果

2) 基于 PCA 降噪的 Canny 算法

建筑墙体由于常年日晒雨淋导致结构老化出现裂缝，且裂缝所处背景区域形成大量面积较小并向下凹陷的坑，造成采集图像包含大量噪声干扰。其次建筑裂缝宽度小，背景颜色与裂缝颜色相近导致图像对比度较低，部分裂缝存在自然间断、分叉，导致分割难度大。

针对传统 Canny 算法在裂缝检测应用中由于采用高斯降噪法导致边缘信息丢失造成分割误差的问题，本案例基于 PCA 对 Canny 算法进行了改进。使用局部像素分组从原始图像中选择训练样本，通过 PCA 对原始图像进行解析，将图像的边缘信息与噪声分离，达到降噪的目的。降噪过程中不涉及非线性变换，可最大限度地保留原图像中的边缘信息。再通过 Canny 算法对图像进行裂缝分割，提取边缘信息。实验证明，改进的算法可有效降低噪声的影响，提高分割精度。

　　裂缝识别结果见图 4-16。本书中提出的基于 PCA 降噪改进的 Canny 算法对建筑裂缝有理想的处理效果。相比于传统 Canny 方法，本书所提出的基于 PCA 降噪的 Canny 算法有效减少了噪声干扰，优化了分割效果。

(a) 原图　　　　　　　(b) 传统 Canny 算法　　　　　　　(c) PCA-Canny 算法

图 4-16　基于 PCA 降噪的 Canny 算法建筑裂缝提取结果

4.3.2　裂缝诊断方法目前存在的问题

　　(1) 自动化程度

　　机器学习的特征提取仍依赖于人工设计或者图像处理技术，这给裂缝识别带来了一些问题，包括准确性低、处理时间长以及无法应对大规模数据等。基于特征提取的基础设施裂缝诊断方法依赖于人工设计算法进行特征提取和计算分析，虽然使得这个过程自动化，但是内部参数的训练和更新仍然依赖于人工控制和调整。现有检测方法均无法完全排除人工的参与和干扰，因此需要继续开展裂缝特征提取与诊断的相关研究，不断提高现有方法的自动化程度，最终实现真正意义上的裂缝自动化检测。

　　(2) 特征提取规则

　　①边缘检测算法是利用表面裂缝区域和背景区域的交界处的像素点的灰度或者颜色变换很大的特点达成目的，根据这一特点可以采用一系列的边缘检测算子识别出边界处的像素点，从而对表面裂缝进行检测。然而这些基于单个算子的边缘检测方法只能检测出 53%～79% 的裂缝边缘像素，在最终输出的二进制图像中会产生残留噪声，并且对于噪声图像的检测效果较差，容易造成不连

续的裂缝边缘。

②阈值分割通过分割裂缝像素和背景像素达到检测裂缝的目的，该方法的关键是确定阈值，如果阈值选取过高，则过多的裂缝区域将被划分为背景，相反，如果阈值选取过低，则过多的背景将被划分到裂缝。

③区域生长阈值的确定主要依赖于图像灰度直方图，而且很少考虑图像中像素的空间位置关系，因此当图像中不存在明显的灰度差异或者裂缝和背景区域的灰度值范围有较大重叠时，阈值分割难以得到精确的结果，且容易丧失裂缝的边界信息。区域生长的缺点是需要人为确定种子点，虽然其抗噪性能优于边缘检测和阈值分割，但仍对噪声敏感，可能导致裂缝分割结果产生空洞。

（3）数据处理能力

基础设施裂缝诊断方法对于裂缝检测的精准度直接取决于用于训练的裂缝数据的质量。对于道路、铁路、隧道、桥梁等主要的交通基础设施，目前还没有全面且标准的裂缝等伤损数据集，多是研究人员自行采集的小型裂缝数据集，使用这些小型数据集训练出来的网络模型难以适应新的不同的工程数据，存在着高特异性、低通用性和不全面性等问题。因此，建立起一个大规模的，标准化的，囊括道铁、桥、隧各专业基础设施裂缝等伤损的数据集是促进基于机器视觉的裂缝检测方法实用化、通用化的迫切需求。尽管上述裂缝诊断算法可以处理很多复杂的问题，但随着数据变得更加复杂多样，数据处理能力还是主要面临着以下几方面的挑战。

①高维小样本。不同应用领域的数据都呈现出高维度的特点。数据中冗余、无关信息的增多，使得机器学习分类算法的性能降低，计算复杂度增加。机器学习分类算法一般需要利用大样本才能进行有效学习，大数据并不意味着训练样本数量充足。当样本量较小且特征中含有大量无关特征或噪声特征时，可能导致分类精度不高，出现过拟合。

②高维不平衡。机器学习分类算法一般假定用于训练的数据集是平衡的，即各类所含的样本数大致相等，但现实中数据往往是不平衡的。现有研究通常将不平衡问题和高维问题分开处理，但是实践中经常存在具有不平衡和高维双重特性的数据。

③高维多分类。除了常见的二分类问题，实际应用中存在着大量的多分类问题，尤其是高维数据的多分类问题，这给现有的机器学习分类算法带来了挑战。

④特征工程。目前的机器学习分类算法应用中的数据实例是用大量的特征来表示的。良好的分类模型依赖于相关度大的特征集合，剔除不相关和多余特征，不仅能提高模型精确度，而且能减少运行时间。因此，特征选择的研究对

机器学习分类算法的发展越来越重要。

⑤属性值缺失。属性值缺失容易降低分类模型的预测正确率，是分类过程中的一类常见的数据质量问题。正确解决分类过程中出现的属性值缺失是一个具有挑战性的问题。

(4)基础设施环境适应性

由于表面裂缝的产生和发展是一个复杂的过程，通常情况下要依靠经验丰富的工程师定期目视检查，并结合相关的标准对基础设施的维修管理进行科学决策。然而这种人工检测方式不仅费时、费力、危险性大，而且检测时间通常安排在午夜，基础设施裂缝诊断方法不可避免地会受到各种复杂环境因素的干扰，比如不同的照明条件、雨雪雾等恶劣天气的影响，背景噪声、大气扰动、构件表面磨损或污染以及一些人为因素的干扰(调焦模糊)等，恶劣的条件下容易发生错检和漏检。现有裂缝检测方法通常缺乏对这些复杂环境条件的考虑或者仅在单一的环境条件下进行了测试，因此，需要更多的工作来证明现有检测方法在上述条件下检测结果的一致性。

4.4　本章小结

本章重点介绍了基于特征提取的基础设施裂缝诊断方法，主要是针对图像的浅层特征，采用启发式的特征提取和特征学习对图像的特征进行计算和分析，从而正确区分裂缝特征和背景特征，达到检测基础设施表面裂缝的目的。本章描述了最常用的启发式特征提取表面裂缝检测方法，主要可分为边缘检测、阈值分割、区域生长、滤波器这四大类。同时，本章分别从有监督的机器学习和无监督的机器学习这两个角度对机器学习检测方法进行了总结。本章最后对基于特征提取的基础设施裂缝诊断方法的工程应用概述及目前存在的问题进行了详细的表述。尽管这些裂缝诊断方法大大提高了数据处理能力和环境适应性，但其自动化程度仍有待提高，且学习到的特征单一有限，极大地限制了裂缝检测的自动化水平和准确性。

第 5 章

基于深度神经网络的裂缝图像智能判识

深度学习是机器学习和人工智能研究的最新趋势，作为一个十余年来快速发展的崭新领域，其越来越受到研究者的关注。尽管基于机器学习的方法大大提高了数据处理能力和环境适应性，但其仍依赖于手动选择或启发式设计，且学习到的特征单一有限，极大地限制了裂缝检测的自动化水平和准确性。而基于深度学习的检测方法具有更出色的数据处理能力、自动化水平和环境适应性。卷积神经网络模型是深度学习模型中最重要的一种经典结构，其性能在近年来的深度学习任务上逐步提高。由于可以自动学习样本数据的特征表示，卷积神经网络已经广泛应用于图像分类、目标检测、语义分割以及自然语言处理等领域。本章围绕深度神经网络在裂缝图像智能判识中的应用，首先介绍了神经网络的发展历程，分析了典型卷积神经网络模型为提高其性能而增加网络深度和宽度的模型结构，以及根据数据类型建立的四种不同学习方式；接着从图像分类的角度叙述了裂缝图像的特征提取过程和分类流程，然后归纳分析了目前的裂缝图像智能判识案例和相应的评价指标；最后总结并讨论了卷积神经网络在相关领域的应用和技术上的革新，以及未来的发展方向。

5.1　深度神经网络概述

5.1.1　结构层数

从感知机的提出到 2006 年以前是神经网络的第一、二阶段，称为浅层学习。2006 年至今是神经网络的第三阶段，称为深度学习。深度学习又进一步分为快速发展期(2006—2012 年)和爆发期(2012 年至今)。图 5-1 展示了深度学习近年来的发展历程及关键节点。

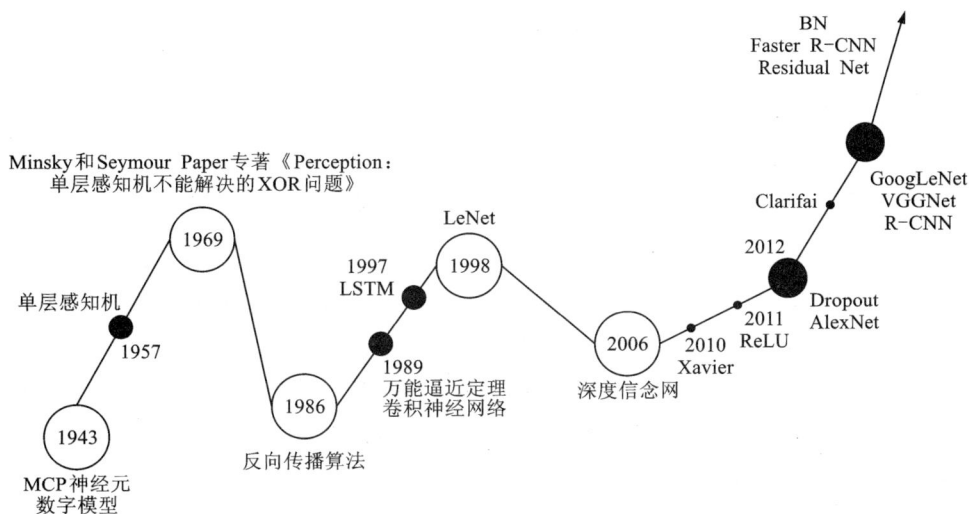

图 5-1　深度学习发展历程

（1）浅层神经网络

1）第一代神经网络

神经网络的思想起源于 1943 年 McCulloch 和 Pitts 提出的神经元模型，简称 MCP 神经元模型。它是利用计算机来模拟人的神经元反应的过程，具有开创性意义。此模型将神经元反应简化为三个过程，即输入信号线性加权、求和、非线性激活，如图 5-2 所示。1958 年到 1969 年为神经网络模型发展的第一阶段，称为第一代神经网络模型。1958 年 Frank Rosenblatt 在 *New York Times* 上发表文章 *Electronic "Brain" Teaches Itself*，首次提出了在 MCP 模型上增加学习功能并应用于机器学习，发明了感知机算法，该算法采用梯度下降法从训练样本中自动学习并更新权值，并对输入的多维数据进行二分类，其理论与实践的效果引起了神经网络研究的第一次浪潮。1969 年美国数学家及人工智能先驱 Minsky 在其著作中证明感知机本质上是一种线性模型，只能处理线性分类问题，最简单的异或问题都无法正确分类，因此神经网络的研究也陷入了近 20 年的停滞期。

2）第二代神经网络

1986 年到 1988 年是神经网络模型发展的第二阶段，称为第二代神经网络模型。1986 年 Rumelhart 等提出了误差反向传播算法（error back propagation

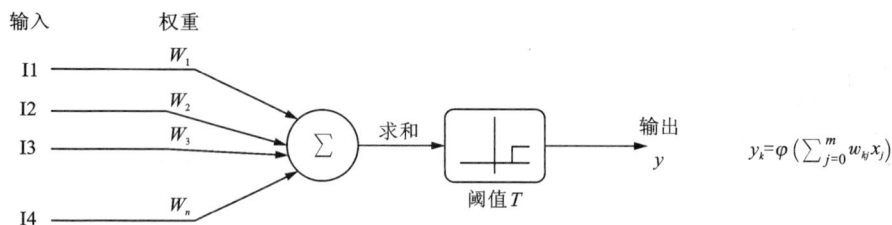

图 5-2　MCP 神经元模型

algorithm，简称 BP 算法）。BP 算法采用 Sigmoid 函数进行非线性映射，有效解决了非线性分类和学习的问题，掀起了神经网络的第二次研究高潮，而 BP 网络也成为目前大多神经网络模型的基本形式。在此后的近十年时间，由于早期神经网络易发生过拟合且训练速度慢，加之在 1991 年 BP 算法被指出在向后传播的过程中存在梯度消失问题，神经网络再次淡出人们的视线。直到 1998 年 LeCun 发明了 LeNet-5 网络，并在 Mnist 数据集上达到了 98% 及以上的识别正确率，形成了初步的卷积神经网络结构。但此时神经网络的发展正处于下坡时期，并没有引起足够的重视。

2. 深层神经网络

（1）快速发展期

2006 年，Hinton 提出了无监督的"逐层初始化"方法帮助降低模型训练的难度，并提出了具有多隐层的深度信念网络（deep belief network，DBN），从此拉开了深度学习大幕。这种无监督预训练对权值进行"初始化 + 有监督训练微调"的方法，解决了深层网络训练中梯度消失的问题，但是由于没有特别有效的实验验证，该论文并没有引起重视。2011 年 ReLU 激活函数被提出，该激活函数能够有效地抑制梯度消失问题。同年，微软首次将深度学习应用在语音识别上，取得了重大突破。

（2）爆发期

2012 年，由 Alex Krizhevshy 提出的 AlexNet 网络使卷积神经网络迎来了历史性的突破。AlexNet 在万量级的 ImageNet 数据集上对图像分类的精度大幅度超过传统方法，一举摘下了视觉领域竞赛 ILSVRC2012 的桂冠，验证了卷积操作在大数据集上的有效性，从此分类问题进入了深度学习时代。此后的 ILSVRC 竞赛被深度学习算法霸榜。ILSVRC2013 的冠军 ZFNet 网络加深了网络深度，且在论文中给出了卷积神经网络有效性的初步解释。2014 年是深度学习领域经典算法井喷的一年，尤其是在目标检测领域，由谷歌团队提出的

GoogLeNet 模型和牛津大学提出的 VGG 模型在这一年占据着重要地位。ILSVRC2015 的冠军网络——残差网络通过向网络中添加直接映射(跳跃连接)的方式解决了网络退化的问题,该特征使其成为目前使用的最为广泛的网络结构之一。2017 年 Momenta 团队提出了基于注意力机制的 SENet 模型,该方法通过自注意力(self-attention)机制为每个特征图学习权重。

5.1.2　典型结构形式

自 AlexNet 模型之后,研究者从卷积神经网络的结构出发进行了创新。主要为简单的堆叠结构模型,如 ZFNet、VGGNet、MSRNet 等。堆叠结构模型旨在通过改进卷积神经网路的基本单元并将其堆叠来增加网络的深度提升模型性能,但仅在深度,这单一维度提升模型性能具有瓶颈;后来在 NIN 模型中提出了使用多个分支进行计算的网中网结构模型,使宽度和深度都可以增加,如 Inception 系列模型等。随着模型深度和宽度的增加,网络模型出现参数数量过多、过拟合以及难以训练等诸多问题,ResNet 残差结构的提出,为更深层网络的构建提供了解决方案,随即涌现出很多残差结构模型,如基于 ResNet 改进后的 ResNeXt、Dens-eNet、PolyNet、WideResNet 等,并且 Inception 也引入残差结构形成了 Inception-ResNet-block,以及基于残差结构并改进其特征通道数量增加方式的 DPResNet;与之前在空间维度上提升模型性能的方法相比,注意力机制模型通过通道注意力和空间注意力机制可以根据特征通道的重要程度进一步提升模型性能,典型的模型为 SENet、SKNet 以及 CBAM。

(1)堆叠结构(串联)

堆叠结构模型是指仅通过网络层堆叠而无其他拓扑结构形成的网络模型。早期的神经网络模型,如 LeNet、AlexNet、ZFNet、VGGNet、MSRANet 等是通过不断改进神经网络的基本运算单元,并将其堆叠而形成的网络模型。LeNet 奠定了卷积神经网络(CNN)的基础,而 AlexNet 网络在 LeNet 网络的基础上采用 ReLU 激活函数作为非线性单元,并且添加 Dropout 以及局部响应归一化层(local response normalization,LRN),以防止网络过拟合。ZFNet 和 VGGNet 是典型的堆叠结构模型,其模型结构如图 5-3 所示。

在 2013 年之前,提升 CNN 性能主要依靠反复实验,ZFNet 提出了多层反卷积可视化技术,可监视网络中隐藏层的特征。为了解决混叠失真问题,ZFNet 网络减小了卷积核尺寸以及步长,形成 ZFNet 模型结构,如图 5-3(a)所示,从而最大限度地提高了 CNN 的学习能力。通过可视化技术对 CNN 结构重新调整有助于分类性能的提升,并且在以后卷积网络模型中普遍采用了更小的 3×3 卷积核。相比之下,VGGNet 则是探索了 CNN 的深度,并发现网络的深度

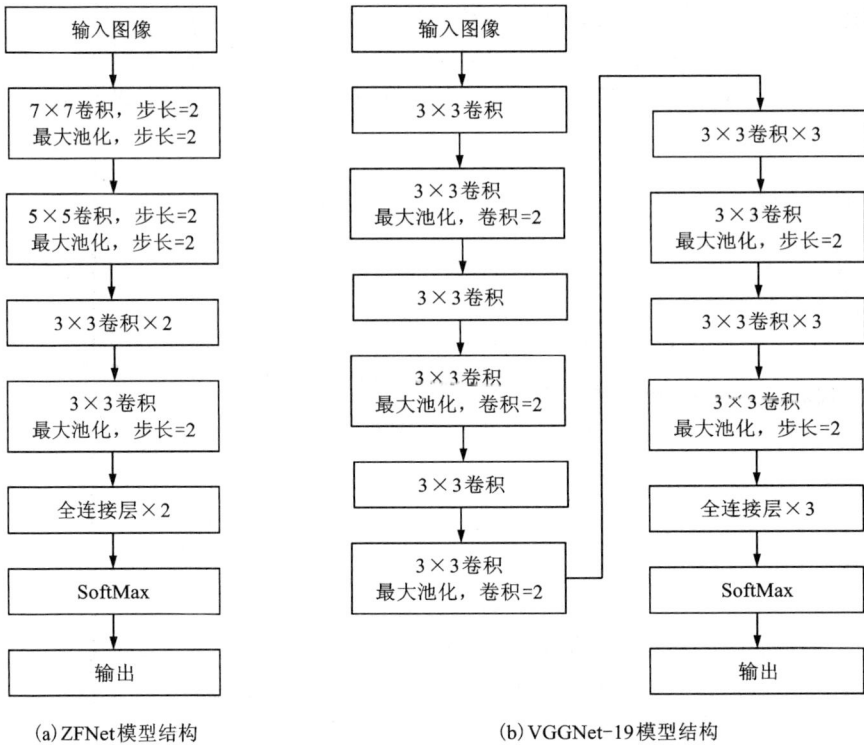

（a）ZFNet模型结构　　　　　　（b）VGGNet-19模型结构

图 5-3　两种堆叠结构模型

是模型优良性能的关键部分。VGGNet 结构与 AlexNet 类似，但在卷积中使用了更小的 3×3 卷积核，通过反复堆叠 3×3 的小型卷积核和 2×2 的最大池化层，并且去掉了耗费计算资源的 LRN，形成了更深的 VGGNet，如图 5-3(b) 所示，为 19 层 VGGNet 结构。堆叠 3×3 小卷积核可以达到大尺寸卷积核的效果，同时减少了参数的数量，提供了较低的计算复杂性和更多的非线性，增强了模型的泛化能力。VGGNet 加深了模型的网络结构模型的深度，相比 AlexNet 在 Imagenet 数据集上正确率得到大幅提升。

MSRANet 与 VGGNet 结构类似，但是其针对非线性单元中的 ReLU 函数在输入为负时，会导致神经元输出为 0 的"神经元死亡问题"提出 PReLU 激活函数，合理地保留负向信息。

堆叠结构模型由于其仅仅在网络的深度单维度上进行提升，导致其性能并不突出。EfficientNet 探索出了在网络深度、网络宽度、图像分辨率三个维度上共同提升模型性能的思想，进一步提高了堆叠结构模型的性能。堆叠结构模型由于结构简单, 增加模型深度容易, 并且便于硬件以及软件实现, 所以其应用十分广泛。

(2)网中网结构(串并联)

网中网结构模型是使用多个神经网络分支进行运算, 再将各分支运算结果连接形成的网络模型。网中网结构模型在 Net In Net(NIN)中提出, 由于其采用较少的参数量就取得了 AlexNet 网络的效果, 从而产生了深远影响。在各分类任务中, 输入特征通常是高度非线性的, NIN 网络在每个卷积层内引入一个微型网络, 相比堆叠结构能更好地抽象每个局部块的特征, 其网络结构如图 5-4 所示。

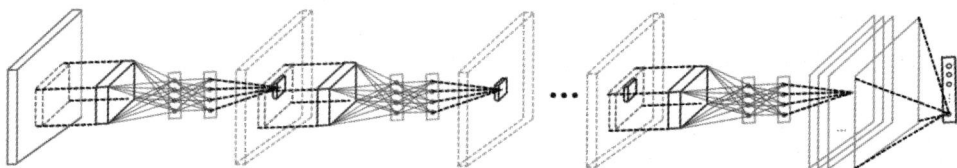

图 5-4　NIN

NIN 将如图 5-5(a)所示的广义线性卷积层 GLM 替换为如图 5-5(b)所示的多层感知机 MLP, 即在线性卷积层后添加 1×1 卷积层, 作为 NIN 网络构建的基本单元, 提高了特征的抽象表达能力, 这是第一个使用 1×1 卷积层构建网络, 具有划时代的意义。如今 1×1 卷积层还可以实现跨通道特征融合和通道升降维。

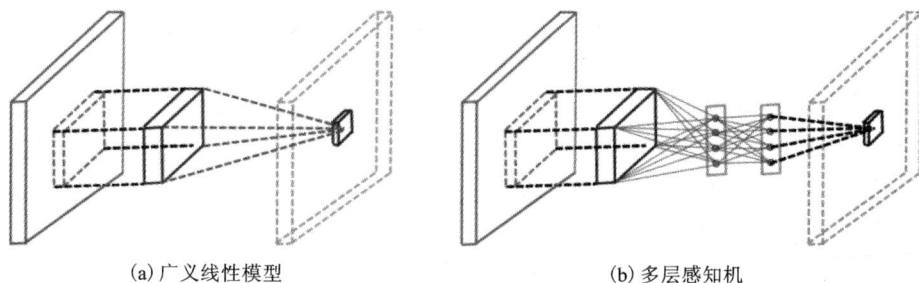

(a)广义线性模型　　　　　　　　(b)多层感知机

图 5-5　GLM 与 MLP

网中网结构模型以 Inception 系列模型为代表, 由不同的 Inception block 构建而成。GoogLeNet(Inception V1)是典型的网中网结构模型, 与 VGGNet 和 AlexNet 相比, 其在网络结构上做出了巨大改变, 通过网中网结构增加了模型深度以及宽度，相比 VGGNet 也有了更高的正确率的提升。Google 在 2015 年提出的 Inception V2 模型通过每个卷积层后加入 BN 层，避免了梯度消失问题，提高了学习效率，BN 层的加入在此后的神经网络模型结构中成为"标配"。

网中网结构模型在每个卷积层内引入一个微型网络后加深了网络的深度以及宽度，增强了网络特征表达能力。

（3）残差结构（短路）

残差结构模型是在结构中引入短路机制，使模型的输出表述为输入和输入的非线性变换进行线性叠加的模型结构。何凯明团队发现神经网络深度提升不能简单地通过层堆叠实现，网络结构的深度过深后，容易出现"退化现象"，即随着网络深度的加深，网络训练误差却增大。为了解决退化现象，残差结构引入了恒等快捷链接，其设计启发于 Schmidhuber 教授在 1997 年根据长短时记忆网络（long short term memory network，LSTM）中门机制原理设计了 Highway Network，构造了如图 5-6 所示的残差结构。残差结构直接把恒等映射作为

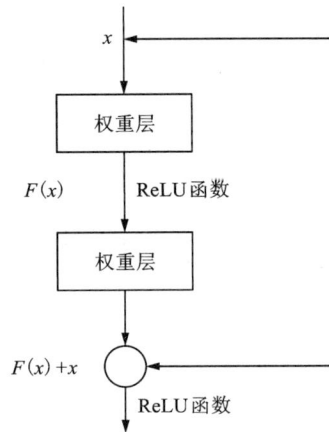

图 5-6　残差结构

网络的一部分，使学习目标变为学习一个残差函数：

$$F(x) = H(x) - x \tag{5-1}$$

当 $F(x) = 0$ 时，即堆积网络层做了恒等映射，残差结构可以保证网络加深后模型性能不会下降，实际上 $F(x) \neq 0$，$F(x)$ 也会输入特征基础上学习到新的特征，并通过残差结构与 $F(x)$ 叠加，加强特征重用，从而拥有更好的性能。

残差结构中 $F(x)$ 的形式是灵活的，通过构造不同 $F(x)$ 形成了两种构成 ResNet 的 block，如图 5-7 所示。ResNet 在 VGGNet 基础上进行了修改，通过残差结构使上一个残差块的信息没有阻碍地流入到下一个残差块，增强了信息流通，并且也避免了网络过深所引起的退化问题。ResNet 通过残差结构达到了 152 层的深度，为更深层的卷积网络提供了思路。ResNeXt 是对 ResNet 的改进，ResNeXt 使用 block 相同的平行拓扑结构代替 ResNet 的 block，如图 5-8 所示，ResNeXt 的每个分支的拓扑结构是相同的，不需要人工设计每个分支，改进后的网络模型泛化能力相比 ResNet 较强。

DenseNet 结构将单层特征重用扩展到多层，采用残差结构将每个层与其他所有层连接形成密集卷积网络。一种典型的 Dense Block 如图 5-9 所示。从表

（a）两层ResNet模块　　　　　　　　　（b）三层ResNe模块

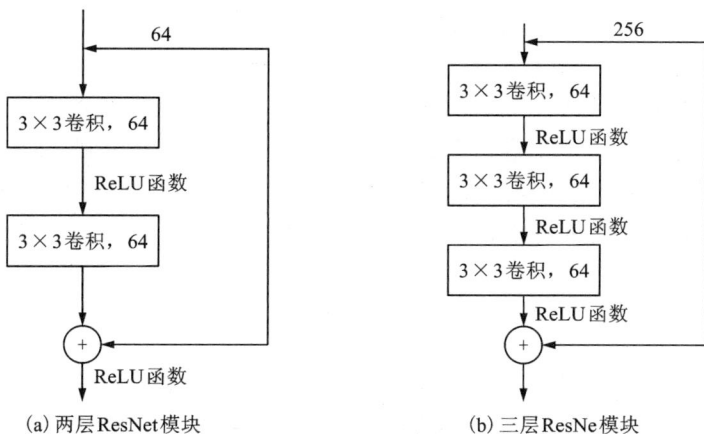

图 5-7　两种 ResNet

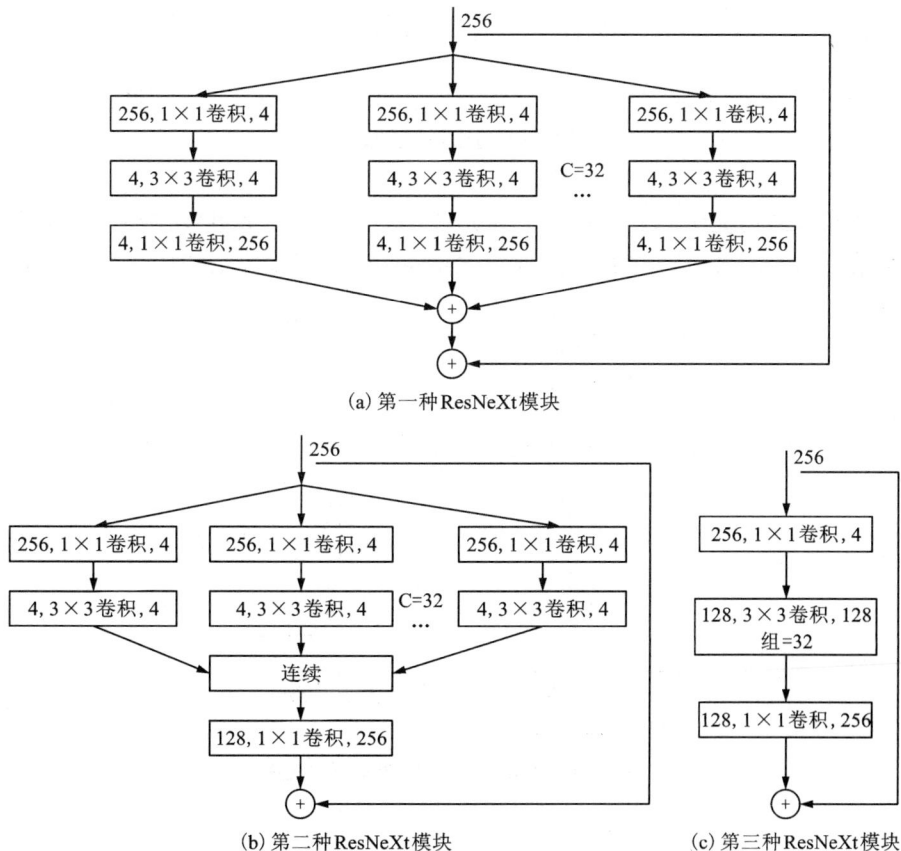

（a）第一种ResNeXt模块

（b）第二种ResNeXt模块　　　　　　　（c）第三种ResNeXt模块

图 5-8　三种 ResNeXt

面上看，DenseNet 与 ResNet 的区别仅在于使用残差结构连接之前的所有层。然而，这个看似很小的修改导致了两个网络实质上的不同。DenseNet 不需要重新学习冗余特征图，这种密集连接模式相对于其他结构模型需要更少的参数，并且改进了整个网络的信息流和梯度，并且每个层直接访问来自损失函数和原始输入信号的梯度，这使得训练深层网络变得更简单。此外，密集连接具有正则化效果，减少了对训练集较小的任务的过拟合。

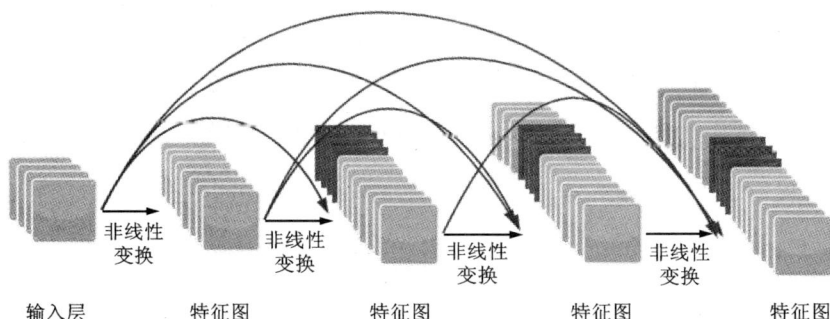

图 5-9　DenseNet 模块

当残差结构提出后，Google 开始研究 Inception 网络和残差网络的性能差异以及结合的可能性，提出了 Inception-ResNet-V2，其模块结构如图 5-10 所示。

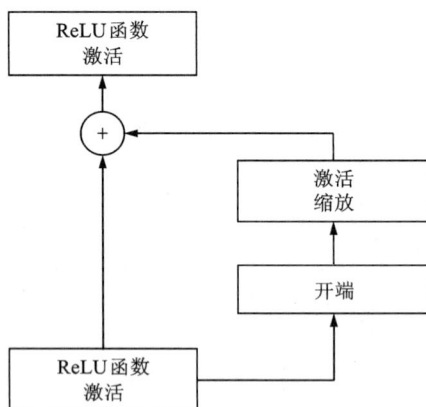

图 5-10　Inception-ResNet-V2 模块

Dongyoon Han 等在研究中发现残差单元内的下采样层对整体模型性能影响具有不确定性，为了避免下采样层对模型性能的影响，提出了 DPResNet，在残差路径上将输入特征通道后填充零矩阵通道与输出通道直接相加，如图 5-11 所示。在整个模型结构中将特征通道数增加方式采用线性或者非线性增加，最终模型内的特征通道数量形成了"金字塔"结构，如图 5-12 所示。通过这种结构使受下采样层影响较大的残差单元的负担均匀分布在所有单元上。

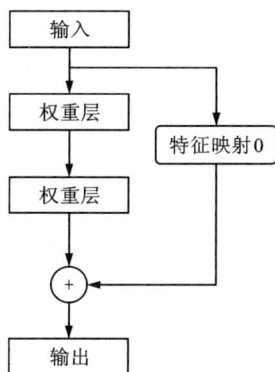

图 5-11　DPResNet

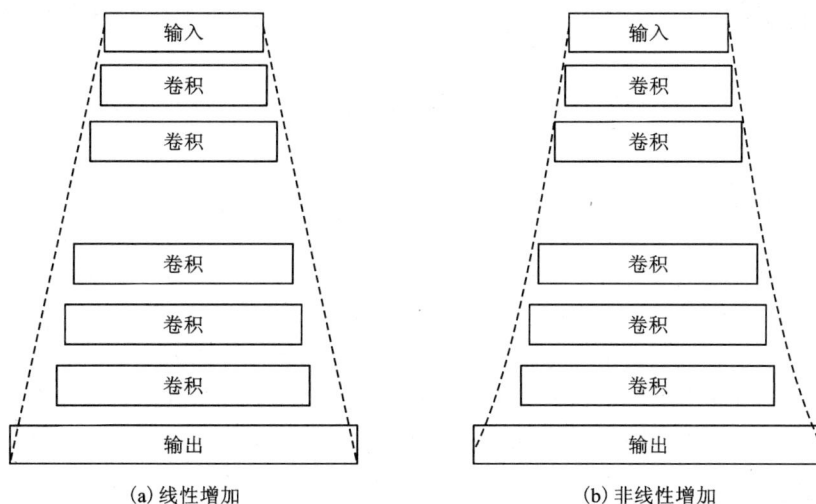

(a) 线性增加　　　　　　　　　(b) 非线性增加

图 5-12　通道金字塔结构生成方式

除此之外，由于 ResNet 的短路连接，会出现"随机深度"现象，即只有部分残差块学到了有用信息。为此 Sergey 等提出了深度较浅但宽度更宽的模型 WideResNet。由于宽度增加会增加计算成本，为此 Zhang 等提出了 PloyNet，从多项式角度推导，以构建更复杂的 block 结构，获得比仅增大宽度与深度更大的效益。

残差结构模型通过引入短路机制形成恒等映射，有效地解决了模型的退化问题，为更深层网络模型的构建提供了解决方案。

（4）注意力机制

注意力机制模型通过自动学习的方式获取到需要重点关注的特征，抑制其他无用特征的模型结构。先前的模型大多是在空间维度上提升模型的性能，而 SENet 能自动获取到每个通道特征的重要程度，提升有用特征通道权重并抑制其他无用特征通道，是一种通道注意力模型。SE 模块结构如图 5-13 所示。首先给定一个输入 x，其特征通道数为 c_1，通过一系列函数变换后得到特征通道数为 c_2 的特征。与传统的 CNN 不同的是，将通过三个操作来重标定前面得到的特征。

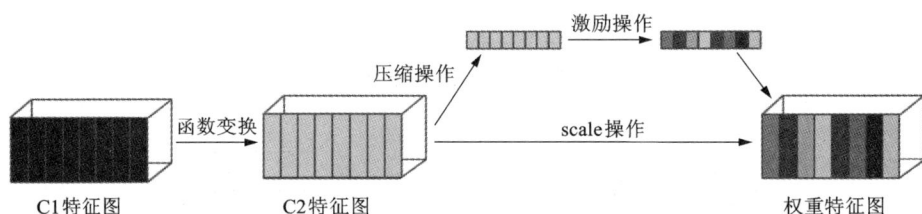

图 5-13　SE 模块

SE 模块可以嵌入到现有的网络结构中，从而提升模型对通道特征的敏感性。图 5-14 是将 SE 模块嵌入到 Inception 以及 ResNet 模块中的结构。通过在原始网络结构单元中嵌入 SE 模块，获得了不同种类的 SENet，如 SE-Inception、SE-ResNet、SE-ReNeXt、SE-Inception-ResNet-v2 等，只需要增加较少的计算量便可以提升模型的性能。

标准卷积网络中，卷积层的感受野为固定大小。而 SKNet 采用一种非线性的方法融合不同卷积核提取的特征，实现感受野尺寸的自动调整，以便获得不同尺寸的空间信息，是一种空间注意力机制模型，其结构如图 5-15 所示。SK 卷积可以嵌入到现有的网络结构中，只需要将原网络中所有具有较大尺寸的卷积核都替换为 SK 卷积，使网络自动选择合适的感受野大小，成为一种泛化能力更好的注意力机制模型。

CBAM 模型结合了通道注意力机制与空间注意力机制，相比单注意力机制模型具有更好的特征表达能力，并且作为一种轻量级的模型，可以无缝地集成到现在的任何 CNN 模型架构中。

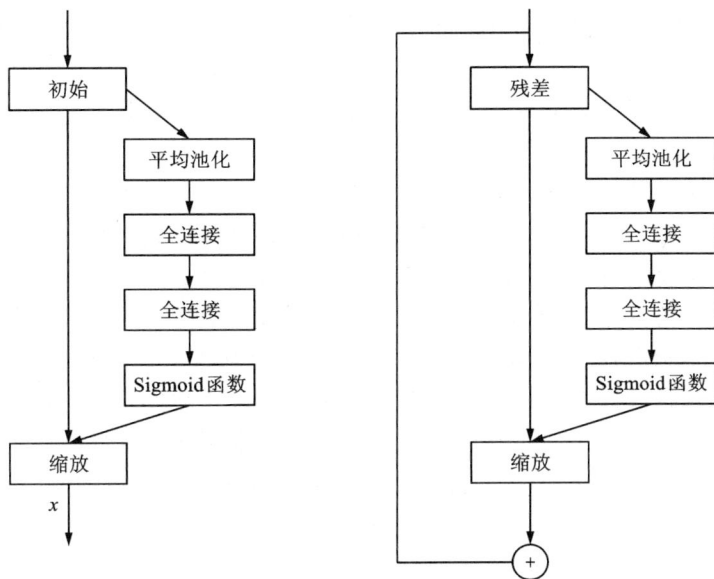

图 5-14　两种嵌入 SE 模块的网络结构单元

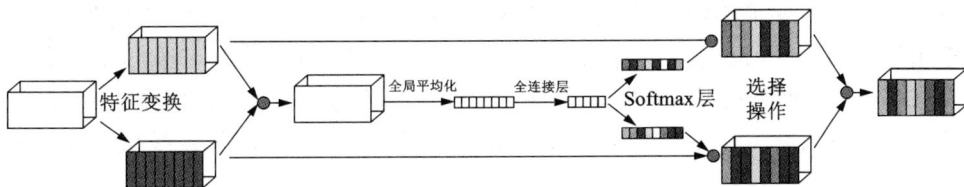

图 5-15　SKNet 结构

　　注意力机制可以使得神经网络具备专注于其输入特征子集的能力,解决了信息超载问题。

5.1.3　数据处理形式

(1)有监督与无监督

　　机器学习算法可以分为有监督学习和无监督学习两种,有监督学习是指训练的样本带有标签,而无监督学习是指在训练过程中样本没有标签。在深度学习方面,有监督学习是指送入深度学习网络中进行学习的不仅是数据,还有与数据相对应的标签,然后通过反向传播算法和优化算法来最小化实际输出与实际标签之间的误差,从而来调整网络参数。无监督学习与有监督学习是相对的,即送入深度学习网络的只有数据本身,没有与数据相对应的标签,其主要目的是预训练一个能够用于其他任务的模型。在人类学习的早期都以有监督学习为主，而在学习能力得到一定提升之后，自学成为人类学习知识的主要途径，这其实是一种无监督学习，与人类大脑的思维方式更加接近。

1）有监督

监督学习需要培训数据的标签。它可以从给定的训练数据集中学习出一个函数（模型参数），当新的数据到来时，可以根据这个函数预测结果。监督学习的训练集要求包括输入输出，也可以说是特征和目标。训练集中的目标是由人标注的。监督学习就是最常见的分类问题，通过已有的训练样本去训练得到一个最优模型，再利用这个模型将所有的输入映射为相应的输出，对输出进行简单的判断，从而实现分类的目的，也就具有了对未知数据分类的能力。监督学习的目标往往是让计算机去学习已经创建好的分类系统（模型）。

常见的监督学习算法有 Logistic 回归、朴素贝叶斯、支持向量机、人工神经网络和随机森林。

2）无监督

在现实世界中，大部分样本是不带标签的，所以无监督学习要比监督学习应用得更广泛。无监督学习技术可以在没有标签的情况下自主学习数据的抽象形式，不仅拓展了学习的范围，也为神经网络提供了一个较优的初始化参数，常用的无监督学习算法主要有主成分分析方法、等距映射方法、局部线性嵌入方法、拉普拉斯特征映射方法、黑塞局部线性嵌入方法和局部切空间排列方法等。无监督学习方法中，比较著名的深度学习方法有受限波尔兹曼机、自编码器以及生成式对抗网络。

深度学习是由多层神经网络组成的，需要一层一层地抽取主要特征，忽略次要细节，所以深度学习中采用的无监督学习方法需要满足可以从多维空间中抽取主要特征映射至低维空间、具有递归性和算法不能太过复杂三个条件。

（2）半监督

半监督学习（semi-supervised learning，SSL）是机器学习的一个分支，利用标记的数据和未标记的数据来执行某些学习任务。从概念上讲，它位于有监督学习和无监督学习之间，旨在通过利用其他任务的相关信息来提高本项任务的性能。例如，在解决分类问题时利用少量标签数据与大量无标签数据提高模型的分类性能。半监督学习的大部分研究都集中在分类问题上。大数据环境下，标签信息有限，许多无标签数据唾手可得，但要想获得它们的标签信息却需要付出高昂的人工成本，半监督分类方法适用于此类缺少标签数据的情况，可以降低模型学习对标签样本的需求量，同时又可以提高学习性能。在实践中，半监督学习方法也已应用于不存在明显缺乏标记数据的场景：如果未标记的数据提供了与预测相关的其他信息，则它们有可能被用来提高分类性能。

半监督学习算法大致可以分为直推式学习和归纳学习两类。直推式学习是指将标签数据作为训练集用于预测无标签样本的类别的算法。归纳学习是指同时利用标签样本和无标签样本学习出一个分类器，再将其用于分类无标签样本的算法。

3）弱监督

在带有真值标签的大量训练样本的强监督条件下，监督学习技术已经取得了巨大的成功。然而在真实的任务中，收集监督信息往往代价高昂，因此探索弱监督学习通常是更好的方式。

弱监督通常分为三种类型。第一种是不完全监督，是指训练数据中只有小部分数据有标签，而大部分数据没有标签，且这一小部分有标签的数据不足以训练一个好的模型，在很多任务中都存在这种情况。例如，在图像分类中，真值标签是人工标注的，从互联网上获得大量的图片很容易，然而由于人工标注的费时费力，只能标注其中一个小子集的图像。第二种是不确切监督，是指在某种情况下，拥有的一些监督信息并不像所期望的那样精确，典型的情况是只有粗粒度的标注信息。例如，在图像分类中，希望图片中的每个物体都被标注，然而只有图片级的标签而没有物体级的标签。第三种是不准确监督，即给定的标签并不总是真值（有些标签信息可能是错误的）。例如，由标注者粗心或疲倦所导致的或者一些图像本身就难以分类，典型的情况是在标签有噪声的条件下学习。

5.2　特征挖掘与图像分类

5.2.1　自动化的特征挖掘技术

自 20 世纪 70 年代以来，国内外学者开始了基于数字图像处理的裂缝自动识别算法研究。从空间域到频域、从考虑局部信息到全局最优化、从传统图像处理方法到基于深度学习的裂缝自动识别方法，并综合应用了数学形态学、模糊逻辑、小波变换、目标优化以及深度学习等多种理论与工具，取得了丰厚的研究结果。

（1）从传统机器学习的人工提取特征到深度学习的自动提取特征

优异的特征可以极大地提高模式识别系统的性能。在过去几十年模式识别的各种应用中，手工设计的特征处于统治地位。构建模式识别或机器学习系统需要技艺高超的工程师和经验丰富的领域专家来设计特征提取器，将原始数据

(如图像的像素值)转化为合适的中间表示形式或特征向量,学习子系统可以对输入向量进行检测或分类。它主要依靠设计者的先验知识,而很难利用大数据的优势。且由于依赖手工调参数,特征的设计中只允许出现少量的参数。

深度学习与传统模式识别方法最大的不同在于它是从大数据中自动学习特征,而非采用手工设计的特征,不需要人工设计特征提取器,可以从大数据中自动学习特征的表示,其中可以包含成千上万的参数,特别适用于变化多端的自然数据,具有非常优良的泛化能力和鲁棒性。手工设计出有效的特征是一个相当漫长的过程,回顾计算机视觉发展的历史,往往需要五到十年才能出现一个受到广泛认可的好的特征,而深度学习可以针对新的应用从训练数据中很快学习得到新的有效的特征表示。传统机器学习和深度学习流程对比如图 5-16 所示。

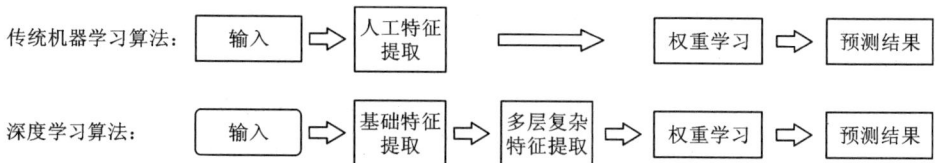

图 5-16 传统机器学习和深度学习流程对比

目标识别系统包括特征和分类器两个主要的组成部分,二者关系密切,而在传统的方法中,它们的优化是分开的。在神经网络的框架下,特征表示和分类器是联合优化的,可以最大限度地发挥二者联合协作的性能。以 2012 年 Hinton 参加 ImageNet 比赛所采用的卷积网络模型为例,这是他们首次参加 ImageNet 图像分类比赛,因此没有太多的先验知识。模型的特征表示包含了 6000 万个参数,从上百万样本中学习得到。令人惊讶的是,从 ImageNet 上学习得到的特征表示具有非常强的泛化能力,可以成功地应用到其他的数据集和任务上,例如目标检测、跟踪和检索等。有学者将 ImageNet 上学习得到的特征表示用于 Psacal VOC 上的目标检测,将检测率提高了 20%。

图像中各种复杂的因素往往以非线性的方式结合在一起。例如裂缝图像中就包含了长度、宽度、深度和光线等各种信息。深度学习的关键就是通过多层非线性映射将这些因素成功地分开,例如在深度模型的最后一个隐含层,不同的神经元代表了不同的因素,如果将这个隐含层当作特征表示,各个因素之间变成了简单的线性关系,不再彼此干扰。随着深度学习理论的成熟与广泛应用,基于深度学习的裂缝识别算法已经越来越受到学者的重视。深度学习神经网络包含大量网络参数,而深度学习过程则需要计算量巨大的计算与迭代。深度学习算法首先需要建立特征向量描述图像特征，然后根据选定的测试图像训练特征向量，最终利用训练后的特征检测和区分裂缝区域。

（2）CNN 如何自动提取特征

在训练过程中，利用已收集的图像数据库，经过前馈过程的局部感知、特征提取及全连接层的分类，得到当前分类结果输出。通过损失函数（loss function）计算当前分类结果与目标值（object value）之间的差异，再利用反向传播算法，进行网络结构中各个参数的更新。虽然卷积神经网络模型的种类很多，但其基本结构大致相同，如图 5-17 所示。

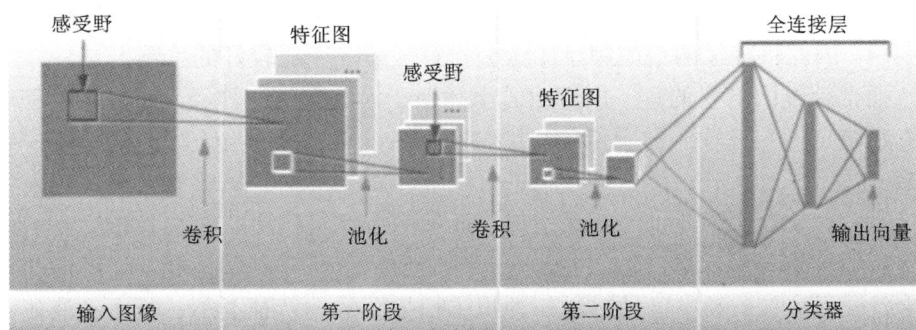

图 5-17　卷积神经网络结构示意图

传统的卷积神经网络主要是由多个特征提取阶段和分类器组成的单一尺度结构，即输入图像经过逐层提取特征得到高等级的低维的特征向量后，将该特征向量输入分类中进行与多层神经元网络相同的计算，最终得到分类结果。每个特征提取阶段都包括卷积层和池化层，一般情况下，卷积神经网络一共有1~3 个特征提取阶段。CNN 中卷积层的主要功能是通过卷积运算来计算对象特征，其中包括一组具有可学习权重的内核。内核与其图层的输入具有相同的深度，但宽度和高度较小。对于图像卷积，每个内核在图像中从左上角到右下角滑动，如图 5-18 所示。最后，图像被分成几个重叠的子窗口以从图像中提取特征，一组

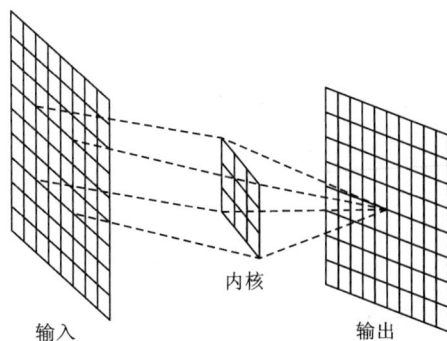

图 5-18　卷积层操作

内核可以从图像中提取不同的特征。

5.2.2　裂缝图像分类流程

图像分类是图像处理的重要基础和分支,传统的图像分类策略已不能满足人们对图像的精度要求,卷积神经网络由于其独特高效的处理能力,越来越多地被应用于图像分类及其他图像处理领域,使得传统的图像分类的算法在图像处理领域取得了长足的进步。

(1)基于神经网络的图像分类算法

传统的图像分类算法的基本思路是基于组合特征的提取,此算法将特征提取和图像分类分开了。目前,这种算法已经无法满足人们对于高品质图像的处理要求,因此将神经网络应用于图像分类算法是一个比较好的思路。

通常神经网络中的每一层都由若干类似于人的大脑的神经元组成。卷积层的卷积核定期扫描输入的图像信息的特征,将扫描的特征与矩阵中的元素进行相乘并进行求和操作,接着将结果进行线性卷积。其中卷积核的大小决定着扫描特征的精确度。然后,神经网络将提取出的特征组成图的形式并传递到池化层进行特征选择和信息过滤。在池化层,通常可以采用平滑池化、降维池化和混合池化等方法,其中一种方法与卷积层扫描图像的特征类似,即通过池化大小、步长和池化区域来对特征图进行池化。具体地,就是在池化域中选择特征的最大值或平均值作为计算对象,从而将特征向量的维数降低,以实现对特征值的采样,接着对特征图进行平移、旋转、比例调节等变换,以使其敏感性降低。经过池化之后的图像信号传递到全连接层,在该层将进行二次特征提取,以便使得图像样本具有很好的容错性。全连接层将信号通过激励函数展开为向量,然后将该向量进行特征值的提取,再进行非线性组合,进而达到学习目的。最后全连接层将处理后的图像信号传递给输出层进行输出。

(2)基于 CNN 裂缝图像分类流程(案例)

图 5-19 介绍了检测混凝土裂缝的总流程图,包括训练过程和测试过程。训练过程的主要目的是使用 CNN 构建混凝土裂缝图片分类器,测试过程的主要目的是通过一些参数反映验证模型的训练结果。

1)训练过程

①生成数据库。

用手持 DSLR 相机从复杂建筑表面获取 332 张图片(277 张 4928×3264 像素的图像,55 张 5888×3584 像素的图像),其中 277 张用于训练和验证过程,55 张用于测试过程。首先进行预处理扩充数据集,将这 277 张原始图像分割成 256×256 像素的小图片,这些图像被手动标注为裂缝图像或完整图像以构建

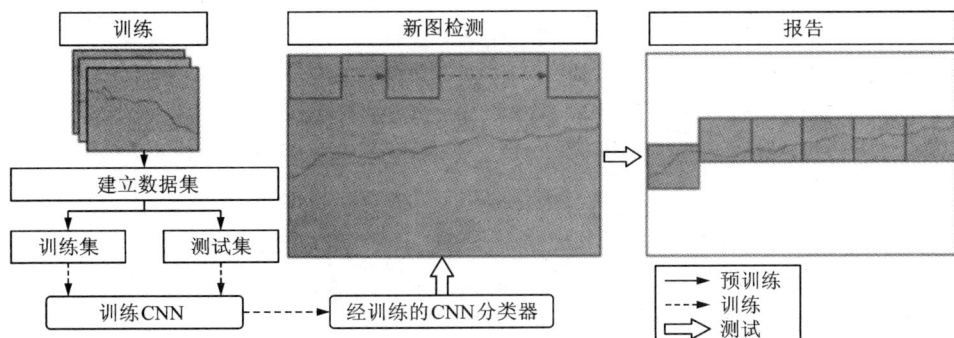

图 5-19　用于检测混凝土裂缝的流程图

数据库,最终获得了 40000 张图片用于训练 CNN 网络,这些图片被随机地分为训练集和测试集。

②超参数的设置。

在网络模型框架中,通过学习率、权重衰减系数、迭代次数、每次迭代输入的图片数以及不同的参数更新优化算法等来控制和优化神经网络的训练进程,这些被称为模型内部的超参数。使用随机梯度下降(SGD)算法训练网络,根据训练情况设置学习率(一次迭代输入的训练图片的个数)为 100。设置较小的学习率,并采用对数衰减的方法控制学习率,一个时期(epoch)为 60(跑完全部图片的一次过程),随着进程学习率不断更新。权重衰减系数和动量参数分别赋值为 0.0001 和 0.9。其中 C1—C3 和 P1—P2 的步长设置为 2,C4 的步长设置为 1。Dropout 层取 0.5。这些任务全部在两个图像处理器上完成(CPU:Intel Xeon E5-2650 v3 @ 2.3 GHz,RAM:64 GB and GPU:Nvidia Geforce Titan X × 2ea)。

③CNN 网络架构。

图 5-20 显示了 CNN 的整体架构,它是混凝土裂缝检测的原始框架。第一层是 $256 \times 256 \times 3$ 像素的输入层,其中每个维度分别表示高度、宽度和通道数(红绿蓝)。输入的数据通过有序堆叠的卷积层和池化层,对裂缝图像进行特征提取,在 L5 处降维到 $1 \times 1 \times 96$ 像素。然后这 96 个向量被输入 ReLU 层,再经过 C4 卷积输入 softmax 层执行图像分类,最终得到混凝土图像是否存在裂缝的预测结果,这属于正向学习过程,同时模型内部通过反向传播(根据预测结果和真实值之间的差距不断更新网络每层的权重参数)来不断提升训练结果的正确率,从而完成整个图像的训练识别过程。

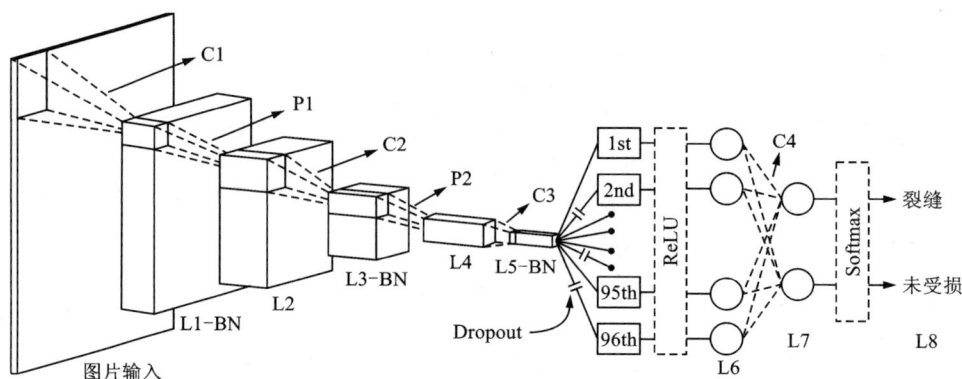

图 5-20　总体结构

L1~L8—对应于操作的层；C1~C4—卷积；P1—P2—池化；BN—正则化

④训练和验证结果。

训练集和验证集的比例为 4∶1，即从 32000 张图像中计算训练正确率，从 4000 张图像中计算验证正确率。训练集和验证集的最高正确率在第 51 个 epoch 时为 98.22%，在第 49 个 epoch 时为 97.95%。结果如图 5-21 所示。

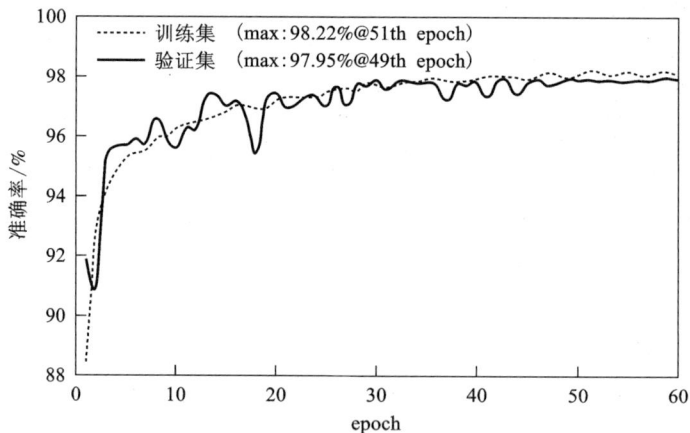

图 5-21　每个 epoch 的正确率

2) 测试过程

将训练后的 CNN 网络在 55 张分辨率为 5888 × 3584 像素的大图像上进行性能评估，结果获得了 97% 的正确率，测试结果显示了与训练过程性能的一致性。

5.3　裂缝图像分类案例与评价指标

5.3.1　基础设施裂缝图像分类案例

（1）道路裂缝分类方法

近年来，机器学习，尤其是深度学习方法在工程实践中得到了广泛应用，且在道路裂缝检测方面实现了准确的伤损检测。由于路面的建造方式繁多，且作用的车辆荷载类型多样，路面裂缝类型十分复杂，几种典型的路面裂缝如图 2-24 所示。Bray 利用神经网络方法判断路面图像是否有裂缝像素。基于人工神经网络与支持向量机等的机器学习算法也被成功用于裂缝检测与分类。Zhang 等和 Cha 等抛开了人工设计滤波器的办法，证明深度学习可以用于路面小区块图像的分类。Xu G 将 20×25 图像子块的 4 个统计特征值作为神经网络的输入，并计算该图像子块属于裂缝子块的概率，最后对识别为裂缝子块的图像进行连接。基于 CNN 的 CrackNet（Zhang 等人，2017b）被证明可以高效地检测各种 3D 沥青路面上的裂缝，并具有很高的像素准确度。Maeda 等（2016）使用 256×256 像素的图像识别受损路面，但未对其伤损类型进行分类。Zhang 等（2016）使用从 3264×2448 像素图像中获得的 99×99 的补丁来判断伤损存在。此外，Cha 等（2017）采用滑动窗口方法（Felzenszwalb 等，2010），以一个 256×256 像素的伤损分类器对 5888×3584 像素的混凝土表面图像进行裂缝检测。沙爱民等利用 3 个 CNN 模型分别完成路面病害识别、路面裂缝特征提取和坑槽特征提取，计算准确度较高。Dorafshan 等将 CNN 作为小尺寸图像的分类器，结合滑动窗法并采用迁移学习，将经典的深度卷积神经网络 AlexNet 移植到路面检测应用领域，实现大尺寸水泥混凝土路面破损图像的裂缝检测。

（2）桥梁裂缝分类方法

裂缝是桥梁结构非常重要的一大类典型病害，主要包括混凝土裂缝、钢结构疲劳裂纹、沥青路面裂缝等。近年来，在计算机视觉领域内涌现了基于深度学习的先进算法，基于深度网络提取输入图像的高层次抽象特征，广泛应用于桥梁结构病害图像的特征学习和分类识别中。Xu 等（2017）建立了基于受限玻尔兹曼机（Restricted Boltzmann machine，RBM）的钢结构表面裂纹识别框架，随后又提出了一种基于多层级特征融合的钢箱梁微小疲劳裂纹识别方法。针对钢材缺陷分类检测问题，Soukup 等提出了一种最大值汇聚的 CNN 方法。Cao Vu Dung 等（2019）使用迁移学习训练 VGG16 网络，开发了一种钢桥梁的角撑板节点疲劳裂纹检测方法。Rahmat Ali 等（2019）利用红外热像仪（IRT）检测钢桁架

(a) 龟裂

(b) 块状裂缝

(c) 边缘裂缝

(d) 纵向裂缝

(e) 横向裂缝

(f) 反射裂缝

图 5-22　路面裂缝类型

桥梁中钢构件的表面损伤，对原始的深度学习神经网络（DINN）进行了修改以进行迁移学习，在 200 张热图像（640×480 像素）上测试实现了 96% 的准确性和 97.79% 的特异性。李良福等（2018）提出了基于 CNN 的深度桥梁裂缝分类（deep bridge crack classify，DBCC）模型，用于实现对桥梁背景面元和桥梁裂缝面元的识别，结合滑动窗口对桥梁裂缝进行检测，提高了识别效果。马卫飞等（2018）基于生成式对抗网络和 Alexnet 网络构建了一种用于桥梁裂缝分类的网络模型，解决了训练样本不足的问题，获得了一种桥梁裂缝量化和损伤程度的评价机制，其中图 5-23 介绍了桥梁裂缝的复杂性。

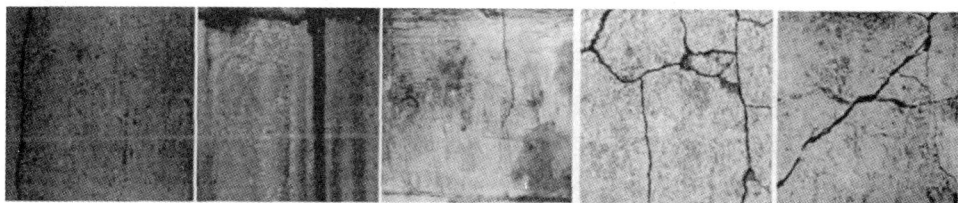

图 5-23　桥梁裂缝图像特点示意图

（3）隧道裂缝分类方法

深度学习模型在隧道结构病害检测任务上表现出了优良的泛化能力和鲁棒性。加拿大的 Cha 等（2017）采用深度卷积神经网络对混凝土裂缝的识别进行了研究，在检测中结合滑动窗口可以检测任意大小的图像，并与 Canny、Sobel 两种边缘检测算子进行比较，验证了深度学习在混凝土裂缝识别上的优势。黄宏伟等（2017）基于全卷积网络进行盾构隧道渗漏水病害图像识别，可有效消除干扰物的影响。薛亚东等（2018）建立隧道衬砌特征图像分类系统，在现有的 CNN 模型 GoogLeNet 基础上，改进其 inception 模块与网络结构，获得了正确率超过 95% 的网络模型，且对背景复杂条件下的图像处理更具鲁棒性。薛亚东等（2020）优化了基于 VGG-16 网络的地铁隧道衬砌病害检测模型，检测准确度取得了明显提升。高新闻等（2020）建立密集连接卷积网络（DenseNet），对原始图像进行非裂缝区域过滤，在裂缝分类中最高达到了 99.95% 的正确率，有效提升了隧道裂缝自动检测精度。裂缝的信息在图像中不太明显且存在大量的干扰，比如在采集到的裂缝图像中，有许多结构缝、划痕与水渍的存在，如图 5-24 所示。

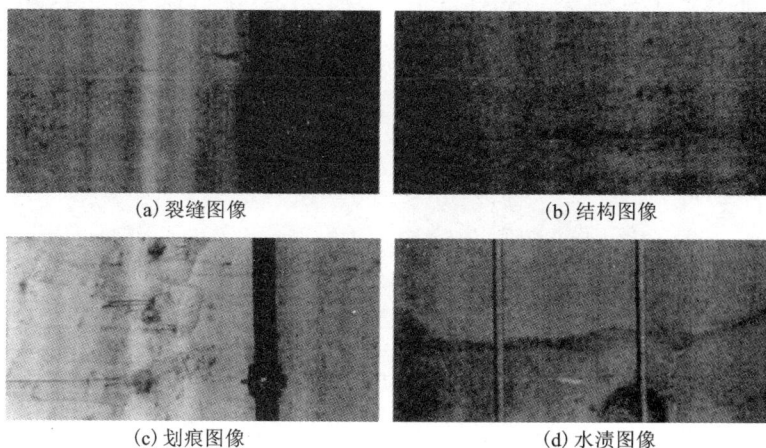

（a）裂缝图像　　　　　　　　　　　　　（b）结构图像

（c）划痕图像　　　　　　　　　　　　　（d）水渍图像

图 5-24　隧道各类图像

(4)铁路裂缝分类方法

深度学习是模式识别领域近年来快速发展起来的一种高效的识别分类方法，被广泛应用到铁路伤损图像的识别中。2014年，奥地利科技研究所最早采集光度立体图像训练CNN网络来实现轨道表面空洞缺陷分类，整个网络一共包含两个卷积层和池化层以及最后一个全连接层，在钢轨表面数据集上最终达到的错误识别率为1.108%。冉建民等结合图像处理技术和CNN模型对钢轨表面的缺陷进行检测。赵冰等将铁路车辆部件缺陷检测任务划分为检测与分类两个子任务进行研究。刘孟轲等提出基于卷积神经网络的算法，采用2层卷积层+最大池化层的结构进行缺陷分类。将图像分为3类，其中无缺陷样本8000张，裂纹和疤痕缺陷样本各6000张，该模型对钢轨表面缺陷的综合检测精度达到70%及以上，对疤痕的检测精度达到83.72%。Faglih Roohis等设计了3层卷积层+最大池化层的卷积神经网络结构，利用22400张钢轨图像对卷积神经网络结构进行训练，模型区分正常和有表面缺陷的钢轨的正确率可达到92.00%。Shang等采用基于Inception-v3结构的卷积神经网络区分正常和有缺陷的钢轨图像，利用8069张钢轨表面图像进行模型训练验证，在测试集上实现了92.08%的识别正确率。蒋欣兰等(2020)提出了一种结构化区域全卷积神经网络(SR-FCN)钢轨扣件方法，克服了已有的深度学习模型难以满足的高速检测的时效性。图5-25介绍了几种常见的钢轨表面缺陷。

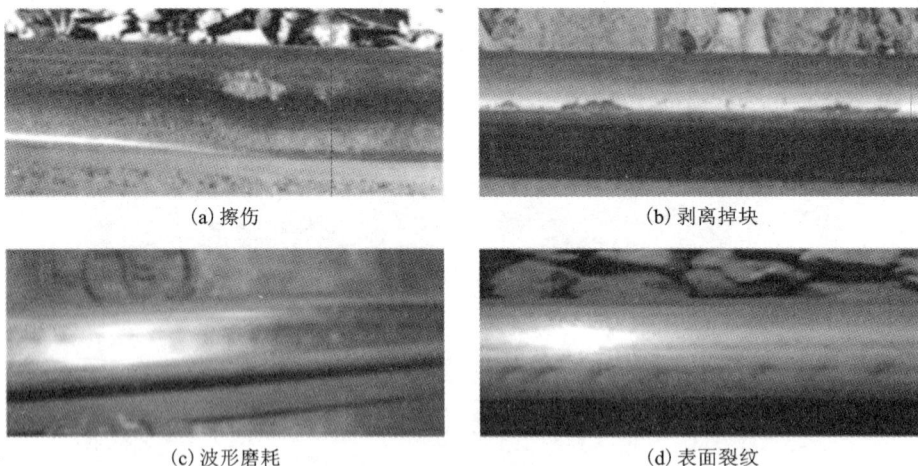

(a) 擦伤

(b) 剥离掉块

(c) 波形磨耗

(d) 表面裂纹

图5-25 几种常见的钢轨表面缺陷

5.3.2　分类模型评价指标简述

在分类型模型评判的指标中，常见的方法有如下三种：混淆矩阵（也称误差矩阵，confusion matrix）、受试者工作特征曲线（receiver operating characteristic curve，ROC）、曲线下的面积（area under curve，AUC）。

（1）混淆矩阵

混淆矩阵也称误差矩阵，是评判模型结果的指标，属于模型评估的一部分，用 n 行 n 列的矩阵形式来表示。它是衡量分类型模型准确度中最基本、最直观、计算最简单的方法。主要用于比较分类结果和实际测得值，可以把分类结果的精度显示在一个混淆矩阵里面。

1）一级指标

对于分类模型中最简单的二分类问题，模型最终需要判断样本的结果是 positive 还是 negative，因此可以得到这样四个基础指标：

①真实值是 positive，模型认为是 positive 的数量（true positive，TP）。

　　②真实值是 positive，模型认为是 negative 的数量（false negative，FN）：这就是统计学上的第二类错误（type Ⅱ error）。

③真实值是 negative，模型认为是 positive 的数量（false positive，FP）：这就是统计学上的第一类错误（type Ⅰ error）。

④真实值是 negative，模型认为是 negative 的数量（true negative，TN）。

将这四个指标一起呈现在表 5-1 中，就能得到如表 5-1 所示的混淆矩阵（confusion matrix）：

表 5-1　混淆矩阵

混淆矩阵		真实值	
		正	负
预测值	正	TP	FP 类型 Ⅰ
	负	FN 类型 Ⅱ	TN

TP 与 TN 的数量越大，而 FP 与 FN 的数量越小，则预测性分类模型越准确。

2）二级指标

混淆矩阵里面统计的是个数，有时候面对大量的数据，光凭算个数，很难衡量模型的优劣。因此，混淆矩阵在基本的统计结果上通过最底层指标加减乘除得到了如下 4 个二级指标：

①正确率(A)——针对整个模型。

②准确率(P)。

③灵敏度(S)/召回率(R)。

④特异度(S)。

该四种指标的公式和意义如表 5-2 所示。

表 5-2　四种指标的公式和意义

指标	公式	意义
正确率	$A = \dfrac{TP + TN}{TP + TN + FP + FN}$	分类模型所有判断正确的结果占总观测值的比重
准确率	$P = \dfrac{TP}{TP + FP}$	在模型预测是 P 的所有结果中，模型预测对的比重
灵敏度	$S = R = \dfrac{TP}{TP + FN}$	在真实值是 P 的所有结果中，模型预测对的比重
特异度	$S = \dfrac{TN}{TN + FP}$	在真实值是 N 的所有结果中，模型预测对的比重

通过上面的四个二级指标，可以将混淆矩阵中数量的结果转化为 0 到 1 之间的比率，便于进行标准化的衡量。

3）三级指标 $F1\text{-}S$

计算公式是：

$$F1\text{-}S = \frac{2PR}{P + R} \tag{5-1}$$

$F1\text{-}S$ 指标综合了 P 与 R 产出的结果。$F1\text{-}S$ 的取值范围从 0 到 1，1 代表模型的输出结果最好，0 代表模型的输出结果最差。

(2)ROC 与 AUC 面积

ROC 与 AUC 面积均是评判模型结果的指标，属于模型评估的一部分。它是用来衡量分类型模型准确度的工具，可以直观地表示模型的错误率和正确率，对比两个不同的分类模型。

1）ROC

ROC 又称为感受性曲线(sensitivity curve)。得此名的原因在于曲线上各点反映着相同的感受性，它们都是对同一信号刺激的反应，只不过是在两种不同的判定标准下所得的结果而已。ROC(图 5-26)是根据一系列不同的二分类方式(分界值或决定阈),以真阳性率(灵敏度)为纵坐标,假阳性率(特异度)为横坐标绘制的曲线。传统的诊断试验评价方法有一个共同的特点,就是必须将试验结果分为两类,再进行统计分析。ROC 的评价方法与传统的评价方法不同,无须此限制,而是根据实际情况,允许有中间状态,可以把试验结果划分为多个有序分类,如正常、大致正常、可疑、大致异常和异常五个等级,之后再进行统计分析。因此,ROC 评价方法适用的范围更为广泛。

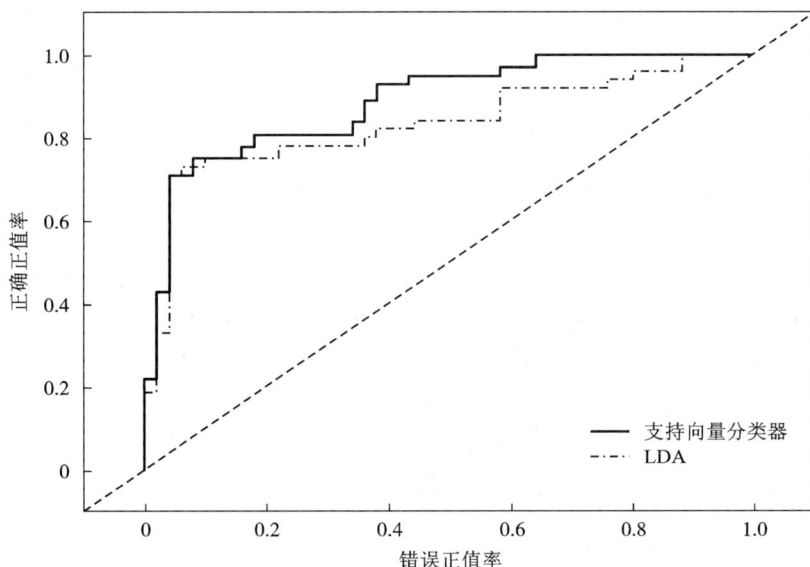

图 5-26　ROC

ROC 的横纵轴计算方式是与混淆矩阵有着密切关系的。

横轴的指标,在英文中被称为 false positive rate,简称 FPR。FPR 可以被理解为:在所有真实值为 Negative 的数据中,被模型错误地判断为 Positive 的比例。其计算公式为:

$$FPR = \frac{FP}{FP + TN} \tag{5-2}$$

纵轴的指标,在英文中被称为 true positive rate,简称 TPR。TPR 可以被理解为:在所有真实值为 Positive 的数据中,被模型正确地判断为 P 的比例。其计算公式为:

$$TPR = \frac{TP}{TP + FN} \qquad (5-3)$$

2）AUC

AUC 被定义为 ROC 下与坐标轴围成的面积。每一条 ROC 对应一个 AUC 值，AUC 的取值在 0 到 1 之间。

在 AUC > 0.5 的情况下，AUC 越接近于 1，说明诊断效果越好。AUC = 1，代表 ROC 在纵轴上，预测完全准确。AUC 在 0.5 ~ 0.7 时有较低的准确性，AUC 在 0.7 ~ 0.9 时有一定的准确性，AUC 在 0.9 以上时有较高的准确性。AUC = 0.5 时，代表 ROC 在 45°线上，预测等于 50/50 的猜测。0 < AUC < 0.5，代表 ROC 在 45°线下方，预测不如 50/50 的猜测。AUC = 0，代表 ROC 在横轴上，预测完全不准确。

5.4　技术演进与发展方向

基于深度学习的检测方法在裂缝的识别、定位、表征和测量等领域展现出了优异的精度和鲁棒性，但同时也存在着一些不可忽视的问题，比如网络结构复杂、训练时间长、需要大规模的人工标记数据等。这些问题的存在制约着深度学习在裂缝检测领域的大规模运用和进一步发展。因此，进一步压缩训练时间、降低对大数据的依赖以及尽可能地减少整个检测过程的人工参与，已经成为基于机器视觉的裂缝检测技术的新的研究方向。

5.4.1　迁移学习

当解决新的分类问题时，通常需要从零开始初始化卷积网络结构内部的所有参数并重新训练，但这种做法将会耗费大量的训练时间，容易使得训练偏离正确方向（过拟合），难以达到最优的识别效果。迁移学习被誉为深度学习的未来，其基本思想是将在大规模图像数据库上（如包含 1000 种类别的 120 万张标注图像的 ImageNet 数据库）已经预训练好的卷积神经网络模型的参数迁移到新的分类问题并作为训练的初始值，这些预训练参数经过大规模数据的训练，具备了较强的泛化能力，包含这些参数的卷积层输出的节点向量可以被当作任何图像的一个更加精简且表达能力更强的特征向量，从而节约大量的训练时间，快速提高网络在新的问题上的识别性能。Gopalakrishnan 等将在 ImageNet 数据库上预先训练好的 VGG-16 网络的参数迁移到沥青和混凝土路面的裂缝检测问题，只对网络最后的全连接层进行了重新训练，从而在短时间内取得了优异的检测效果。Ali 等迁移了原始的深度神经网络结构和参数以学习钢构件裂缝的红外热图像数据，处理了一幅热图像仅耗时 55 s，而超声脉冲速度测试（ultrasonic pulse velocity，UPV）则需要几个小时。Bang 等使用带迁移学习的 VGG-16、ResNet-50、ResNet-101、ResNet-152、ResNet-200 和不转移学习的 ResNet-152 对路面裂缝进行了检测，结果表明基于迁移学习的 ResNet-152 对于裂缝的检测效果最佳，召回率、精度和联合交集分别达到 71.98%、77.68% 和 59.65%。

　　进行迁移学习的同时需要对原始结构进行微调，以适应新的分类问题。微调通常可以分为三类：①保持网络特征提取层的参数不变，只对最后的全连接层进行重新训练；②保持网络底部的特征提取层参数不变，对顶部特征提取层和后续层进行重新训练；③对网络所有层进行重新训练。Dung 等基于迁移学习的方法对三种桥梁裂缝分类器进行了训练，包括从零开始初始化的浅层卷积神经网络、微调 ImageNet 数据库上预训练好的 VGG-16 网络最后的全连接层以及微调 VGG-16 网络顶层的特征提取层和全连接层。结果表明，微调网络顶层的特征提取层和全连接层的方式获得了最佳的精度和较好的鲁棒性。

5.4.2　小样本学习（元学习）

　　基于深度学习的方法依赖于大规模、高质量的基础设施裂缝数据，以达到最佳的检测状态。通常情况下难以收集到足够多的原始图像数据或收集数据的成本过高，这制约了深度学习检测性能的充分发挥。提高深度学习方法对于小样本的学习能力成为解决这一问题的有效途径。Tabernik 等设计了一种基于分割网络和决策网络的深度学习体系结构，以解决裂缝检测问题。与现有的深度学习方法相比，该体系结构仅需要 25~30 个训练样本就可以达到其他方法成百上千个训练样本的检测效果，这使得深度学习方法可以实际应用于数据有限的基础设施裂缝检测问题。

　　通常情况下裂缝数据的规模要远小于正常数据，这种数据不均衡的问题对于正常数据的影响较小，但会增加裂缝数据的检测误差，从而制约裂缝检测准确度的提升。Kobayashi 等提出了一种基于 U-Net 扩展而来的名为 Spiral-Net 的新型网络结构，能够提取更加详细高效的混凝土裂缝特征，同时基于 F1 分数制定了 Spiral-Net 网络优化方法，使其在高度不平衡的训练样本上也可以正确地学习。Wu 等认为卷积神经网络中常用的交叉熵损失无法有效地应对数据不均衡问题，因此作者采用焦点损失代替了交叉熵损失，并证明了该方法的有效性。此外，元学习理论也是提高深度学习方法对小样本、不均衡样本学习效果的有效措施，其基本思想是利用现有的知识经验来指导新问题的学习，使得网络模型具有学会学习的能力，并已经在桥梁裂缝检测方面得到了应用。

5.4.3　无监督学习

深度学习所需的大规模裂缝图像数据集需要人工先对裂缝进行精确标注，以获得训练所需的参考基准，因此深度学习最终的裂缝检测精度会受到人工标注精度的影响。为了进一步排除人工干预，提高裂缝检测的自动化程度，基于CNN的无监督学习体系结构得到了积极的研究。卷积自编码器和生成对抗网络是深度学习在无监督学习领域取得了两个重要进展。这些方法可以在没有人工标注的情况下自动地从图像中提取复杂高级的特征进行深入的学习，同时也减少了深度学习对于大规模数据的需求，是实现裂缝真正意义上的自动化检测的有效途径。

（1）卷积自编码器

自编码器是深度学习中的一种非常重要的无监督学习方法，能够从大量无标签的数据中自动学习，得到蕴含在数据中的有效特征。传统自编码器的概念最早来自于Rumelhart等在 *Nature* 上发表的论文。随后，Bourlard等对其进行了详细的阐述。自编码器具有重建过程简单、可堆叠多层、以神经科学为支撑点的优点。近10年来很多改进版本被相继提出，并且被广泛用于各种研究领域，例如数据分类、模式识别、异常检测、数据生成等。

近年来，卷积神经网络所取得的各种优异表现，直接推动了卷积自编码器的产生。卷积自编码器利用了传统自编码器的无监督的学习方式，结合了卷积神经网络的卷积和池化操作，从而实现了特征提取，最后通过堆叠，实现了一个深层的神经网络。传统自编码器一般使用的是全连接层，对于一维信号并没有什么影响，而对于二维图像或视频信号，全连接层会损失空间信息，它使用卷积层和池化层替代了原来的全连接层，通过采用卷积操作，卷积自编码器能很好地保留二维信号的空间信息。卷积自编码器与传统自编码器非常类似，其主要差别在于卷积自编码器采用卷积方式对输入信号进行线性变换，并且其权重是共享的，这点与卷积神经网络是一样的。因此，重建过程就是基于隐藏编码的基本图像块的线性组合。而在解码器中，采用卷积操作和上采样（upsampling）操作，使得每一层的输出图片的尺寸大于输入图片的尺寸，将编码器提取的特征图还原到和原图同样尺寸的大小，实现图片重构。

（2）生成对抗网络

基于深度学习的算法模型往往含有大量参数，较大样本量的数据集更加有利于训练学习，从而构建出更可靠的模型。针对数据量较小、数据质量较差的数据集，经常采用数据增强的方法对数据集进行扩充。深度学习中的数据增强算法可概括为基本的图像处理方法和基于深度学习的数据增强方法。基于深度学习的数据增强方法，其中最为典型的算法是生成式对抗网络(generative adversary network，GAN)。

　　GAN 是 Goodfellow 等提出的一种网络模型。GAN 由一个生成器和一个判别器组成(如图 5-27 所示)，生成器负责模仿训练数据，判别器负责判断数据的真假，通过生成器和判别器的相互对抗同时提升生成器和判别器的性能，并重新生成与训练样本分布一致的较为逼真的图片。最终的结果是生成器生成的数据足够逼真，以至于判别器无法判断真假，即最后判别器会认为生成器生成的数据为真的概率为 0.5。

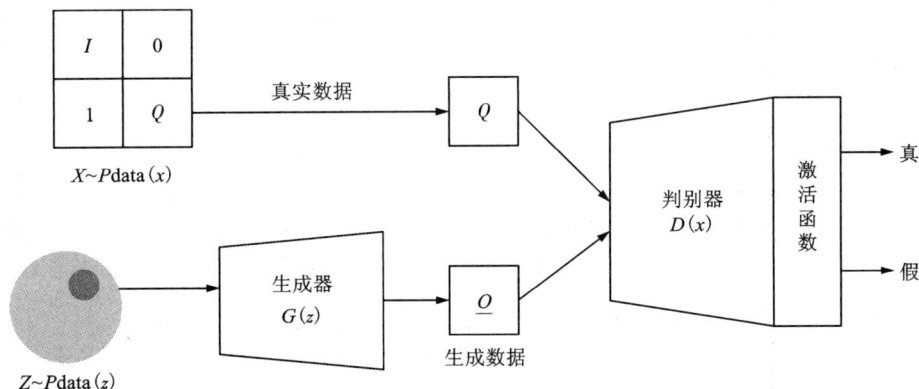

图 5-27　生成对抗网络结构

　　GAN 作为一个具有"无限"生成能力的模型，其直接应用就是建模，利用欠完备的两组样本数据，生成与真实数据分布一致的数据样本，入选麻省理工(MIT)发布的 2018 年"全球十大突破性技术"。Zhang 提出利用 GAN 来将一个低清模糊图像变换为具有丰富细节的高清图像；Ledig 等用深度卷积网络作为判别器，用参数化的残差网络表示生成器，生成了细节丰富的图像；Santana 等提出利用 GAN 来生成与实际交通场景分布一致的图像，再训练一个基于循环神经网络的转移模型，实现预测目的；Gou 等提出利用仿真图像和真实图像作为训练样本来实现人眼检测；Shrivastava 等提出一种利用无标签真实图像来丰富细化仿真图像的 GAN 方法，使得合成图像更加"真实"。综上所述，对装备智能诊断而言，GAN 可极大地弥补实测数据波动性影响的缺陷。Zhang 等提出一种 CrackGAN，以解决路面裂缝图片分割时的样本不平衡等问题。李良福等基于 GAN 扩充桥梁裂缝图片数据集，以缓解裂缝分割时的欠拟合问题，利用 GAN 进行图片超分辨率重建提升了桥梁裂缝分割精度。但生成式对抗网络的训练过程复杂，且计算机计算成本较为庞大。

与其他生成模型相比，GAN 能够生成更好的样本。特别是在图像生成领域，GAN 生成的图像比其他生成模型更加清楚且自然。GAN 是一种无监督学习方法，被广泛应用于无监督学习和半监督学习领域。另外，GAN 不需要预训练，但也存在一些问题，如模型不可控、梯度消失、模式崩溃等。

5.5　卷积神经网络从分类到目标检测再到语义分割

上述基于卷积神经网络的图像分类方法是将图像结构化为某一类别的信息，用事先确定好的类别或实例名称来描述裂缝图片。这种分类任务注重于图像整体的类别，输出的是整张图片的内容描述。

但有时人们不但需要识别出图像的类别所属，还需要在信息森林中获取某一目标的位置信息，即定位，而这就是目标检测关注的重点。相比于图像分类，目标检测输出的是对图片前景和背景的理解，我们需要从背景中分离出感兴趣的目标，并对这一目标进行类别信息和位置信息的描述，因而检测模型的输出是一个列表，列表的每一项都使用一个数据组表示检测目标的类别和位置，常用矩形检测框的坐标表示。

语义分割是对背景分离的拓展，要求不但分离出目标，还要分离开图像中具有不同语义的部分，这种分割是一种对图像像素级的描述，它赋予每个像素类别意义，适用于理解要求较高的场景，如无人驾驶中对道路和非道路的分割。图 5-28 针对这三类基于卷积神经网络的检测方法在隧道渗漏水方面展开了具体应用。

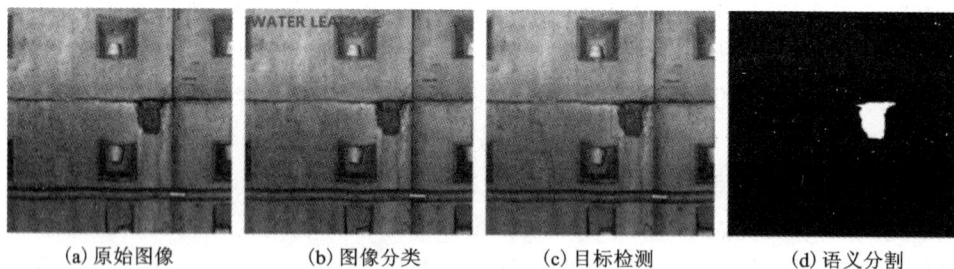

(a) 原始图像　　　　(b) 图像分类　　　　(c) 目标检测　　　　(d) 语义分割

图 5-28　渗漏图像识别的三步骤

5.6　本章小结

本章介绍了以卷积神经网络为代表的深度学习方法对裂缝图像进行智能判识的应用发展及演进过程。第一节从神经网络的结构层数、各层堆叠形式以及数据训练方式三个方面展开叙述，回顾了深度神经网络随着数据量和数据类型的增加而不断加深加宽结构层数以提高特征提取能力的过程。第二节从数据处理能力、自动化程度和环境适应性三个方面出发，对比评价了从基于传统的图像处理技术和机器学习的人工特征提取方式到基于深度学习的自动化的提取方式的转优过程，并重点阐释了 CNN 模型针对裂缝图像的辨识流程。第三节分别从道路、铁路、桥梁和隧道四个应用方向叙述了国内外研究学者对这四类工程设施裂缝伤损的具体识别和分类方法，以及对基于深度学习的卷积神经网络的改进和优化，同时介绍了分类模型对实际分类结果的 3 类评价指标。第四节扩展叙述了深度神经网络为克服网络复杂性、训练时长和人工成本等问题，在网络训练、网络重构及网络新建等方法上所进行的创新，提出了在裂缝检测技术上的新型训练方法和衍生模型。第五节过渡了卷积神经网络从分类模型到目标检测再到语义分割的发展过程，人们对网络模型的要求不断提高的同时，处理的问题也愈发复杂，卷积神经网络的模型结构和能力也不断地进行演化。

基于深度神经网络的检测方法在裂缝的识别和分类等领域展现出了优异的精度和鲁棒性，未来研究者们将为进一步压缩训练时间、降低对大数据的依赖以及尽可能地减少整个检测过程的人工参与不断地开展研究和学习。

第 6 章

基于目标检测网络的裂缝区域智能定位

本章在实现裂缝图像分类的基础上，介绍了同时实现裂缝类别识别以及裂缝区域定位的目标检测方法。由于结构物不同部位产生裂缝的危害性不同，对不同部位裂缝的养护维修办法也应当做出相应调整，所以，对裂缝区域实现智能定位具有重要意义及必要性。本章基于深度学习相关目标检测网络实现了裂缝区域智能定位，并详细介绍了 R-CNN 系列等二阶段目标检测模型以及YOLO 系列等一阶段目标检测模型，列举了应用上述目标检测模型实现裂缝区域智能定位的工程案例。本章在最后介绍了目标检测技术的相关评价指标及针对裂缝识别的相关技术改进。本章基于目标检测网络实现裂缝区域智能定位，可以对土木工程养护维修以及结构失效预警等工作提供指导性的意见，对实际工程应用具有重要意义。

6.1　裂缝位置与现有工程划分标准

6.1.1　裂缝产生位置与危害性简述

对于一个工程结构物，往往有多个构件同时出现裂缝。裂缝出现在不同构件上，对于结构的危害性也有较大差别。工程上往往注重于对关键构件裂缝的控制，而对于一般构件或者附属构件的裂缝的关注则较少。例如对于钢筋混凝土构件，基本上都是带裂缝工作的，对于大型钢筋混凝土结构物，如混凝土桥梁，如果对每一个构件都进行裂缝检测，则工作量过于庞大而且也没有必要，实际中一般是根据理论分析或者相关经验对关键构件进行检测。

那么如何确定需要检测的裂缝的关键构件呢？可以从裂缝的危害性说起。

裂缝一般可以分为两类：一类是由于受到结构荷载或次应力而产生的裂缝，称为荷载裂缝；另一类是由于一些环境因素，比如温度变化、空气湿度等产生的裂缝，称为非荷载裂缝。一般非荷载裂缝在工程上主要利用构造措施进行避免，这种裂缝属于构件普遍存在的裂缝，只需控制裂缝宽度不超过规定值即可。而荷载裂缝与构件的受力特性有关，容易受到荷载的影响而不断拓展，裂缝的宽度扩大，将会导致构件的强度、刚度降低和耐久性下降等不良影响，进一步加快裂缝产生和拓展的速度。根据以上分析，在对结构物进行裂缝检测时，应重点检测荷载作用下的构件裂缝。

现今的交通基础设施如桥梁、隧道等复杂的结构物都有对应的养护检测标准或规范来依据相应损坏权重或换算系数对不同构件进行技术状况评分，以便于对结构物的状态和技术状况有一个综合客观的评价。对于结构物而言，损坏权重大的构件即称为关键性构件。关键构件上的裂缝检测完整性和准确性便显得尤为重要，在有限的资源条件下，重点检测关键构件裂缝，这样既可客观地反应结构物的安全性，也可有效地节省资源，提高效率。

6.1.2　现有工程划分标准

综上所述，结构上不同类型的构件其裂缝的危害性不同。其危害性与裂缝所在构件的受力特性和环境因素有关。为了便于统一管理或同周期管理这些构件，往往需要对属于不同类型构件、处于不同构件部位的裂缝分别进行要求，工程上对于裂缝控制有特殊要求的构件可总结如下。

（1）桥梁工程

①钢筋混凝土及预应力混凝土梁不同构件在恒载下的裂缝要求见表 6-1，裂缝所处环境等级越低，受力越不利，所允许的最大裂缝宽度越小。

表 6-1　钢筋混凝土及预应力混凝土梁不同构件在恒载下的裂缝要求

构件类型	裂缝部位及所处侵蚀环境[①]	允许最大裂缝宽度/mm
钢筋混凝土构件	A 类	0.20
	B 类	0.20
	C 类	0.15
	D 类	0.15
预应力混凝土构件	非结构裂缝	0.10
	结构裂缝	不允许或按设计规定

续表6-1

构件类型	裂缝部位及所处侵蚀环境①			允许最大裂缝宽度/mm
混凝土拱	拱圈横向			0.30(裂缝高小于截面高一半)
	拱圈竖向(纵缝)			0.50(裂缝长小于跨径1/8)
	拱波与拱肋结合处			0.20
墩台	墩台帽			0.30
	墩台身	A 类		0.40(不允许贯通墩台身截面一半)
		B 类	有筋	0.25
			无筋	0.35(不允许贯通墩台身截面一半)
		C、D 类	有筋	0.20
			无筋	0.30(不允许贯通墩台身截面一半)

注：①侵蚀环境按表 6-2 规定选取

侵蚀环境与温度、水分以及腐蚀性元素有关。侵蚀环境分类详见表 6-2。

表6-2 侵蚀环境分类表

侵蚀环境分类	状态描述
A 类	无侵蚀性静水浸没环境，与无侵蚀性土壤直接接触的环境
B 类	严寒和寒冷地区露天环境，构件表面经常处于结露或湿润状态的环境，水位频繁变动的环境
C 类	距海岸线 1 km 范围内，直接承受盐雾影响的环境
D 类	盐渍土环境，受除冰盐作用的环境，严寒和寒冷地区冬季水位变动的环境

②圬工拱桥由于缺少钢筋骨架的约束，较容易出现开裂。裂缝在恒载作用下的要求见表 6-3。

表 6-3　圬工拱桥裂缝在恒载作用下的要求

结构类型	裂缝部位及所处侵蚀环境[①]	允许最大裂缝宽度/mm
上部结构	拱圈横向	0.30(裂缝高度小于截面高度一半)
	拱圈纵向(竖缝)	0.50(裂缝长度小于跨径 1/8)
	拱波与拱肋结合处	0.20
砖石墩台墩台身	A 类	0.40
	B 类	0.25
	C 类、D 类	0.20(不允许贯通墩身截面一半)

注：①侵蚀环境按表 6-2 规定选取

③钢梁构件一般依靠焊接或螺栓进行连接，在动荷载作用下容易疲劳开裂，节点处或连接处所受的裂缝不应出现如下情况：

a.腹杆铆接接头处裂缝长度超过 50 mm。

b.下承式横梁与纵梁连接处下端裂缝长度超过 50 mm。

c.受拉翼缘焊接一端裂缝长度超过 20 mm。

d.主梁、纵横梁受拉翼缘边裂缝长度超过 5 mm；焊缝处裂缝长度超过 10 mm。

e.纵梁上翼缘角钢裂缝。

f.箱梁焊缝开裂长度超过 20 mm。

④钢混组合梁的薄弱部位在钢-混凝土结合部位，一般受到剪切作用容易出现裂缝，当出现以下裂缝时应及时维修：

a.钢-混凝土组合梁桥面板不得有纵向劈裂裂缝。

b.在连续组合梁支座及附近的桥面板不应有裂缝。

c.板肋与连接件附近的混凝土不得有疲劳裂缝。

⑤其余特殊桥梁构件如拉索、悬索，受到的拉力较大，为维持安全性和耐久性，不应出现如下裂缝：

a.系杆拱桥、悬索桥、斜拉桥锚固区附近的混凝土裂缝。

b.拉索护层表面裂缝。

(2)隧道工程

隧道作为一个线形工程结构物，与其他线形工程结构物，如道路、轨道在裂缝位置上的主要区别是衬砌的开裂。衬砌一般是指二次混凝土衬砌，衬砌的开裂是指混凝土在围岩压力等荷载条件或在温度变化和自身收缩变形下应力达到极限抗拉强度而出现的开裂。

衬砌裂缝会影响结构的连续性，降低隧道结构的承载力，对于不同埋深、不同部位产生裂缝(裂缝深度 0.2 m)的情况，隧道结构静力承载力安全系数如表 6-4 所示。

表 6-4　不同工况下隧道结构承载力安全系数

埋深/m	检算部位	裂缝形式			
		无裂缝	拱顶裂缝	拱腰裂缝	边墙裂缝
25	拱顶	9.14	4.80	9.23	9.14
	拱腰	7.26	7.31	3.81	7.28
	边墙	6.16	6.16	6.18	2.82
100	拱顶	2.07	1.12	2.09	2.07
	拱腰	1.68	1.69	0.90	1.68
	边墙	1.52	1.52	1.53	1.00

可以看出，衬砌开裂对于裂缝邻近区域的结构承载能力影响较大，安全系数降低了 50% 左右，而对于衬砌其他部位的安全系数影响较小。埋深 25 m 条件下，拱顶裂缝、拱腰裂缝、边墙裂缝对隧道结构的安全系数分别降低 47.48%、47.52%、54.22%；埋深 100 m 条件下，拱顶裂缝、拱腰裂缝、边墙裂缝对隧道结构的安全系数分别降低 45.89%、46.43%、34.21%。

6.2　深度目标检测网络概述

6.2.1　Two-stage 目标检测网络

(1) R-CNN 的提出及其特点

R-CNN(regions with CNN feature)是最早利用卷积神经网络实现目标检测的，该方法由 Ross Girshick 等在 2014 年提出，R-CNN 的提出具有划时代的意义。

在 Pascal VOC 2012 数据集上，将验证指标的平均正确率(mean average precision，MAP)提升到了 53.3%，这相对于当时最好的结果提升了整整 30%。R-CNN 同样验证了在将自底向上的候选区域上，神经网络具有同时进行分类任务以及回归任务的能力。R-CNN 引入了迁移学习的观点，当缺乏标注数据集时，可以采用先在其他大型数据集训练过后的神经网络，然后在任务数据集上进行微调的方法。

R-CNN 是对不同区域利用 CNN 进行特征提取，在获得提取特征的基础上进行分类任务和回归任务。R-CNN 目标检测系统的大致流程见图 6-1。

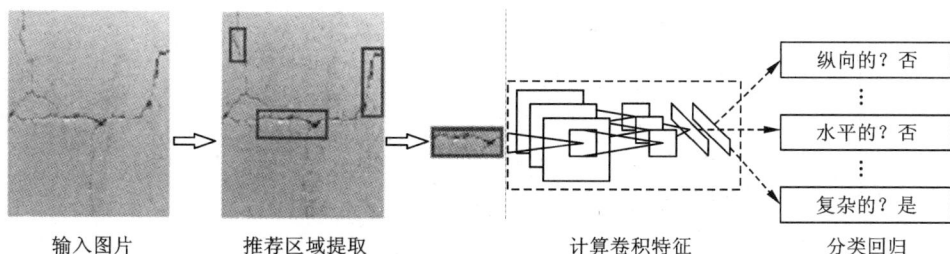

输入图片　　　　推荐区域提取　　　　　　计算卷积特征　　　　分类回归

图 6-1　R-CNN 目标检测系统的大致流程图

R-CNN 的整体思路是将 CNN 强大的特征提取能力从整图分类任务迁移到更为复杂的任务中去。如图 6-1 所示，R-CNN 目标检测模型可以分为如下四个步骤：

①获得输入图像。

②提取若干个候选区域，候选区域的个数推荐为 2000 个。

③将选取的候选区域送入 CNN 网络进行特征提取。

④将提取到的特征送入多个支持向量机(support vector machine, SVM)中进行分类任务。

上述四个步骤是一个大致的过程，而且是一个检测的过程，实际上训练过程比较麻烦，下面就一些细节问题展开介绍。

在提取候选框时，R-CNN 为了和之前的物体检测算法进行对比，最终选择了选择性搜索(selective search, SS)方法，该方法在当时是一种相对高效的候选框处理方法。选择性搜索的主要思路清晰易懂。首先，使用一种过分割手段，将图像分割成小区域。然后，查看现有小区域，按照合并规则合并可能性最高的相邻两个区域。重复操作，直到整张图像合并成一个区域位置。最后，输出所有曾经存在过的区域，即候选区域。选择性搜索可以获得大量的候选框，这些候选框仅仅告知该区域有物体，具体的物体信息并没有包含其中，该步骤不区分类别。

在第二步骤中得到的候选区域不可能实现形状大小的统一，而第三步骤的 CNN 网络的输入值又要求形状大小固定的输入，因此，需要对第二步骤得到的候选区域进行缩放处理，缩放完成后，再将数据送入 CNN 网络进行训练，最终得到形状大小一致的候选区域。

第三步骤中采用的 CNN 网络一般用在 ImageNet 或者其他大型数据集上训练好的模型，利用微调的方法，能有效地减少该步骤所耗费的时间。具体到裂缝识别的工作，可以采用之前用于裂缝识别的网络模型参数作为预训练参数。

第四步骤中采用 SVM 进行提取特征的分类。这种用 SVM 替换 CNN 最后全连接层的策略，在当时的环境下，效果比直接使用 CNN 输出的结果要优秀。这里需要注意的是正负样本的划分问题。R-CNN 采用如下方法，从一张照片得到了 2000 个候选框，但是标注框数量远小于候选框数量。因此在 CNN 阶段，引入 IoU 指标实现为 2000 个候选框自动选择标签的目的。具体操作如下：如果用选择性搜索挑选出来的候选框与标注框的重叠区域 IoU 大于 0.5，那么就把这个候选框判定为物体类别（即正样本），否则就把它当作背景类别（即负样本）。IoU 的计算方法如公式（6-1）所示：

$$IoU = \frac{B \cap P}{B \cup P} \tag{6-1}$$

式中：B 为标注框；P 为预测框；分子部分为标注框与预测框之间的交集；分母部分为标注框与预测框之间的并集。

最终输出结果时，还需要进行非极大值抑制（non-maximum suppression，NMS）操作。该操作的目的是避免类别相同且位置相近的框被重复输出，以减小输出框的重复和冗余程度。NMS 的简要过程如下所述。

①输入：所有预测结果大于阈值的边界框（bounding-box，BBox），即正样本，每个正样本包含四个位置坐标（中心点的坐标 x 和 y，以及长 w、宽 h）和一个置信度 c。

②算法过程：首先，将所有预测出的 BBox 按照置信度进行降序排列。然后，初始化一个为空的输出列表并进行遍历，每次取出一个 BBox。如果该 BBox 与列表中的某个 BBox 具有超过阈值的 IoU，那么不输出该 BBox；否则，将该 BBox 加入输出列表。当所有预测的 BBox 都被遍历完后，NMS 算法结束。

③输出：过滤了重复和冗余后的 BBox 列表。

可以看出，如果 BBox 和输出列表中的某个已有的 BBox 重叠较大，那么说明它们只需要留下一个即可。根据置信度，留下置信度高的那个，由于已经按照置信度排好序了，所以先进入输出列表的自然置信度更高，直接舍弃后面进入输出列表的即可。

需要注意的是，在最终根据输入特征输出预测框时，回归任务并非直接对位置信息（即 x，y，w，h）进行预测，而是预测标注位置信息与预测位置信息之

间的差值，该差值在具体计算过程中通常进行了平滑化处理。具体处理过程如
公式（6-2）所示：

$$\begin{cases} t_x = (G_x - P_x)/P_w \\ t_y = (G_y - P_y)/P_h \\ t_w = \lg(G_w/P_w) \\ t_h = \lg(G_h/P_h) \end{cases} \tag{6-2}$$

式中：G 为标注值，其中 G_x 为标注的中心点 x 坐标值，G_y 为标注的中心点 y 坐
标值，G_w 为标注框的宽度值 w，G_h 为标注框的高度值；P 为预测值，其中 P_x 为
预测的中心点 x 坐标值，P_y 为预测的中心点 y 坐标值，P_w 为预测框的宽度值
w，P_h 为预测框的高度值。

　　R-CNN 是将 CNN 引入目标检测领域的开山之作，其改变了目标检测领域
的思路，极大地提高了目标检测的精度，具有划时代的意义。但是由于时代的
局限性，R-CNN 同样具有一些缺点。如 R-CNN 在选择性搜索过程中需要花费
较多时间，且对每个候选框（regions of interest，RoI）都需要进行特征提取。作者
提到在单张 GPU 上，候选区域生成和提取特征的速度分别是 13 s/张和 53 s/张，
这两个步骤严重限制了 R-CNN 的效率，使其不能胜任实时检测的要求。基于
R-CNN 的一些问题和缺陷，之后的研究做了不同程度和不同方向的修正，从而
形成了以 R-CNN 为源头的一条清晰的研究线路。

　　（2）Fast R-CNN 简介及其技术改进

　　Fast R-CNN 在 2015 年提出，它是由提出者 Girshick Ross 在 R-CNN 的基
础上改进产生的。Fast R-CNN 的设计初衷是解决 R-CNN 训练速度慢、预测速
度慢以及训练所需空间庞大等问题。在同样规模的网络上，Fast R-CNN 和
R-CNN 相比，训练时间从 84 h 减少为 9.5 h，测试时间从 47 s 减少为 0.32 s。
在 PASCAL VOC 2007 上的正确率相差无几，为 66%~67%。在保证了正确率的
同时，大幅度地降低了模型时间复杂度以及空间复杂度。

　　在 R-CNN 模型中，提取推荐区域的工作需要对每张图进行，然后对每一
个提取到的推荐区域都要进行特征提取，在这个过程中需要生成大量的候选区
域图片，这将占据大量的内存空间。过多的候选区域选取也造成了 R-CNN 模
型训练速度以及预测速度偏慢的问题。Fast R-CNN 针对 R-CNN 模型中的诸多
问题进行了结构优化，Fast R-CNN 模型的结构如图 6-2 所示。

　　Fast R-CNN 改变了 R-CNN 在每张输入图片上提取 RoI 的方法，当输入图
片进入 Fast R-CNN 时，首先需要进行卷积操作获得特征图，然后在特征图上

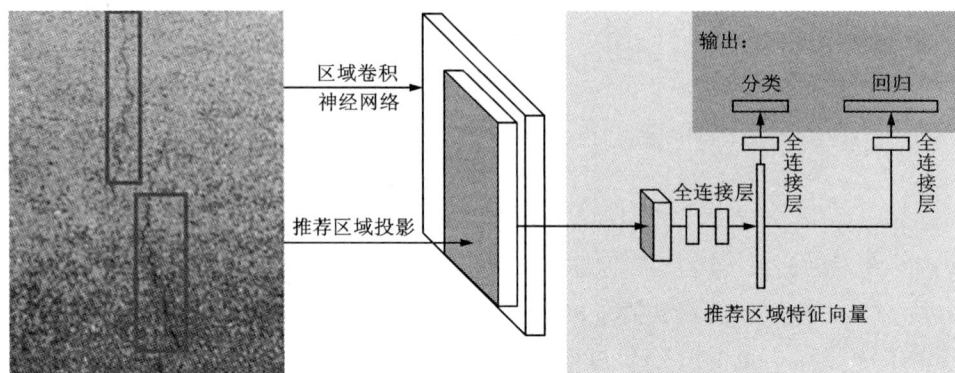

图 6-2　Fast R-CNN 模型结构图

通过选择性搜索的方法提取 RoI（如图 6-3 所示）。Fast R-CNN 将对多张输入图像的 RoI 提取变成了对单一特征图的 RoI 提取，这样的改进无疑极大地降低了 RoI 提取算法的时间复杂度。同时，在 RoI 提取过程中，无须保存每一张图片提取的 RoI，Fast R-CNN 将目标分类与候选框回归统一到 CNN 网络中来，不需要额外存储特征，这样的改进无疑极大地降低了 RoI 提取算法的空间复杂度。

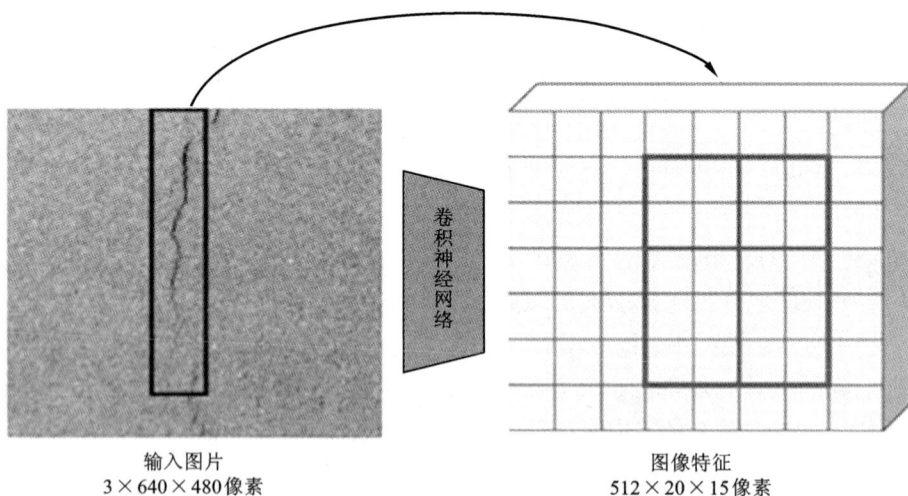

输入图片
3×640×480 像素

图像特征
512×20×15 像素

图 6-3　提取图像特征图操作示意图

Fast R-CNN 中新增了 RoI 池化层来处理 CNN 网络输入形状尺寸不一的问题，如图 6-4 所示。RoI 池化层可以说是 SPPnet 的简化版，RoI 池化层实际是单层 SPPnet。RoI 池化层去掉了 SPPnet 的多尺度池化，而直接用 M×N 的网格，将每个候选区域均匀分成 M×N 块，对每个块进行最大值池化，从而将特征图上大小不一的 RoI 转变为大小统一的特征向量，送入 CNN 层进行训练。

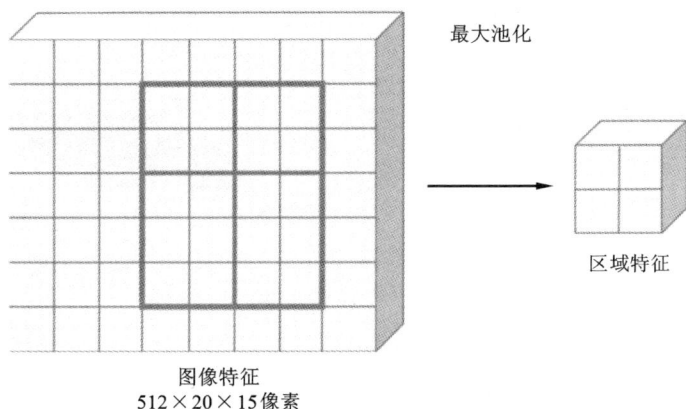

图 6-4　RoI 池化操作示意图

在 Fast R-CNN 中经过两个全连接层得到特征向量，分别输入到用于分类（softmax regression）和边框回归（bounding box regression）的层中。利用类别损失函数和位置损失函数对分类概率和边框回归联合训练，其损失函数如式（6-3）所示：

$$L = L_{cls} + \lambda L_{loc} \tag{6-3}$$

式中：L 为损失函数；L_{cls} 为类别损失函数；L_{loc} 为位置损失函数；λ 为加权因子。

其中，坐标回归采用位置损失函数，引入位置损失函数的目的是同时避免损失函数值在参数值很小时过小和损失函数值在参数值很大时过大这两种情况。位置损失函数表达式如式（6-4）所示：

$$L_{loc}(x) = \begin{cases} 0.5x^2 & |x| \leqslant 1 \\ |x| - 0.5 & \text{其他} \end{cases} \tag{6-4}$$

图像分类任务中，用于卷积层计算的时间比用于全连接层计算的时间多。而在目标检测任务中，SS 算法提取的建议框比较多，几乎有一半的前向计算时间被花费于全连接层，就 Fast R-CNN 而言，RoI 池化层后的全连接层需要进行约 2000 次前向传播，因此在 Fast R-CNN 中采用了奇异值分解（singular value decomposition，SVD），SVD 能够有效地加速 Fast R-CNN 网络的检测速度。

（3）Faster R-CNN 简介及其技术改进

Faster R-CNN 是在 Fast R-CNN 的基础上提出的，它针对 Fast R-CNN 的诸多缺点进行了改进，是 R-CNN 系列目标检测框架里程碑式的成果。Faster R-CNN 提出的主要目的是解决 Fast R-CNN 在 SS 这一步骤耗费时间过大的问题。为了达到这一目的，Faster R-CNN 进行了很多结构性的改进，Faster R-CNN 模型结构如图 6-5 所示。Faster R-CNN 经过 R-CNN 和 Fast R-CNN 的发展和沉淀，在结构上更

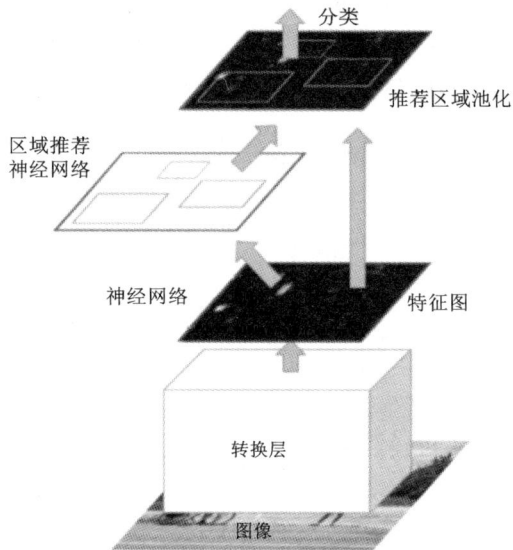

图 6-5　Faster R-CNN 模型结构图

加具有完整性，是一个真正的端对端的目标检测网络结构。Faster R-CNN 将特征提取、RoI 提取、特征框回归和特征框分类都整合到同一个模型中，集成程度大大提高，该模型的性能较 Fast R-CNN 以及 R-CNN 都有巨大的优势，这种优势在模型训练速度和检测速度方面尤为明显。

Faster R-CNN 目标检测模型的结构主要可以分为四个步骤：

第一部分为主干部分。在 Faster R-CNN 和其后的改进版本中，最先用于提取特征图的网络结构被称为主干。该部分通常由 VGG 和 ResNet 等常见的图像分类网络组成，该部分网络并不进行分类任务，仅仅只是用于特征提取。提取的特征被随后的区域生成网络（region proposal network，RPN）和全连接层共享。

第二部分为 RPN 层。该层的主要功能是利用一个分类网络判断锚框是正样本还是负样本，通过一个回归网络对 BBox 信息回归，最终获得正样本的锚框坐标信息。

第三部分为 RoI 池化层，该层的主要功能是将形状尺寸不一致的输入特征图整理成统一的形状尺寸，便于将特征图输入后续的网络结构。

第四部分为分类分支。该部分的主要功能是识别经过 RoI 池化层变换的特征图的类别，同时再次对 BBox 进行回归，获得预测框的最终精确位置。

Faster R-CNN 最主要的创新部分集中在 RPN 层。在 Faster R-CNN 之前，常用的检测框生成办法所需的时间成本过于巨大。例如，在 OpenCV 中常用滑动窗口结合图像金字塔的方法生成检测任务所需的检测框。而在 R-CNN 中对比多种方法，最终采用选择性搜索的方法来生成检测框，在 Fast R-CNN 中对检测框生成的位置做出了改变，但是生成的方法依旧是选择性搜索。该方法在当时看来具有一定的优势，随着时代的发展，最终选择性搜索成为制约 Fast R-CNN 检测速度的一大缺陷。在 Faster R-CNN 中，创造性地引入了 RPN 网络，直接利用 RPN 网络生成检测框，极大地提高了检测框的生成速度，成为了 Faster R-CNN 的巨大优势之一，极大地提高了 Faster R-CNN 的训练速度以及检测速度。RPN 层的网络结构如图 6-6 所示。

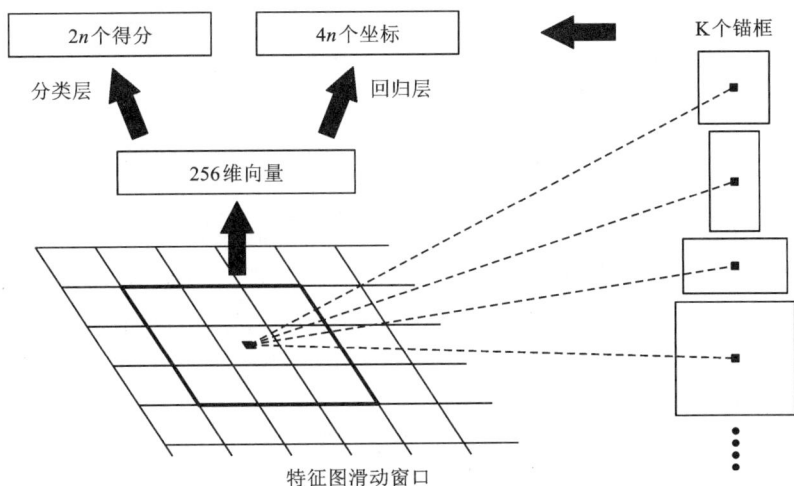

图 6-6　RPN 层的网络结构示意图

在图 6-6 中，RPN 层主要分成以下三个步骤：

第一步，将特征图上的每一个点视为锚框生成的中心点，从每个锚点出发，生成不同尺寸的锚框，这些锚框的尺寸是不同尺度和高宽比的组合。应注意的是，锚框的坐标为原图上的对应坐标，并非是候选框上的坐标。

第二步，通过卷积池化等操作生成一个 256 维的特征向量，该特征向量的大小与输出的特征图大小一致，具体维度可自行更改，建议取值为 2 的整数次幂。

第三步，通过卷积核大小为 1 的卷积实现升降维操作，最终生成 $2k$ 个用于求解类别分数的向量以及 $4k$ 个用于求解位置信息的向量 k 值的大小为特征图的长宽的乘积。

在训练 RPN 层时，应当特别注意正负样本的定义，RPN 层中正负样本的定义与 Fast R-CNN 中的有很大不同。在 Faster R-CNN 中正样本的定义比较严格，需要满足下列两个条件之一：

①与标注框 IoU 最大的一系列锚框，标注框通常有多个，这一系列锚框也有多个。

②与标注框 IoU 大于 0.7。需要注意的是，在 RPN 层中，所有锚框所属的类别都并非是非负即正的，有大量的锚框在本轮次的训练中是没有类别，也不参与训练的，这类锚框对于 RPN 网络损失函数是没有贡献的。

Faster R-CNN 提出了 RPN，以高效准确地生成特征候选区域。通过与下游检测网络共享卷积特征，RPN 层在训练和预测时几乎是不耗费时间的。这种方法使得 Faster R-CNN 成为一个统一的、基于深度学习的目标检测系统。这个系统能够以 5-17 帧/秒的速度运行。RPN 与传统候选框提取的方法相比，其提取的候选框质量更优，从而保障了 Faster R-CNN 能够在大幅度提高计算精度的同时提高目标检测任务的精度，Faster R-CNN 网络检测效果如图 6-7 所示。

Faster R-CNN 是第一个在速度上接近实时检测的目标检测模型，同时继承了 R-CNN 系列两阶段目标检测网络的高精度的优点。Faster R-CNN 的优异表现使得其在工业界和学术界都获得了广泛的应用，之后的学者针对 Faster R-CNN 的一些缺点进行了不同程度的改进，产生了各种能够更好地适应特定的背景的 Faster R-CNN 变种网络。

（4）其他 Two-stage 目标检测模型介绍

SPPNet 是 He、Kaiming 等在 R-CNN 的基础上提出的，该方法对 R-CNN 的候选框生成步骤做出了改进。SPPNet 采取对卷积后的特征图进行提取候选框特征向量，这一策略将 R-CNN 中的多次卷积变为一次卷积，大幅度减小了计算量，SPPNet 的网络结构示意图如图 6-8 所示。

SPPNet 的主要创新有两点：①不同于 R-CNN 中需要对 2000 个候选框都做 CNN 的要求，SPPNet 只需要对全图做一次 CNN 卷积操作即可，将速度提升了 10 倍；②设计了空间金字塔池化层（spatial pyramid pooling layer），使得所有候选框得到了相同长度的特征向量，避免了 R-CNN 中对候选框的冗余操作，速度精度双提升。

R-FCN 是 Dai、Jifeng 等提出的目标检测网络。SPP-Net、Fast-R-CNN、Faster-R-CNN 在使用 RoI 池化层（SPPNet 中称为空间金字塔池化层）为每个候选框得到大小形状相同的特征图后，都需要再进行多层全连接层来进行分类。

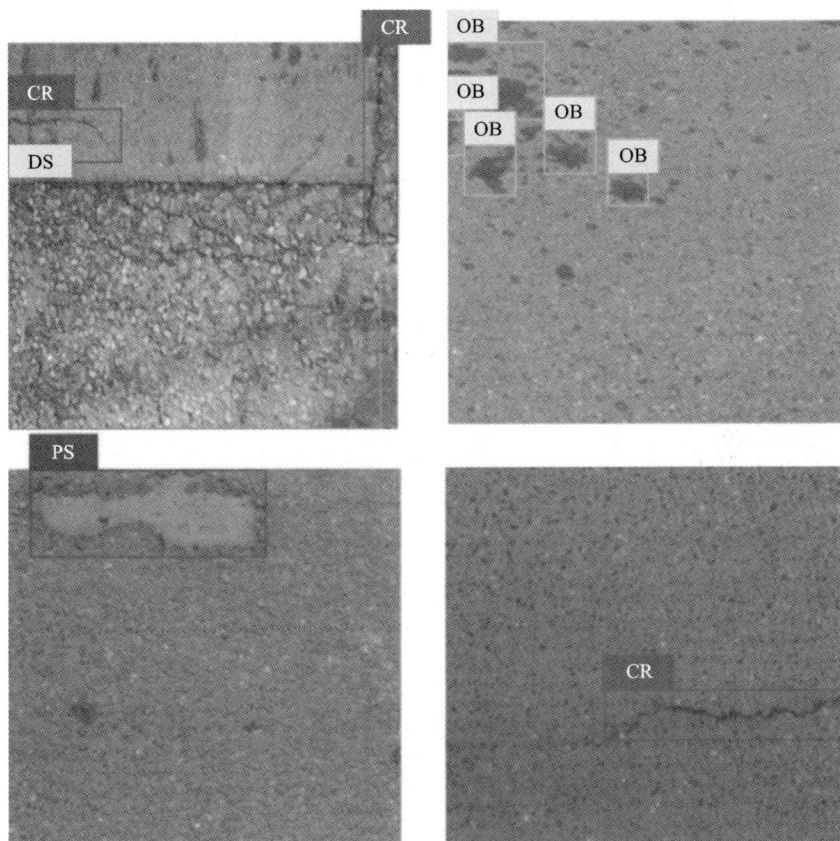

图 6-7　Faster R-CNN 网络检测效果图
CR—裂缝；PS—路坑；OB—渗油；DS—路斑

每个候选框的特征图都要进行多次全连接操作，对效率影响太大，阻碍了训练速度和预测速度的提升。R-FCN 借鉴了当时的图像分类网络（如 VGG-Net、ResNet）采用全卷积网络的做法，将所有的可训练参数对所有的输入图像进行了共享，极大地提高了特征分类的效率。

　　R-FCN 的主要创新点是用卷积层构建位置敏感分数图，以解决检测任务中的位置平移敏感性，使得对所有 RoI 共享参数的全卷积网络能够编码位置信息，极大地加快了模型速度。

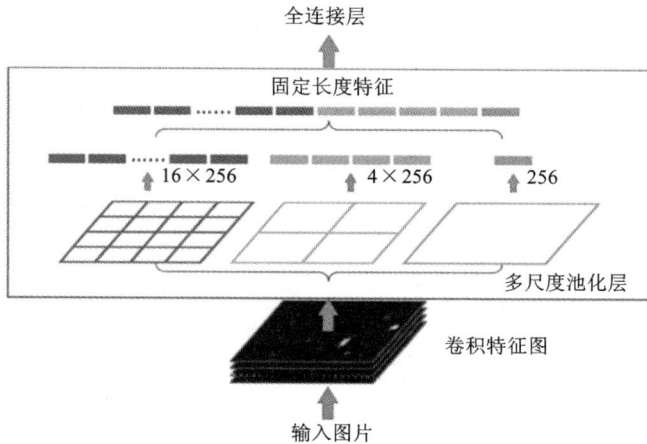

图 6-8　SPPNet 的网络结构示意图

6.2.2　One-stage 目标检测网络

（1）YOLO 的提出及其优点

YOLO(You Only Look Once)是由 Redmon、Joseph 等提出的目标检测网络，它最大的特点是拥有较快的速度，能够适应实时检测的需求。

R-CNN 系列目标检测网络通常将目标检测问题视作一个分类问题，将分类器进行相应改动后应用到目标检测任务中。在 YOLO 模型中，将目标检测问题看作一个回归问题，在图片上分割预测框及其联系的类别概率。单个神经网络在一次评估中直接从完整图像上预测边界框和类别概率。由于整个检测过程是一个单一网络，因此可以直接对检测性能进行端到端的优化。

YOLO 模型训练和检测均是在一个单一网络中进行，YOLO 模型结构图如图 6-9 所示。YOLO 没有显式地求取候选框的过程。R-CNN 以及 Fast R-CNN 模型中采用单独的 SS 模块求取候选框，训练过程因此也是分成多个步骤进行的。Faster R-CNN 中使用 RPN 网络替代 SS 模块，将 RPN 网络集成到 Fast R-CNN 检测网络中，得到一个统一的检测网络。尽管 RPN 与 Fast R-CNN 共享卷积层，但是在模型训练过程中，需要反复训练 RPN 网络和 Fast R-CNN 网络。YOLO 模型在设计概念中类比 R-CNN 的候选框提取步骤通过设计损失函数，将目标检测融合为一个更为统一的整体，在检测速度上有质的飞跃的同时，保证了模型一定的检测精度。

如图 6-9 所示，YOLO 检测网络包括 24 个卷积层和两个全连接层。其中，

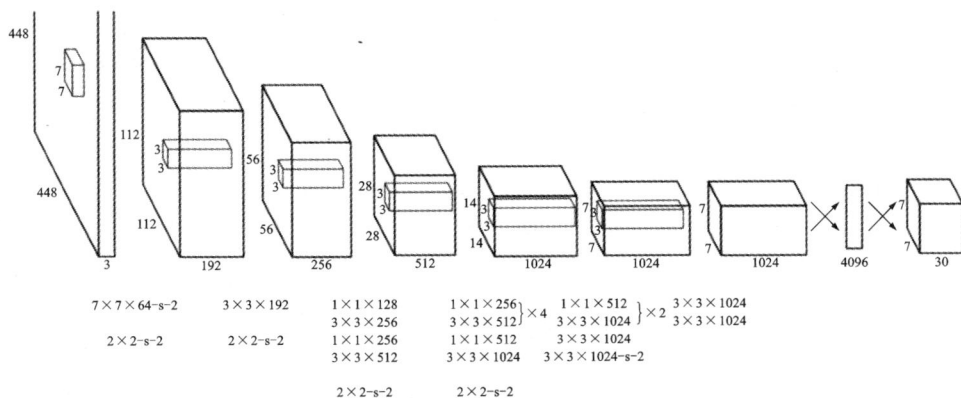

图 6-9　YOLO 模型结构图

卷积层用来提取图像特征,全连接层用来预测图像位置和类别概率值。在模型中进行了多次下采样,网络最终学到的物体特征包含信息有限,对检测效果会产生一定的影响。YOLO 网络在一定程度上借鉴了 GoogleNet,但与 GoogleNet 不同的是,YOLO 取消了其中 Inception 模块(GoogleNet 的核心组合单元)的使用,而用 1×1 卷积层 + 3×3 卷积层简单替代了 Inception 模块,这样的做法有助于提高效率。

　　YOLO 将输入图像分成若干个栅格,每个栅格都负责检测中心点落在格子中的物体。一旦栅格中存在物体,每个栅格可以预测多个标注框和这些标注框的置信度得分,这些置信度反映了这个模型对于标注中包含物体以及准确程度,如果在一个栅格中不存在物体,那么这个置信度就为 0,如果存在,那么置信度为预测框与真实标注框的 IoU 值。

　　(2)YOLO 系列模型的技术改进

　　1)YOLO v2 简介及其技术改进

　　YOLO v2(You Only Look Once version2)是在论文 *YOLO*9000:*Better*,*Faster*,*Stronger* 中被提出来的,在这篇文章中,作者首先在 YOLO v1 的基础上提出了改进的 YOLO v2,然后提出了一种检测与分类联合训练方法,使用这种联合训练方法在 COCO 检测数据集和 ImageNet 分类数据集上训练出了 YOLO9000 模型,其可以检测超过 9000 多类物体。所以,这篇文章其实包含两个模型,即 YOLO v2 和 YOLO9000,不过后者是在前者基础上提出的,两个模型的主体结构是一致的。

　　YOLO v2 相比 YOLO v1 做了很多方面的改进,这也使得 YOLO v2 的 mAP

有显著的提升，并且 YOLO v2 的速度依然很快，保持着自己作为 One-stage 方法的优势。YOLO v2 的一大特点是可以"tradeoff"，翻译成中文就是"折中"。YOLO v2 可以在速度和正确率上进行折中，比如在 67 帧率下，YOLO v2 在 VOC 2007 数据集的 mAP 可以达到 76.8；在 40 帧率下，mAP 可以达到 78.6。这样，YOLO v2 就可以适应多种场景的需求，在不需要快的时候，它可以把精度做得很高，在不需要很准确的时候，它可以做到很快。

YOLO v2 共提出了几种改进策略来提升 YOLO 模型的定位准确度和召回率，从而提高 mAP，YOLO v2 在改进中遵循一个原则，就是保持检测速度，这也是 YOLO 模型的一大优势。YOLO v2 的改进策略如表 6-5 所示，可以看出，大部分的改进方法都可以比较显著地提升模型的 mAP。从第四行可以看出，锚框机制只是试验性地在 YOLO v2 上铺设，一旦有了维度聚类就把锚框抛弃了。最后达到 78.6 mAP 的成熟模型上也没用锚框。

表 6-5 YOLO v2 相比 YOLO v1 的改进策略

	YOLO								YOLO v2
批标准化		√	√	√	√	√	√	√	√
高分辨率分类器			√	√	√	√	√	√	√
卷积				√	√	√	√	√	√
锚框				√	√				
新网络					√	√	√	√	√
维度聚类						√	√	√	√
直接预测相对位置						√	√	√	√
Passthrough 层							√	√	√
多尺度训练								√	√
高分辨率监测器									√
VOC 2017 mAP	63.4	65.8	69.5	69.2	69.6	74.4	75.4	76.8	78.6

YOLO9000 是在 YOLO v2 的基础上提出的一种可以检测超过 9000 个类别的模型，其主要贡献点在于提出了一种分类和检测的联合训练策略。一般来说，检测数据集的标注要比分类数据集打标签烦琐得多，所以 ImageNet 分类数据集比 VOC 等检测数据集高出几个数量级。在 YOLO 中，边界框的预测其实

并不依赖于物体的标签，所以 YOLO 可以实现在分类和检测数据集上的联合训练。对于检测数据集，可以用来学习预测物体的边界框、置信度以及为物体分类，而对于分类数据集，仅可以用来学习分类，但是其可以大大扩充模型所能检测的物体种类。通过联合训练策略，YOLO9000 可以快速检测出超过 9000 个类别的物体，总体 mAP 值为 19.7%。

2）YOLO v3 集大成之作

YOLO v3 是 YOLO 系列速度和精度最均衡的目标检测网络。通过多种先进方法的融合，将 YOLO 系列的短板（速度很快，不擅长检测小物体等）全部补齐，达到了令人惊艳的效果和拔群的速度。

YOLO v3 的改进主要体现在以下三个方面。

①多标签分类预测。

在 YOLO v3 中，每个框使用多标签分类来预测边界框可能包含的类。该算法不使用多分类器，因为它对于高性能没有必要，因此 YOLO v3 使用独立的逻辑分类器。在训练过程中，使用二元交叉熵损失来进行类别预测。对于重叠的标签，多标签方法可以更好地模拟数据。

②跨尺度预测。

YOLO v3 采用多个尺度融合的方式做预测。原来的 YOLO v2 有一个层叫直通层，假设最后提取的特征图的尺寸是 13×13，那么这个层的作用就是将前面一层的 26×26 的特征图和本层的 13×13 的特征图进行连接，有点类似于 ResNet。这样的操作也是为了加强 YOLO 算法对小目标检测的精确度。这个思想在 YOLO v3 中得到了进一步加强，在 YOLO v3 中采用类似特征金字塔（Feature Pyramid Networks，FPN）的上采样和特征融合做法[最后融合了 3 个尺度，其他两个尺度的大小分别是 26×26 和 52×52]，在多个尺度的特征图上做检测，对于小目标的检测效果提升得还是比较明显的。虽然在 YOLO v3 中每个网格预测 3 个边界框，看起来比 YOLO v2 中每个网格细胞预测 5 个边界框要少，但因为 YOLO v3 采用了多个尺度的特征融合，所以边界框的数量要比之前多很多。

③网络结构改变。

YOLO v3 使用新的网络来实现特征提取。在 Darknet-19 中添加残差网络的混合方式，使用连续的 3×3 和 1×1 卷积层，但现在也有一些短接连接，YOLO v3 将其扩充为 53 层，并称之为 Darknet-53。

这个新网络比 Darknet-19 功能强大得多，而且比 ResNet-101 或 ResNet-152 更有效。每个网络都使用相同的设置进行训练，并以 256×256 的单精度测试进行测试。运行时间是在 Titan X 上以 256×256 的精度进行测量的。因此，

Darknet-53 可与最先进技术的分类器相媲美，但浮点运算更少，速度更快。

Darknet-53 比 ResNet-101 更好，速度快 1.5 倍；Darknet-53 与 ResNet-152 具有相似的性能，速度提高 2 倍。Darknet-53 也可以实现每秒最高的测量浮点运算。这意味着网络结构可以更好地利用 GPU，从而使其评估效率更高，速度更快。

（3）其他 One-stage 目标检测模型介绍

1）SSD 及 DSSD 目标检测模型简要介绍。

SSD 算法的英文全名是 Single Shot Multibox Detector，Single Shot 指明了 SSD 算法属于 One-stage 方法，MultiBox 指明了 SSD 是多框预测。SSD 算法在准确度和速度上都优于最原始的 Yolo 算法。SSD 在 YOLO 的基础上主要改进了三点：①多尺度特征图。SSD 提取了不同尺度的特征图来做检测，大尺度特征图（较靠前的特征图）可以用来检测小物体，而小尺度特征图（较靠后的特征图）可以用来检测大物体；②利用卷积进行检测。SSD 采用 CNN 直接进行检测，而不是像 Yolo 那样在全连接层之后做检测；③设置先验框。SSD 采用了不同尺度和长宽比的先验框（在 Faster R-CNN 中叫作 anchor，即锚框）。

SSD 算法虽然在正确率和速度上都保持了较高的水准，但仍然有些不足：

①SSD 的主干使用的是 VGG16，深层次信息学习和表达能力不够。

②深层网络特征图语义信息强，但位置信息较弱，对于小目标检测不够友好。

DSSD（deconvolutional single shot detector），为 SSD 的修改版本，有以下创新：

①使用 ResNet101 作为特征提取网络，能提取更深层次的特征。

②提出基于自顶向下（top down）的网络结构，并用反卷积代替传统的双线性插值上采样。

③在预测阶段引入残差单元，优化候选框回归和分类任务输入的特征图。

2）RetinaNet 目标检测器

RetinaNet 是 Tsung-Yi Lin 等于 2018 年 2 月提出的用 Focal Loss 作为分类损失函数的 One-stage 目标检测器。一般来讲，One-stage 算法的精度相对于 Two-stage 偏低，作者研究发现这个问题的原因归结于难易样本数量不平衡。

FocalLoss 主要是解决 One-stage 目标检测中难易样本（难易样本即置信度高的样本和置信度低的样本）数量比例严重失衡的问题。它是作者重新定义的标准交叉熵损失函数，在解决正负样本数量不平衡的基础上进一步优化了交叉熵损失函数。一般易分样本的数量远远大于难分样本，作者认为易分样本对模型的提升效果非常小，模型应该重点关注那些难分样本。因此，一个简单的想法就是将易分样本的损失降低。于是便有了 Focal Loss 的出现,见式(6-5)。

$$FL = \begin{cases} -(1-p)^{\gamma}\lg p, & \text{if } y = 1 \\ -p^{\gamma}\lg(1-p), & \text{if } y = 0 \end{cases} \quad (6-5)$$

Focal Loss 与 ResNet-101-FPN Backbone 结合就构成了 RetinaNet 检测器,RetinaNet 在 COCO 测试集上达到 39.1 mAP,速度为 5FPS,相比于当时流行的检测算法和精度,RetinaNet 从速度和精度上都完成了对其他算法的压制。

6.3 裂缝区域智能定位案例

6.3.1 基于 Two-stage 目标检测网络的裂缝区域智能定位案例

(1)基于 Faster R-CNN 的桥梁裂缝检测

在以往的桥梁裂缝检测中,一般采用人工目视检查,主观性强,正确率和效率也不够高。为解决人工监测的不足,Deng 等尝试将 Faster R-CNN 运用到桥梁监测系统中,并对桥梁裂缝进行了识别测试,结果表明,该系统能够较好地识别并定位桥梁中的裂缝。

该识别测试所用的数据集来源于专业桥梁维护检查人员所拍摄的真实混凝土桥梁图片,该图片包括桥梁维护人员平常检查的手写记录以及描画的裂缝线条,增加了图片的干扰信息。图片共拍摄 160 张,像素为 3264 × 2448。这些图片经过裁剪、镜像对称复制等处理方法后最终得到像素为 500 × 375 的 10018 张图片。在数据集中随机选取 80% 用作网络参数训练,剩下 20% 用作准确性测试。

用该数据集进行桥梁裂缝智能定位训练的难点在于:①桥梁裂缝数据集过小,桥梁裂缝出现的各种情况不够全面,对网络参数的训练不够到位;②受到拍摄设备条件、光照条件、拍摄角度和拍摄距离的影响,有些裂缝区域难以识别;③图片背景复杂,图片中混凝土不仅有污垢,还包括维护人员的笔迹。

尽管如此,该测试结果仍然表明,Faster R-CNN 可以很好地对桥梁裂缝进行定位并与笔迹区分,并保持较高的置信度。当然,免不了会出现一些错误识别(比如将裂缝识别成笔迹,或者相反)和一些在图片中无法识别的裂缝区域,而这些可以通过增大数据集、调整拍摄角度和距离、改善光照条件等来不断改善。

最后,将该网络模型与 One-stage 的典型网络模型 YOLO v2 进行对比,如图 6-10 所示,结果表明,Faster R-CNN 能够更为准确地识别出裂缝的位置,而 YOLO v2 虽框选的数量较多,但出现了较多的识别错误。

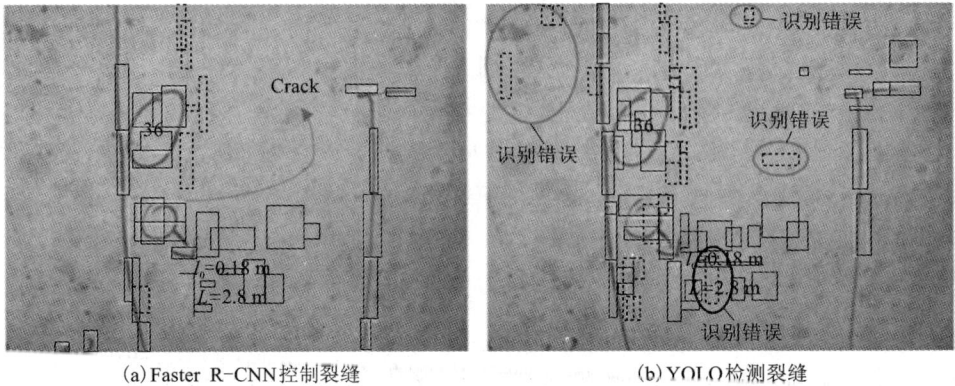

(a) Faster R-CNN控制裂缝　　　　　　　(b) YOLO检测裂缝

图 6-10　Faster R-CNN 与 YOLO 检测裂缝进行对比

注：☐ 框选的表示裂缝区域，▱ 框选的表示笔迹区域

（2）基于 Faster R-CNN 的路面裂缝检测

在现实生活中路面的各种复杂情况的影响下，以往的检测技术很难对路面裂缝进行智能识别定位。然而，路面裂缝却在路面的生命周期中不可避免地出现，为解决这个问题，Song 和 Wang 尝试利用 Faster R-CNN 对路面裂缝进行智能定位，结果表明 Faster R-CNN 在路面裂缝智能定位上有很好的表现。

原文中，路面裂缝智能定位所用的数据集来自多功能路面测试车在新疆维吾尔自治区三条公路上采集的 1280 幅沥青路面的图片。图片包含路面的常见几种伤损，如裂缝、凹坑、路面斑点等。本章只对原文中关于裂缝的智能定位进行讨论。

原文共构建和训练了 20 个 Faster R-CNN 模型，以求使模型结构最优化。其中最优化的 Faster R-CNN 对于裂缝智能定位的正确率、查全率、坐标定位误差分别是 94.1%、93.0%、4.091 个像素点。路面裂缝智能定位如图 6-11 所示。值得一提的是，该模型进行特征提取时所用的图片包含 72、80 和 188 的分辨率，说明该模型对于小分辨率图片也适用，而且对于一张像素为 1024 × 1024 的图片在 GPU 模式下的处理时间仅为 0.05 s。此外，原文还验证了该模型在不同光照条件下对裂缝智能定位依旧具有适用性。最后，原文还将该模型和 CNN 以及 K-means 进行了对比测试，结果 Faster R-CNN 有着更出色的表现。

以上训练测试结果表明，Faster R-CNN 由于利用了 RPN 高效的候选框处理方法，并且结合了 CNN 强大的特征计算能力，能够在路面裂缝智能定位中表现出优良的准确性、高效性和适用性。

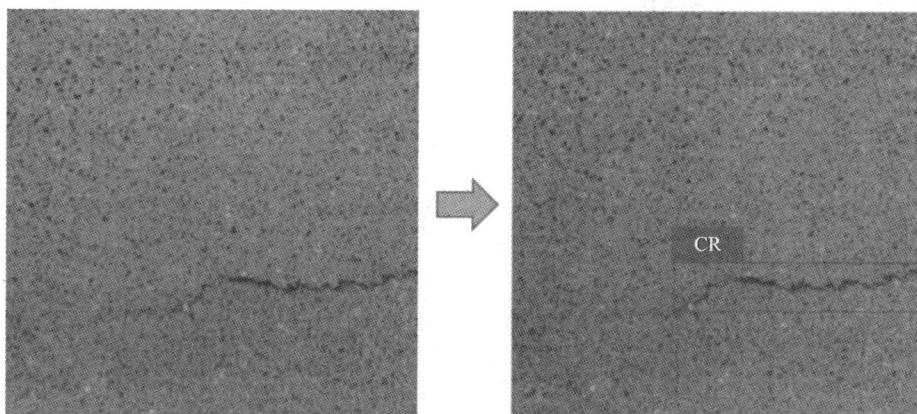

图 6-11　路面裂缝智能系统

（3）基于 Faster R-CNN 的下水管道裂缝检测

传统的对下水管道的裂缝检测是采用目视检测技术，如最常用的闭路电视（closed circuit television，CCTV）检测系统，CCTV 可以获得大量的管道图片或录像，但对于管道裂缝需要人为地对图片或录像进行识别，逐个找出管道裂缝的位置，整个过程极为烦琐，显得费时费力，效率低下。为改进管道裂缝检测技术，Wang 和 Cheng 提出了一种基于深度学习的，对 CCTV 图像进行裂缝智能定位的方法，即 Faster R-CNN。

原文从 CCTV 下水管道检测视频中采集图像 3000 幅，其中 85% 用于训练验证，15% 用于测试，如图 6-12 所示。利用 mAP、召回率、检测速度和训练时间等指标来对 Faster R-CNN 在下水管道中的裂缝智能定位进行了评价。实验结果表明，该方法具有较高的平均精度以及较低的缺失率，能够准确迅速地检测出下水道的裂缝缺陷。

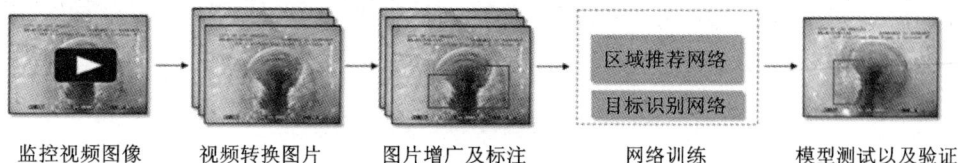

监控视频图像　　视频转换图片　　图片增广及标注　　网络训练　　模型测试以及验证

区域推荐网络

目标识别网络

图 6-12　下水管道裂缝检测流程图

（4）基于多任务增强的 Faster R-CNN 大坝安全监测

为解决多目标或小目标检测精度低的问题，Mao 等提出了一种基于多任务增强的 Faster R-CNN 检测方法（multi-task enhanced faster R-CNN，ME-Faster R-CNN），并应用于大坝检测。

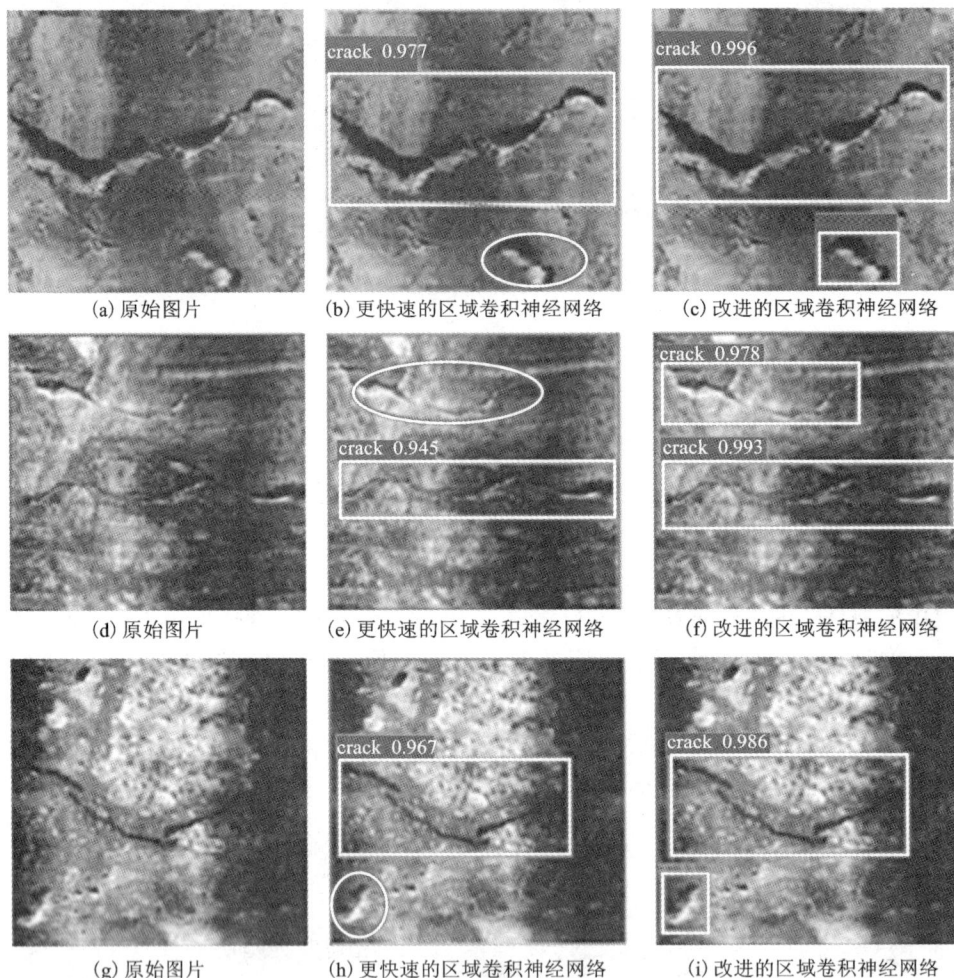

(a) 原始图片　　　(b) 更快速的区域卷积神经网络　　　(c) 改进的区域卷积神经网络

(d) 原始图片　　　(e) 更快速的区域卷积神经网络　　　(f) 改进的区域卷积神经网络

(g) 原始图片　　　(h) 更快速的区域卷积神经网络　　　(i) 改进的区域卷积神经网络

图 6-13　两种算法裂缝检测对比

ME-Faster R-CNN 采用基于 K-means 算法的多源自适应平衡 TrAdaBoost 算法（一种迁移学习算法）来增强小尺度样本。ME-Faster R-CNN 使用 RestNet-50 网络来提取特征图，并采用适当的锚盒尺寸应用多任务增强的 RPN 模块生成候选区域。

在对特征图和候选区域进行处理后再对大坝裂缝进行检测，实验结果表明，采用 K-means 算法的 ME-Faster R-CNN 可以分别获得平均 82.52% 的 IoU 和 80.02% 的 mAP。与相同参数下的 Faster R-CNN 相比，IoU 和 mAP 平均分别可以提高 1.06% 和 1.56%，如图 6-13 所示，这表明 ME-Faster R-CNN 具有更好的检测性能。

（5）基于 R-FCN 的盾构隧道伤损（含裂缝）监测

R-FCN 框架可分为两个部分：主干网络和输出网络。主干网络是一个 FCN 模型，用于计算特征图；输出网络由 RPN、RoI 池化层、softmax 层和边界框回归等组成，包含生成候选框、对位置信息进行显式编码、缺陷分类和定位等功能。相比于 SPP-Net、Faster R-CNN，R-FCN 有着更高的特征分类效率。

隧道衬砌缺陷（包括裂缝）是反应盾构隧道安全状况的重要指标。为了更快和更准确地检测出衬砌缺陷，Xue 等提出利用 R-FCN 对衬砌图片进行缺陷检测的方法，并与 GoogLeNet、VGG 和 Faster R-CNN 等进行对比分析，结果表明该模型能够更加智能且高效地对衬砌缺陷进行识别且分类。

Xue 等人利用一种先进的移动式隧道检测（movable tunnel inspection，MTI）系统去获取隧道衬砌表面图片，可以一次性扫描 13 m 的隧道表面，如图 6-14 所示。利用得到的原始图片，最终得到 9520 张像素大小为 256×256 的图片用于图像分类，即用于主干网络；4139 张像素大小为 3000×3724 的图片用于目标检测，即用于输出网络。对这些图片进行人工标注，对于图像分类，每张图

图 6-14　MTI-100 地铁隧道检测

片只有一个标签(如裂缝、管道、管片接头等),而对于目标检测,每张图片可以有多个标签(如裂缝、渗漏、刮伤等)。

利用该数据集对该模型进行训练和测试,从图像平移、图像尺度变化、图像模糊和图像变形等方面评价了该方法的鲁棒性和适应性,结果表明,该网络具有良好的鲁棒性和适应性,在某些情况下,缺陷几乎肉眼看不到,但是模型仍然能够检测到它们;模型的灵敏度与训练样本有关,如对裂缝缺陷的识别中,样本中裂缝的长度和宽度以及像素范围大小可体现模型对裂缝识别的灵敏度。此外,模型还验证了图片的大小对目标位置的影响:图片的像素越大,目标的位置越精确。

6.3.2　基于 One-stage 目标检测网络的裂缝区域智能定位案例

(1)基于 YOLO 的轨道板裂缝检测

为了解决轨道板在夜间低光环境下裂纹检测和裂纹扩展不均匀等问题,Li 等提出一种改进的 YOLO 算法。针对 YOLO 对小目标和重叠目标的检测效果不佳的问题,作者参照 RPN-RCN,在原有 YOLO 网络的基础上去除全连接层,并添加锚框和新的卷积层。

改进后的网络用于将原 YOLO 中浅层卷积结构的下层特征与深卷积网络中提取的抽象语义特征进行叠加,合并后的特征具有较深的特征语义信息,同时保留了比卷积和池化丢失更多的低层特征,从而提高了小目标的预测效果。

文中选取了 2000 幅在高速铁路养护阶段空窗期采集的轨道板裂纹图片作为数据集,每张图片的分辨率为 448×448。数据集的 70% 用作训练集,10% 用作验证集,20% 用作测试集。用同一个数据集将改进后的 YOLO 与原来的 YOLO 以及 Faster R-CNN 进行对比,结果如表 6-6 所示。

表 6-6　不同算法在轨道板裂缝检测中的对比

算法	评价指标		
	召回率/%	精度/%	每张图片处理时间/s
YOLO	76.13	79.61	23.2
Faster R-CNN	80.54	83.24	1120.6
改进的 YOLO	79.93	83.54	22.3

结果表明,改进后的 YOLO 有效地提高了对小目标和重叠目标的检测能

力，提高了轨道板裂纹的检测精度。此外，改进算法的实时性也满足工程要求。

（2）基于图像的 YOLO v2 混凝土表面裂缝检测

Deng 等基于 YOLO v2 提出了一种混凝土裂缝检测方法，用于自动检测所拍摄的未经处理的混凝土裂缝图片，检测效果良好，有效改善了以往人工检测裂缝主观性强和费时费力的弊端。

YOLO v2 的整体架构可分为特征提取层和 YOLO 预测层。特征提取层基于 VGG16，主要包括卷积层、ReLU 层和最大池化层，如图 6-15 所示。为加快特征提取的效率，使用预先训练好的 VGG16 对混凝土裂缝图片进行了特征提取。图片来源于数字单反相机从不同角度、不同距离所拍摄的背景复杂混凝土桥梁。这些图片经过处理后最后生成 3010 张图片，其中 80% 用于模型训练，20% 用于测试。

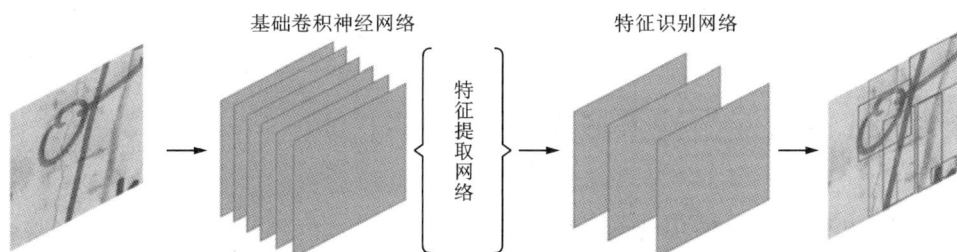

图 6-15　YOLO v2 目标检测原理图

模型检测目标有两种，分别是裂缝和笔迹，它们在形状上非常相似，容易被误分类。对含有这两种目标的图片进行实验检测，结果表明 YOLO v2 能有效地将裂缝与现场检查时在混凝土表面标注的笔迹进行区分。最后将同样的数据集用于类似的目标检测网络 Faster R-CNN 并与 YOLO v2 进行了对比，结果显示两者在裂缝检测方面有着相似的精度，但 YOLO v2 有着更快的处理速度，这显示了 YOLO v2 在利用无人机进行实时裂缝检测上的潜力。

（3）基于 YOLO v3 的路面裂缝检测

针对传统路面裂缝检测方法实时性差、精度低的问题，利用深度学习网络在目标检测方面的优势，Nie 等设计了一种基于 YOLO v3 的路面裂缝检测方法。运用该方法对高速公路的路面裂缝图片进行检测，正确率高达 88%，检测速度相比传统方法也有了较大的提升。

YOLO v3 是目标检测算法 YOLO 的改进，基于该算法，在神经网络中整合了候选框提取、特征提取、目标分类和目标定位等功能。相比 Faster R-CNN，其精度有所降低，但检测速度有明显提升。

利用 3800 张高速公路图片对模型进行训练，400 张图片用于模型测试，与其他算法进行对比，结果如表 6-7 所示。结果表明，虽然 YOLO v3 在路面裂缝检测方面精度有所降低，但检测速度近乎实时，这在实际的路面裂缝检测应用中具有显著优势。

表 6-7　不同算法的路面裂缝检测效果

算法	测试结果		
	测试图片数量	mAP/%	fps
RetinaNet	400	49.7	19
Faster R-CNN	400	53.1	12
YOLO v3	400	51.2	60

6.4　评价指标与技术演进

6.4.1　目标检测常见评价指标

对于目标检测问题，常见的评价指标有正确率（A）、混淆矩阵、准确率（P）、召回率（R）、平均正确率（average precision，AP）和多类平均正确率（mean average precision，mAP）、交除并（IoU）、ROC 曲线与 AUC 值、NMS 等，各评价指标解释如下。

（1）正确率

分对的样本数除以所有的样本数，公式为：准确（分类）率 = 正确预测的正反例数/总数，见公式（6-6）。

正确率一般是用来评估模型的全局准确程度的，不能包含太多信息，无法全面评价一个模型性能。

（2）混淆矩阵

混淆矩阵中的横轴是模型预测的类别数量统计，纵轴是数据真实标签的数量统计，如表 6-8 所示，只有两种类别的混淆矩阵。

对角线表示模型预测和数据标签一致的数目，所以对角线之和除以测试集总数就是正确率。对角线上的数字越大越好，在可视化结果中的颜色越深，说明模型在该类的预测正确率越高。如果按行来看，每行不在对角线位置的就是错误预测的类别。总的来说，对角线越高越好，非对角线越低越好。

表 6-8　简单混淆矩阵

	正真实值	负真实值
正预测值	TP	FP
负预测值	FN	TN

各符号含义解释如下：

假设现在有这样一个测试集，测试集中的图片只由 A 和 B 两种图片组成，假设你的分类系统的最终目的是：能取出测试集中所有 B 的图片，而不是 A 的图片。

TP：正样本被正确识别为正样本，B 的图片被正确地识别成了 B。

TN：负样本被正确识别为负样本，B 的图片没有被识别出来，系统正确地认为它们是 A。

FP：假的正样本，即负样本被错误识别为正样本，A 的图片被错误地识别成了 B。

FN：假的负样本，即正样本被错误识别为负样本，B 的图片没有被识别出来，系统错误地认为它们是 A。

（3）准确率与召回率

$$A = \frac{TP + TN}{P' + N'} \tag{6-6}$$

$$P = \frac{TP}{TP + FP} \tag{6-7}$$

$$R = \frac{TP}{P} \tag{6-8}$$

式中：P' 和 N' 分别表示有正样本和负样本的值。

准确率就是在识别出来的图片中，TP 所占的比率。也就是本假设中，所有被识别出来的飞机中，真正的飞机所占的比例。

召回率是测试集中所有正样本样例中，被正确识别为正样本的比例。也就是本假设中，被正确识别出来的飞机个数与测试集中所有真实飞机的个数的比值。

准确率–召回率(P–R)曲线，如图 6-16 所示，改变识别阈值，使得系统能够依次识别前 k 张图片，阈值的变化同时会导致准确率与召回率发生变化，从而得到曲线。

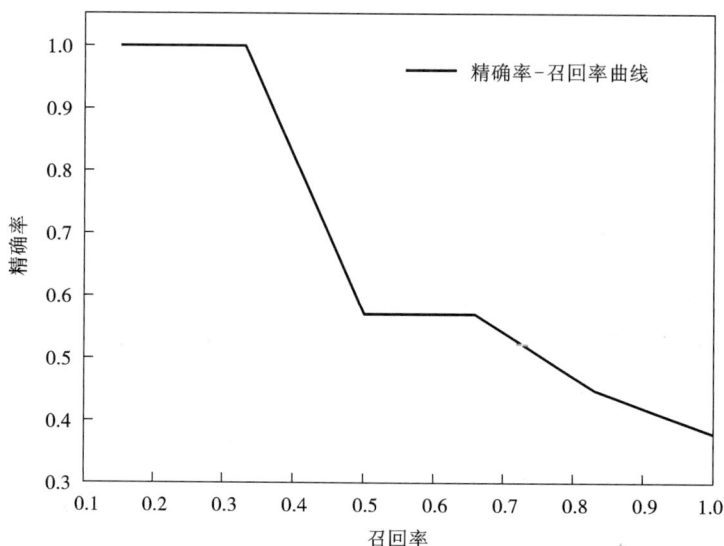

图 6-16　准确率-召回率曲线

如果一个分类器的性能比较好，那么它应该有如下表现：在召回率增长的同时，准确率保持在一个很高的水平。而性能比较差的分类器可能会损失很多准确率才能换来召回率的提高。通常情况下，可以使用 PR 曲线来显示分类器在准确率与召回率之间的权衡。

（4）AP 与 mAP

AP 就是 PR 曲线下面的面积，通常来说，一个越好的分类器，AP 值越高。

mAP 是多个类别 AP 的平均值。其中"mean"的意思是对每个类的 AP 再求平均，得到的就是 mAP 的值，mAP 的取值范围在[0，1]区间，越大越好。该指标是目标检测算法中最重要的一个。

（5）IoU

IoU 可以理解为系统预测出来的框与原来图片中标记的框的重合程度。计算方法即检测结果与真实结果的交集比上它们的并集，即为检测的正确率。如图 6-17 所示，绿色框表示真实结果，红色框表示检测结果，两个框重叠面积越高，IoU 越大，结果越好。

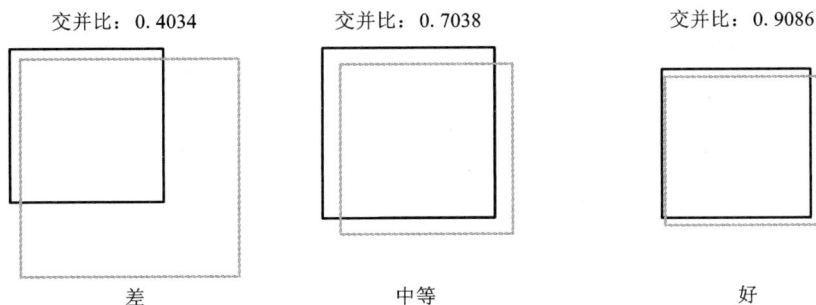

图 6-17　IoU 示意图

计算公式：

$$IoU = \frac{预测结果 \cap 真实值}{预测结果 \cup 真实值}$$

（6）ROC 与 AUC

ROC，见图 6-18。

横坐标：假正率（false positive rate，FPR），$FPR = FP/[FP + TN]$，代表所有负样本中错误预测为正样本的概率，假警报率。

纵坐标：真正率（true positive rate，TPR），$TPR = TP/[TP + FN]$，代表所有正样本中预测正确的概率，命中率。

ROC 有个很好的特性，即当测试集中的正负样本的分布变化的时候，ROC 能够保持不变。在实际的数据集中经常会出现类不平衡现象，即负样本比正样本多很多（或者相反），而且测试数据中的正负样本的分布也可能随着时间变化。

ROC 绘制步骤：

①根据每个测试样本属于正样本的概率值从大到小排序。

②从高到低，依次将分数作为阈值，当测试样本属于正样本的概率大于或等于这个阈值时，认为它为正样本，否则为负样本。

③每次选取一个不同的阈值，就可以得到一组 FPR 和 TPR，即 ROC 上的一点。

当将阈值设置为 1 和 0 时，分别可以得到 ROC 上的（0，0）和（1，1）两个点。将这些（FPR，TPR）对连接起来，就得到了 ROC。阈值取值越多，ROC 越平滑。

对角线对应于随机猜测模型，而（0，1）对应于所有正例排在所有反例之前

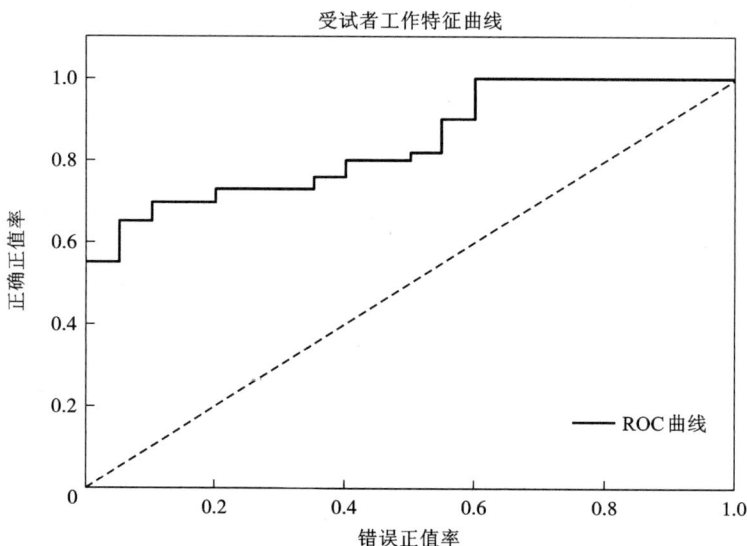

图 6-18　ROC 图

的理想模型。曲线越接近左上角,分类器的性能越好。

AUC(area under curve),即为 ROC 下的面积。AUC 越接近于 1,分类器性能越好。AUC 值是一个概率值,当你随机挑选一个正样本以及一个负样本时,将这个正样本排在负样本前面的概率就是 AUC 值。当然,AUC 值越大,当前的分类算法越有可能将正样本排在负样本前面,即能够更好地分类。

(7)非极大值抑制(NMS)

NMS 就是需要根据边界框(bounding-box,BBox)的分数矩阵和坐标信息,从中找到置信度比较高的边界框。对于有重叠在一起的预测框,只保留分数最高的那个。过程如下:

①NMS 对某一坐标信息的所有边界框的分数进行排序,把分数最高的边界框作为队列中首个要比较的对象。

②计算其余边界框与当前最高分数的边界框的 IoU,去除 IoU 大于设定的阈值的边界框,保留小于 IoU 的边界框作为候选框。

③然后对其他坐标信息的边界框重复上面的过程,直至所有边界框都被比较。

④最后,对得到的候选框进一步筛选,将得分小于设定的阈值的候选框剔除,最后得到预测框。需要注意的是:NMS 一次只处理一个类别,如果有 N 个类别,NMS 就需要执行 N 次。

6.4.2　技术演进

(1)网络结构进一步优化

网络结构在目标检测中主要是用于特征提取,近年来深度学习的飞速发展离不开网络结构的不断优化。从 AlexNet 到 ResNet(图 6-19),为追求分类准确度,网络结构层数不断加深,模型复杂度也越来越高,并有效解决了参数训练速度慢以及训练过程中出现的过拟合、梯度弥散等问题,使得特征提取的精度得到有效提升。

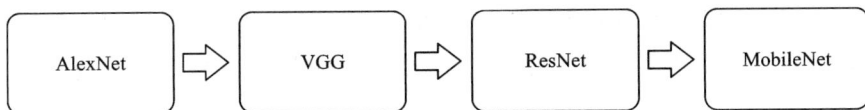

图 6-19　网络结构的优化

然而,在某些真实的应用场景如移动或者嵌入式设备中,如此大而复杂的模型是难以被应用的。首先是模型过于庞大,会面临内存不足的问题,其次这些场景要求低延迟,或者说响应速度要快,想象一下自动驾驶汽车的行人检测系统如果速度很慢将会发生什么可怕的事情。所以,研究小而高效的 CNN 模型对这些场景至关重要。目前的研究总结来看分为两个方向:一是对训练好的复杂模型进行压缩得到小模型;二是直接设计小模型并进行训练。不管如何,其目标都是在保持模型精度的前提下降低模型大小,同时提升模型速度或降低延迟。MobileNet 属于后者,其是 Google 最近提出的一种小巧而高效的 CNN 模型,其在精度和速度之间做了折中,核心是深度可分卷积,不仅可以降低模型计算复杂度,而且可以大大降低模型大小,使得模型更加适用于移动和即时性的场景。

(2)高效准确地生成候选框

目标检测网络中生成候选框主要有 SS 和 RPN 两种方法。

SS 属于传统机器学习的方法,曾在 R-CNN、Fast R-CNN 上得到有效利用,使得目标检测方法得到有效发展。但是随着 Fast R-CNN 对目标分类和边界框回归方法的进一步优化,SS 生成候选框的方法成为制约 Fast R-CNN 模型运算速度的主要因素。为此,要想进一步提高物体检测速度,必须改造候选框提取的方法,由此便有了 RPN 方法的提出。

RPN 最先出现在 Faster R-CNN 网络结构中,是专门用来提取候选框的。RPN 的引入,可以说是真正意义上把物体检测整个流程融入了神经网络中,使

Faster R-CNN 成为真正的端对端的目标检测网络结构。RPN 相对于传统候选框提取的方法,其提取的候选框质量更优,从而保障了 Faster R-CNN 能够在大幅度提高计算精度的同时提高目标检测任务的精度。

(3)提取到更优的边界框

在以往的 Faster R-CNN 进行目标检测时,无论是 RPN 还是 Fast R-CNN,ROI 都作用在最后一层,这在大目标的检测中没有问题,但是对于小目标的检测就有些问题了。因为对于小目标来说,当进行卷积池化到最后一层,实际上语义信息已经没有了,因为对于一个 ROI 映射到某个特征图的方法就是将底层坐标直接除以步长(stride),显然越后,映射过去后就越小,甚至可能就没有了。如果可以结合多层级的特征,就可以大大提高多尺度检测的准确性,所以为了解决多尺度检测的问题,引入了特征金字塔网络的演变,如图 6-20 所示。

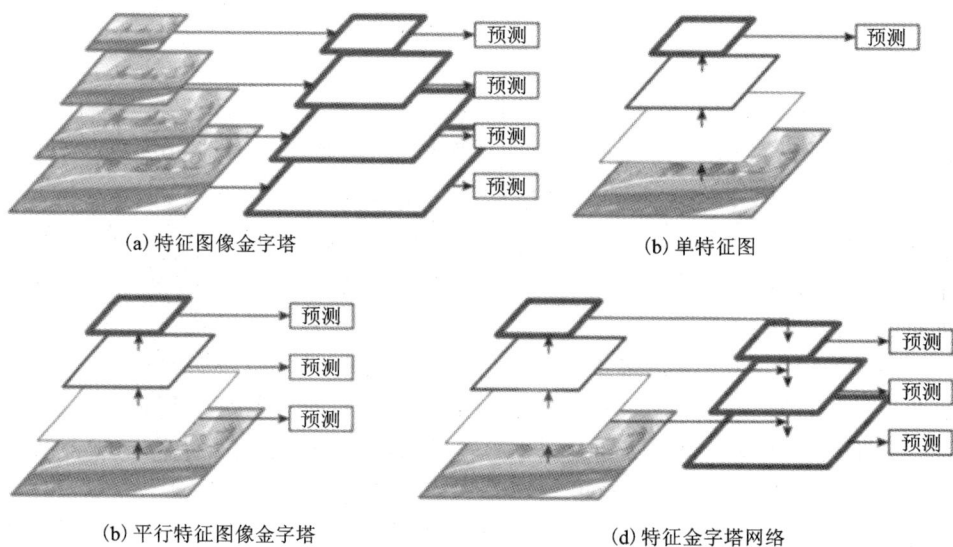

(a)特征图像金字塔　　　　　　　　　　(b)单特征图

(b)平行特征图像金字塔　　　　　　　　(d)特征金字塔网络

图 6-20　特征金字塔网络的演变

图 6-20(a)是相当常见的一种多尺度方法,称为图像特征金字塔,这种方法在较早的人工设计特征(DPM)时被广泛使用,在 CNN 中也有人使用过。就是对输入的图像进行多尺度化,通过设置不同的缩放比例来实现。这种方法可以解决多尺度问题,但是相当于训练了多个模型(假设要求输入大小固定);即便允许输入大小不固定,也增加了存储不同尺寸图像的内存空间。

图 6-20(b)则是 CNN 进行单特征图提取的结构,CNN 相比人工设计特征,能够自己学习到更高级的语义特征,同时 CNN 对尺度变化具有良好的适应性,

从单个尺度的输入计算的特征也能用来识别，但是遇到明显的多尺度目标检测时，还是需要金字塔结构来进一步提升正确率。

图 6-20(c)是金字塔特征层次结构，SSD 较早尝试了使用 CNN 金字塔形的层级特征。该金字塔重复利用了前向过程计算出的来自多层的多尺度特征图，理想情况下，这种形式是不消耗额外的资源的。但是 SSD 为了避免使用低层次(low-level)的特征，放弃了浅层的特征图，而是从后面几层开始建立金字塔，而且加入了一些新的层。这些浅层的特征图精度较高，而且对检测小目标非常重要，但 SSD 没有对其进行利用，这就是 SSD 与 FPN 的区别。

图 6-20(d)是特征金字塔网络(feature pyramid network，FPN)的结构，FPN 的目的是自然地利用 CNN 层级特征的金字塔形式，同时生成在所有尺度上都具有强语义信息的特征金字塔。所以 FPN 的结构设计了自顶向下结构和横向连接，以此来融合具有高分辨率的浅层特征图和具有丰富语义信息的深层特征图。这样就实现了利用单尺度的单张输入图像快速构建在所有尺度上都具有强语义信息的特征金字塔，同时不产生明显的代价。

6.5　本章小结

本章主要介绍了目标检测网络的基本原理及其在裂缝类别识别和裂缝区域定位中的应用。本章第一节对裂缝不同位置的危害性以及现有相关工程的裂缝位置划分标准进行了阐述；第二节详细介绍了 R-CNN 系列等二阶段目标检测模型以及 YOLO 系列等一阶段目标检测模型的基本原理，并比较了各模型之间的区别和联系，反映了目标检测技术的不断改进和发展；第三节列举了应用上述目标检测模型实现裂缝区域智能定位的工程案例，这些目标检测模型在裂缝检测上有着广泛的应用，并取得了良好的效果，体现了目标检测模型的通用性和高效性；最后第四小节介绍了目标检测技术的相关评价指标及裂缝识别的相关技术改进，便于更加系统化地理解和评价目标检测模型的优劣性。

过去针对裂缝的自动定位主要使用二分法等较为原始的判定方法，识别结果十分粗糙，而基于目标检测网络的裂缝区域智能定位技术实现了对位于结构中不同部位的裂缝的快速定位，大大提升了工程领域中对裂缝的判断效率，在工程应用领域具有十分重要的应用意义。

第7章

基于语义分割网络的裂缝特征智能表征

　　基于深度神经网络的裂缝图像智能判识技术可以判断图像中是否存在裂缝，而基于目标检测网络的裂缝区域识别智能定位技术实现了对位于结构中不同部位的裂缝的快速定位，但是这两者都缺乏对裂缝形态特征的识别。本章介绍了基于语义分割网络的裂缝特征智能表征技术，可以实现裂缝种类识别以及对裂缝形态的表征。由于裂缝具有多种形状而且不同形状的裂缝对于结构的危害性也各不相同，因此，对于不同形态裂缝养护维修的优先级与方法也应进行相应的调整，基于语义分割网络对裂缝进行检测与表征在工程上具有一定的价值与必要性。本章基于深度语义分割网络实现裂缝形状的智能检测与表征，详细介绍了由卷积神经网络与区域卷积神经网络改进而来的一系列语义分割网络模型，列举了以上语义分割网络模型应用于裂缝的智能检测与表征的工程案例，并在最后介绍了语义分割技术的相关评价指标及针对语义分割技术的相关改进。基于语义分割网络对裂缝特征进行表征技术，不仅能够节省宝贵的人力资源，而且判断效率快，准确度高，在实际工程中具有广阔的前景。

7.1　裂缝形态特征与现有工程划分标准

7.1.1　裂缝形态特征与危害性简述

　　常见的裂缝有以下几种：

　　①横向裂缝。裂缝垂直于梁结构纵轴，主要呈楔形，是结构中最常见的裂缝，在未形成贯通裂缝前，短期内危险性不大，但是影响观瞻，容易使人产生不安全感。由于裂缝会减少结构横截面积，因此影响耐久性。在发展成为贯穿

裂缝后，容易发生渗漏，可能造成进一步损害。

②纵向裂缝。裂缝与梁结构纵轴平行，较横向裂缝而言更为少见，危害性较横向裂缝小，但会影响混凝土结构的扭转能力，在未形成贯通裂缝前危害性较小。

③斜裂缝。裂缝与梁结构纵轴成一定角度，与横向裂缝类似，会影响混凝土结构的扭转能力。

④不规则龟裂。由竖向载荷或振动位移引起，严重影响结构的美观，虽然不影响结构的整体稳定性，但是剥落下坠容易伤到过往行人。

⑤正八字斜裂缝。这种裂缝经常出现在建筑物顶端附近的墙体上，在纵墙的门窗洞边最常见，这是由于这个地方的温度应力较大，而且洞口角处存在应力集中现象，所以最容易出现裂缝，是最典型的温差裂缝。

⑥倒八字形斜裂缝。这类裂缝在建筑物上分布较广，数量较多，经常出现在建筑物的中下部分。裂缝通常沿建筑物的中轴对称分布，呈倒八字状，主要出现在内外的窗洞或门洞边，在建筑物底层两端区域的墙体裂缝相对较大。建筑物的中上区域随着高度的上升，裂缝的影响逐渐减轻。

7.1.2　现有工程划分标准

结构上不同形状的构件其裂缝的危害不同，为了便于统一管理或同周期管理交通基础设施，有一套裂缝的划分标准，工程上对于裂缝的要求如下。

（1）桥梁工程

①钢筋混凝土及预应力混凝土梁不同构件在恒载下的裂缝要求见表 7-1，裂缝所处环境等级越低，受力越不利，允许的最大裂缝宽度越小。

表 7-1　钢筋混凝土及预应力混凝土梁不同构件在恒载下的裂缝要求

构件类型	允许最大裂缝宽度/mm
钢筋混凝土构件	0.20
	0.20
	0.15
	0.15
预应力混凝土构件	0.10
	不允许或按设计规定

续表7-1

构件类型	允许最大裂缝宽度/mm
混凝土拱	0.30(裂缝高小于截面高一半)
	0.50(裂缝长小于跨径1/8)
	0.20
墩台	0.30
	0.40(不允许贯通墩台身截面一半)
	0.25
	0.35(不允许贯通墩台身截面一半)
	0.20
	0.30(不允许贯通墩台身截面一半)

②圬工拱桥由于缺少钢筋骨架的约束,较容易出现开裂。裂缝在恒载作用的要求见表7-2。

表7-2   圬工拱桥恒载裂缝在恒载作用下的要求

结构类型	允许最大裂缝宽度/mm
上部结构	0.30(裂缝高度小于截面高度一半)
	0.50(裂缝长度小于跨径1/8)
	0.20
砖石墩台墩台身	0.40
	0.25
	0.20(不允许贯通墩身截面一半)

③钢梁构件一般依靠焊接或螺栓进行连接,节点处或连接处所受的裂缝的不应出现如下情况:

a.腹杆铆接接头处裂缝长度超过50 mm。

b.下承式横梁与纵梁连接处下端裂缝长度超过50 mm。

c.受拉翼缘焊接一端裂缝长度超过20 mm。

d.主梁、纵横梁受拉翼缘边裂缝长度超过5 mm;焊缝处裂缝长度超过10 mm。

e. 纵梁上翼缘角钢裂缝。

f. 箱梁焊缝开裂长度超过 20 mm。

④钢混组合梁的薄弱部位在钢-混凝土结合部位，一般受到剪切作用容易出现裂缝，当出现以下裂缝时应及时维修：

a. 钢-混凝土组合梁桥面板不得有纵向劈裂裂缝。

b. 在连续组合梁支座及时附近的桥面板不应有裂缝。

c. 板肋与连接件附近的混凝土不得有疲劳裂缝。

（2）轨道工程

随着近年来铁路高速铁路的飞速发展，一般在铁路上采用无砟轨道板，能较好地满足安全性、稳定性和经济性的要求。无砟轨道板作为一个整体混凝土结构，符合大体积混凝土的特点，容易受到荷载、温度、材料、施工等影响而开裂。不同轨道板的结构、材料不同，裂缝的危害性也不同。表 7-3 根据相关标准对常见轨道板裂缝的要求进行了总结。

表 7-3　常见轨道板裂缝的要求

检查项目	轨道板类型	技术要求
肉眼可见裂缝	CRTS Ⅰ 型轨道板	不允许
	CRTS Ⅱ 型轨道板	除个别预裂缝允许出现宽度小于 0.2 mm 的非贯通裂缝外，其他部位不允许
	CRTS Ⅲ 型轨道板	不允许
	高速铁路混凝土道岔板	同时满足：不应出现贯通裂纹；每平方米的裂纹总长不应大于 0.5 m；最大宽度小于或等于 0.1 mm

7.2　深度语义分割网络概述和评价指标

图像的语义分割旨在为输入图像进行像素级分类，通过对像素进行分割，可以精确地识别出图像中物体的轮廓。目前的语义分割主要分为由 CNN 改造和（Region-CNN，R-CNN）网络改造两种。

7.2.1　CNN 改造

（1）全卷积网络（fully convolution networks，FCN）

CNN 是目标识别领域的热门研究方向，CNN 的多层结构能够自动学习特征，而且可以学习到多个层次的特征，从而有效地判断图像中的物体。由于 CNN 具有强大的学习能力，容易训练，可以帮助检修人员快速发现裂缝，然而，目前基于 CNN 检测交通基础设施裂缝的方法，由于检测结果较为粗略，仅适用于图像分类，不能有效地定位缺陷边界。为了精确地将缺陷区域与背景区域分开，需要对缺陷图像进行语义分割，为了能够通过神经网络准确划分裂缝边界，全卷积网络诞生了。

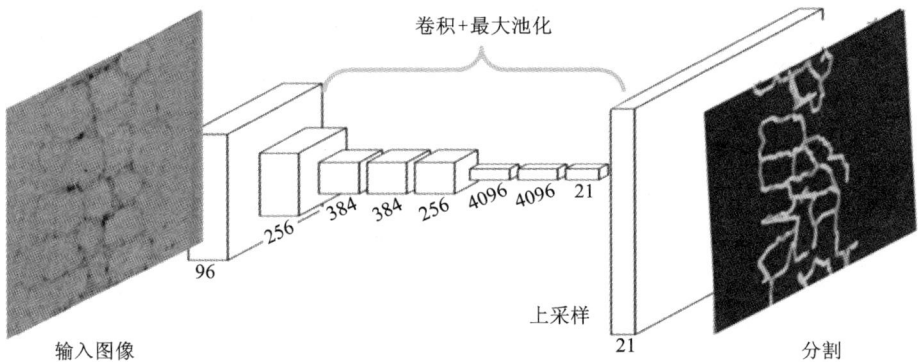

图 7-1　FCN 端到端密集预测流程

全卷积网络和 CNN 十分相似，主要区别在于 FCN 将传统 CNN 中的全连接层转换成了卷积层，对低分辨率语义特征图的上采样使用经双线性插值滤波器初始化的反卷积操作，最终输出的是热图而不是特征图。

输入的图片由于经过多次卷积，得到的图像的分辨率越来越低，图像也越来越小，为了使图像的分辨率恢复，FCN 可以通过反卷积将低分辨率分割图上采样至输入图像分辨率，或者花费大量计算成本通过空洞卷积在编码器上部分避免分辨率下降。

经典的 CNN 通过在卷积层使用全连接层可以得到固定长度的特征向量进行分类，而 FCN 可以接受任意尺寸的输入图像，这是通过反卷积层对最后一个卷基层的特征图进行上采样，使图片恢复到输入图像相同的尺寸来实现的。因此 FCN 可以在对每一个像素都产生一个预测的同时保留原始输入图像中的空间信息。但是 FCN 的缺点也比较明显：得到的结果还是不够精细，8 倍上采样的效果虽然优于 32 倍上采样，但是上采样的结果还是比较模糊和平滑，对图像中的细节不敏感；对各个像素进行分类时，没有充分考虑像素与像素之间的关系，忽略了在通常的基于像素分类的分割方法中使用的空间规整步骤，缺乏空间一致性。

（2）U-NET

深度卷积网络在许多视觉识别任务中的表现十分优异，但是由于对训练集中的图片数量的要求，卷积网络的使用环境受到了限制。一般来说，在训练一个神经网络时对图片数量的要求十分大，通常需要上千个带标签的训练样本，而在某些小样本的情况，比如医学中的肿瘤判断，由于样本数量少，往往达不到训练的标准，使得神经网络无从开始，极大地提升了使用神经网络的门槛。U-Net 在继承了 FCN 的基本思想的同时，也针对小样本情况进行了改进，使神经网络能够在小样本情况下使用。

U-Net 架构如图 7-2 所示。相对于 FCN，U-Net 有几个改变的地方：U-Net 的架构是完全对称的，包括一个捕获上下文信息的收缩路径和一个支持精确本地化的对称扩展路径；对解码器进行了加卷积加深处理，而 FCN 只是单纯地进行了上采样。

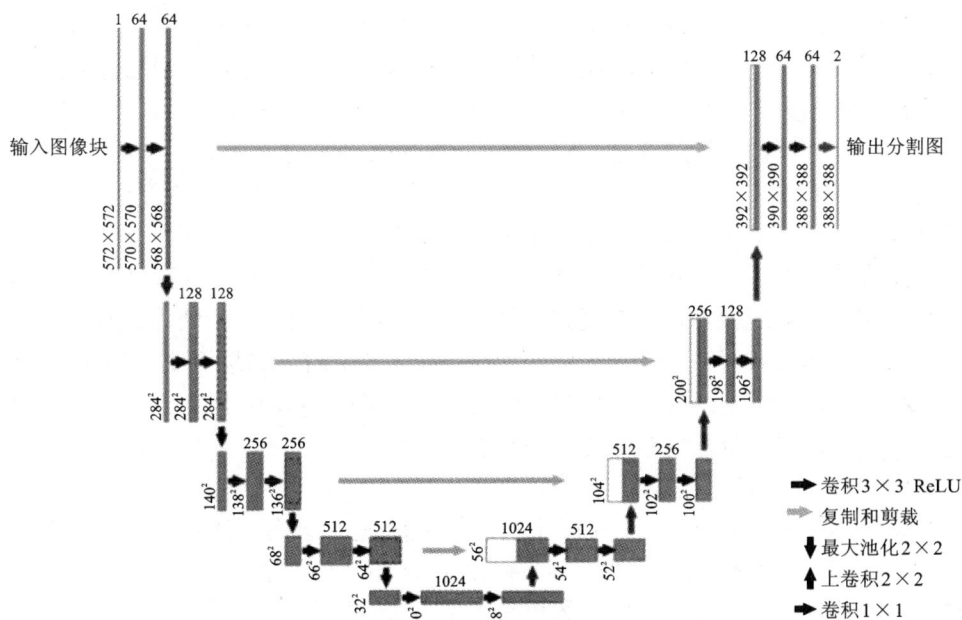

图 7-2　U-Net 架构

U-Net 在图像分割任务中被大量应用。也有许多新的方法在此基础上进行了改进，融合了更加新的网络设计理念，但目前几乎没有对这些改进版本做过比较综合的比较。由于同一个网络结构可能在不同的数据集上表现出不一样的性能，在具体的任务场景中还是要结合数据集来选择合适的网络。

（3）DeepLab v1

深度卷积神经网络（deep convolutional neural networks，DCNN）在高级视觉任务（例如图像分类和目标检测）中具有很强的性能，因为它具有很好的平移不变性（空间细节信息已高度抽象），但是 DCNN 很难处理需要进行语义分割的情景。这是由于空间不变性会导致细节信息丢失，而且由于 DCNN 的最后一层的响应没有被足够的定位用于准确地分割对象，重复池化和下采样操作会导致分辨率大幅下降，位置信息丢失并难以恢复。

针对以上问题，Chen 等提出了 DeepLab。这个网络的创新之处在于将 DCNN 的特征图和全连接条件随机场（fully connected conditional random field，FCCRF）结合在了一起，在解决语义分割任务的同时，模型开辟性地将空洞卷积算法应用到了 DCNN 模型上。DeepLab V1 方法一共分为两步，首先仍然通过 DCNN 得到粗略评分图并插值到原图像大小，然后通过借用 FCCRF 对从 FCN 得到的分割结果进行细节上的微调。

DeepLab 提出的空洞卷积，是在标准卷积的基础上，通过注入空洞的方式提升了感受野。CNN 运行时会逐步提取特征，原始位置信息随着网络深度的增加而减少或消失，CRF 在决定一个位置的像素值时，会考虑周围像素点的值，CRF 会使图像平滑，但是通过 CNN 得到的概率图在一定程度上已经足够平滑，所以短程的 CRF 的作用并不明显，于是考虑使用 FCCRF 以综合考虑全局信息，恢复详细的局部结构，精确图形的轮廓。CRF 几乎可以用于所有的分割任务中提升图像的精度。CRF 由于是后处理，不参与训练。测试时对特征提取后得到的得分图进行双线性插值，恢复到原图尺寸，然后再进行 CRF 处理，因为图片缩小为原来的 1/8，所以直接放大到原图是可以接受的。如果缩小为原来的 1/32，则需要通过反卷积进行上采样。DeepLab 网络能够以超出以前方法的准确度来定位段边界，而且具有优秀的精确度。

（4）DeepLab v2

新版本能够更好地在多尺度上分割目标，通过多尺度的输入处理或者 ASPP DeepLab v2 中使用了 ResNet，相比于 v1 的 VGG，取得了更好的分割效果，并且完成了对多种模型的变体更全面的实验评估。

（5）DeepLab v3

新版本提出了更通用的框架，由不同采样率的空洞卷积和 BN 层组成，并且尝试以级联或并行的方式布局模块，改进了 ASPP，适用于大部分网络。因为图像边界响应无法捕捉远距离信息，会退化为 1×1 的卷积，因此尝试将图像级特征融合到 ASPP 模块中，使用大采样率的 3×3 的空洞卷积。

7.2.2　Faster R-CNN 改造

Mask R-CNN 是在 Faster R-CNN 的基础上发展而来的，与 Faster R-CNN 具有相同的运算思路：首先找出区域生成网络（region proposal network，RPN），然后对 RPN 找到的每个 RoI 进行分类、定位，并找到二元掩膜。这与其他先找到掩膜然后再进行分类的网络不同，而且因为没有采用全连接层并且使用了 RoIAlign，所以可以实现输出与输入像素的一一对应。

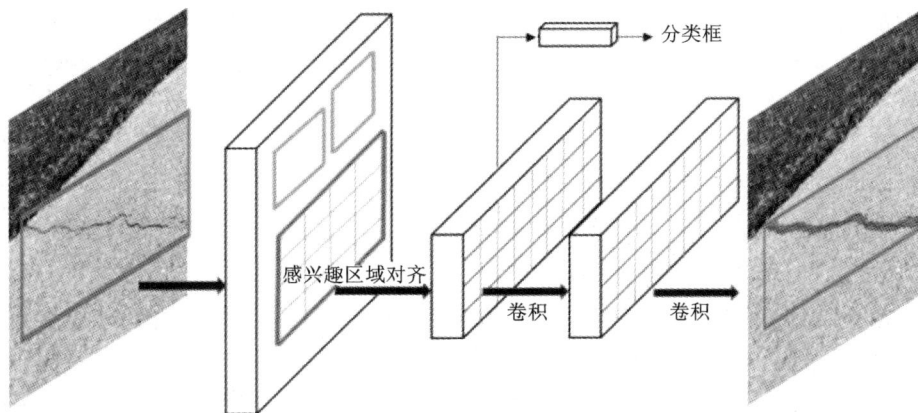

图 7-3　Mask R-CNN 分割流程

Mask R-CNN 的主要改变在于添加了并列的掩膜层，将 RoI Pooling 层替换成了 RoIAlign。在 Faster R-CNN 中，对于每个 RoI 主要有两个输出：一是分类结果，也就是预测框的标签；二是回归结果，也就是预测框的坐标。而 Mask R-CNN 则通过 FCN 网络实现了第三个输出：对象掩膜，即对每个 RoI 都输出一个掩膜。以上三个输出支路相互之间都是平行关系，相比其他先分割再分类的实例分割算法，这种设计简单而且高效。

Mask R-CNN 在现有的边界框识别分支基础上添加了辅助分支以执行语义分割，对每个实例进行的 RoIPool 操作已经被修改为 RoIAlign，避免了特征提取的空间量化，因为在最高分辨率中保持空间特征不变对于语义分割很重要。

Mask R-CNN 的优点在于容易训练，容易泛化至其他任务。在没有使用任何技巧的情况下，Mask R-CNN 在每项任务上都优于所有现有的单模型网络。

7.2.3　评价指标

目前，深度学习在图像分割领域已经取得了重大的进展，产生了很多用于语义分割的模型与基准数据集，相关工作者们在运行这些基准数据集时，总结出了一套评价语义分割模型优劣性的标准：评价一个模型的性能应该从执行时间、内存使用率、算法精度等方面进行考虑，有时候也会根据模型的应用场景而有所侧重，比如模型的精准度在一些对结果要求严苛的使用场景中是应当被优先考虑的，而运算速度在一些实时应用场景则是被优先考虑的。

（1）运算速度

语义分割网络对目标图像进行识别时的运行速度在评价网络的优劣性时是一个重要指标。但是在实际工程应用上，训练模型所需要的时间虽然也是需要考虑的指标之一，但是通常处于低优先级，原因在于立刻获取训练结果在工程应用中通常不是一个特别急切的需求，除非训练时间极其漫长，也即训练时网络运行速度极其慢；而且在实际应用中，网络执行时间容易受到各种硬件资源不同的影响，所以很难去统一度量，不考虑硬件资源，片面地通过执行时间来衡量模型好坏也有失公平。

（2）占用内存

对所有的语义分割网络来说，网络运行时占用计算设备内存的多少是另外一个需要考虑的重要指标，尽管计算设备中的内存理论上可以根据需要扩充，但是在某些不方便的情景中无法做到对设备内存进行随时更换时，语义分割网络对内存的占用也是需要考虑的指标。内存不是可以无限制消费的，所以网络对内存的消耗也是一个评估考量的标准。

（3）算法精度

算法精度是评价图像分割网络最主要也最流行的技术指标，同时也是用来评价语义分割网络能不能运用在实际工程上的最重要的指标。目前关于语义分割网络精度的估算方法有很多种，但是大致可以分为两类，一类基于像素精度，另外一类则基于平均交并比（mean intersection over union，MIoU）。

假定数据集中有 $k+1$ 类（0，1，…，k），0 通常用来代表背景。

1）基于 PA 的算法精度衡量

PA 可以表示语义分割算法标记正确的像素占标记总像素的百分比，其公式如（7-1）所示：

$$\mathrm{PA} = \frac{\sum_{i=0}^{k} p_{ii}}{\sum_{i=0}^{k} \sum_{j=0}^{k} p_{ij}} \tag{7-1}$$

式中：p_{ii} 表示实际为 i 类被预测为 i 类，即真阳和真阴；p_{ij} 表示实际为 i 类被预测为 j 类，即假阳和假阴。

2）基于 MIoU 的算法精度衡量

MIoU 指的是计算真实值和预测值两个集合的交集和并集之比。计算公式如（7-2）所示：

$$\text{MIoU} = \frac{1}{k+1} \sum_{i=0}^{k} \frac{p_{ii}}{\sum_{j=0}^{k} p_{ij} + \sum_{j=0}^{k} p_{ji} - p_{ii}} \tag{7-2}$$

式中：p_{ii} 表示实际为 i 类同时预测为 j 类；p_{ij} 表示实际为 i 类被预测为 j 类；p_{ji} 表示实际为 j 类同时预测为 i 类。

7.3　像素表征与尺度量化

7.3.1　语义分割网络在工程中表征处理案例

考虑到混凝土是世界范围内的主要建筑材料，在混凝土结构的维护过程中需要评估裂缝的原因主要有两个：耐久性和美观性。当前对交通基础设施的安全评估主要取决于外观检查，该检查具有一些缺点，例如，根据检查员的专业知识做出主观决定，劳动强度大，工作时间长。为了克服纯视觉检查的缺陷，土木工程师付出了很多努力，用计算机视觉检查代替了视觉检查。目前，全世界的交通基础设施维护人员都在积极开展视觉检查，以检测结构中的病害。此外，许多研究人员都试图开发更加实用准确的检查方法，以评估在结构中的病害危险性，但是这些检查方法仍处于实验阶段，因为大多数方法都是在理想的环境下进行的。

虽然基于 CNN 的深度学习的快速发展现在解决了计算机视觉技术中的许多困难，但面对实际工程中的应用，还存在着不足。为了解决这些问题，研究人员开始使用语义分割网络检测病害，以在像素级别上对病害进行准确的划分。本节将介绍语义分割网络在工程实际中对目标的识别案例。

（1）基于 FCN 的地铁盾构隧道的渗漏图像识别

盾构隧道目前被广泛应用于城市地下交通运输系统，由于结构受到环境影响，隧道表面通常会出现渗漏，为确保隧道结构的安全性，有必要对隧道受损的部位进行检修与维护。传统的隧道检修依靠检修人员肉眼观察进行，然而这是一个需要极大注意力与充沛体力的工作，紫外检查隧道通常只能在有限的时间内进行，在这种严酷的条件下，人工识别难免会出错。因此，迫切需要新的技术方法，以快速识别病害图像，精准提取病害几何信息。

黄宏伟和李庆桐提出了一种基于 FCN 的盾构隧道渗漏水的语义分割算法。在该算法中，裂纹模型和泄漏模型分别经过几次迭代的推理和学习后，由模糊神经网络进行训练。盾构隧道表面由于存在管片接缝、螺栓孔、电缆、人工标记等干扰，给病害识别带来了很大困难。

对于 FCN 而言，输入的和输出的都是一张图像，网络的功能是学习像素的映设，以实现像素级别的识别。在本案例中的 FCN 主要包括两个步骤：一是建立样本数据集；二是构建网络结构。

由于原始图像和隧道表面之间存在一对一的对应关系，在建立图像数据集之前，首先要根据捕获的缺陷图像由人工对实际地面进行标记。在建立图像数据集后，通过前向推理和后向学习的多次迭代，对 FCN 模型进行基于深度学习的训练，生成裂纹模型和泄漏模型。最后，利用 FCN 模型对裂纹和泄漏缺陷进行图像识别，实现了考虑裂纹和泄漏区域重叠的双流算法。

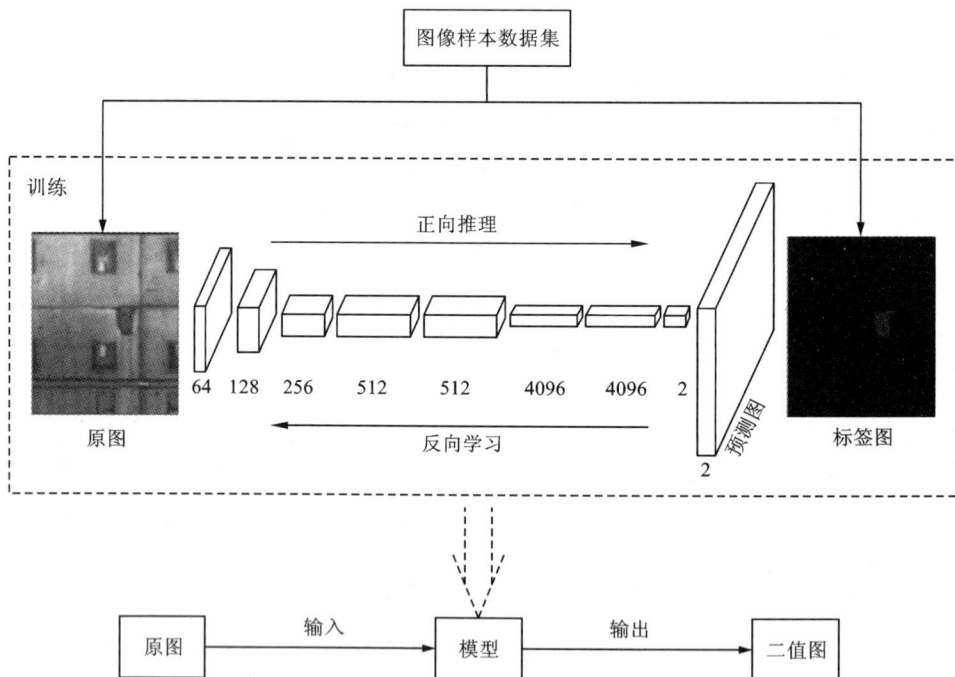

图 7-4　裂缝和渗漏水图像识别全卷积网络结构

在经过专门设备采样后，为了减少对硬件设备的要求，将采集的图像裁剪为 1000 像素 × 1000 像素图像子块，在扩增数据集的同时还减少了对计算机显存的需求。在处理好图像之后，应当构建适用于渗漏水病害图像识别的 FCN 网络结构，其结构如图 7-4 所示。

首先将图像样本数据集中的原图和标签图输入 FCN 网络。在原图的基础上，进行多次的卷积运算和池化运算后，产生抽象的特征图。图片中间的横向数字即为每个卷积层输出的特征图数。再通过反卷积运算将这些抽象的特征图恢复到与输入图像相同的尺寸，从而对每个像素都产生一个预测，同时保留原始输入图像中的空间信息。通过总体误差函数度量网络输出的预测图与对应标签图之间的误差，完成一次迭代中的正向推理运算。随后采用随机梯度下降方法对总体误差函数进行最小化，并通过反向传播算法将误差的梯度进行反向传递，实现权值的更新，完成一次迭代中的反向学习运算。当经过多次迭代以后，学习曲线的误差值趋于收敛，得到 FCN 网络的一组最优权值集。这组最优权值集经保存后，即为训练得到的模型。将样本数据集之外的隧道砌表面图像输入到 FCN 网络后，调用模型中的权重集便可对图像中的每个像素进行预测，此时只进行正向推理，不进行反向学习。属于病害的像素被预测为灰度值等于 1 的前景像素，不属于渗漏水的像素被预测为灰度值等于 0 的背景像素，从而实现渗漏水病害的图像识别。该算法的识别结果如图 7-5 所示，其中，基准图的白色区域为原图中经过人工标注的真实渗漏水区域，可作为各个算法识别效果的参考基准。

针对盾构隧道渗漏水病害的图像识别，分别选用大律法、区域生长法、分水岭法 3 种常用的传统方法与本书方法进行对比分析。大律法（otsu algorithm，OA）是一种自适应阈值确定的方法，能够根据图像的灰度特性，将图像分为前景和背景两个部分；区域生长法（region growing algorithm，RGA）是指从某个像素开始，将与该像素有相似属性（如灰度、纹理、颜色等）的相邻像素合并成目标区域的方法。分水岭法（watershed algorithm，WA）是一种基于拓扑理论的数学形态学的识别方法，其基本思想是把图像看作测地学上的拓扑地貌，图像中每一个像素的灰度值都表示该点的海拔高度，每一个局部极小值及其影响区域都被称为集水盆，而集水盆的边界则形成分水岭。

类别一图像中包含拼缝和螺栓孔。FCN 模型识别效果最好，能够很好地克服拼缝和螺栓孔对渗漏水图像识别的影响；OA 受拼缝和螺栓孔影响严重，导致渗漏水区域过大；拼缝影响了 RGA 的生长边界，使得拼缝另一侧的渗漏水区域被忽略；WA 同样受拼缝和螺栓孔影响严重，渗漏水区域难以识别。类别二图像中出现拼缝、螺栓孔、管线，但管线尚未遮挡渗漏水区域。FCN 模型识别

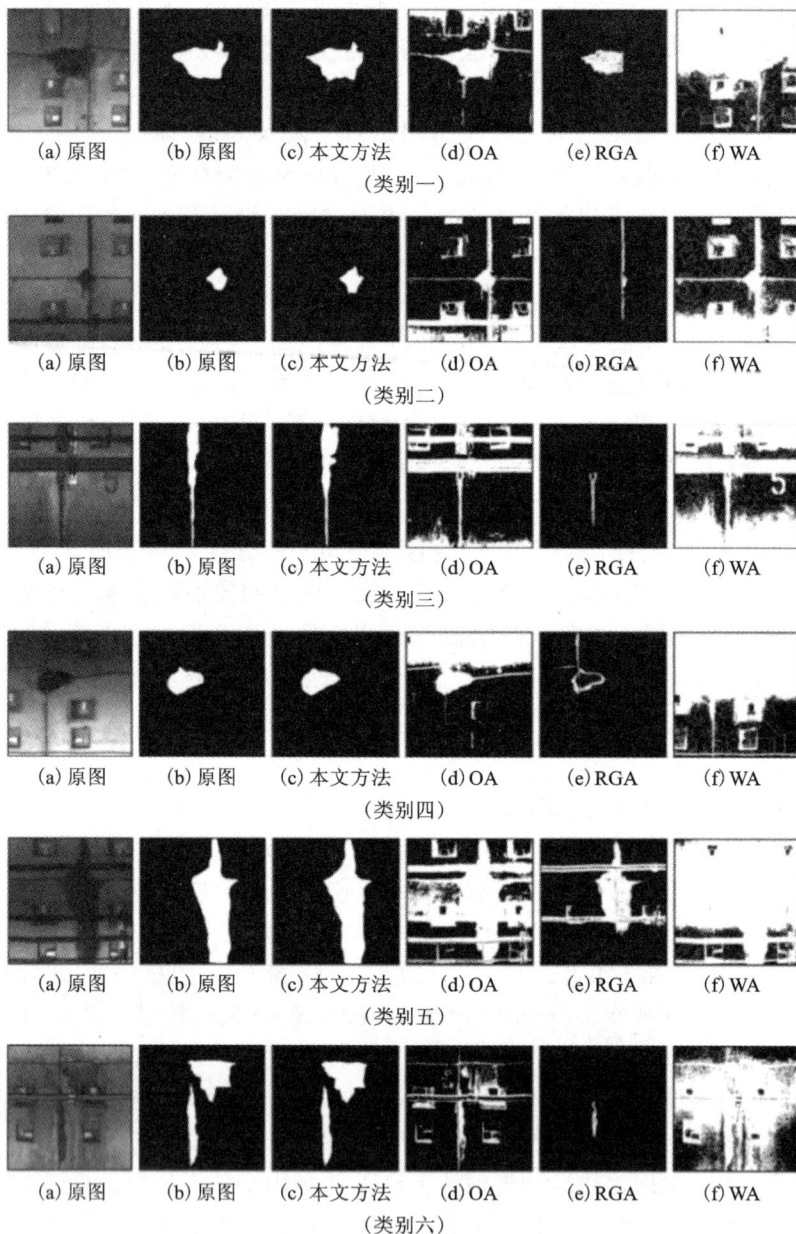

(a) 原图	(b) 原图	(c) 本文方法	(d) OA	(e) RGA	(f) WA

（类别一）

(a) 原图	(b) 原图	(c) 本文方法	(d) OA	(e) RGA	(f) WA

（类别二）

(a) 原图	(b) 原图	(c) 本文方法	(d) OA	(e) RGA	(f) WA

（类别三）

(a) 原图	(b) 原图	(c) 本文方法	(d) OA	(e) RGA	(f) WA

（类别四）

(a) 原图	(b) 原图	(c) 本文方法	(d) OA	(e) RGA	(f) WA

（类别五）

(a) 原图	(b) 原图	(c) 本文方法	(d) OA	(e) RGA	(f) WA

（类别六）

图 7-5　不同算法的图像识别结果对比

的渗漏水区域不受管线的影响，而 OA 错把管线当作渗漏水区域；由于拼缝与渗漏水区域的图像特征接近，致使 RGA 将拼缝错检为渗漏水；WA 受拼缝和螺栓孔的影响均较大。类别三图像中有拼缝、螺栓孔、支架、管线，且管线遮挡了渗漏水的部分区域，较为复杂。与基准图中的渗漏水区域对比后发现，FCN模型虽然很好地克服了管线遮挡带来的影响，但仍然受到支架的轻微影响，使得模型判断的渗漏水区域比实际的大；OA 难以区分真正的渗漏水区域；管线的遮挡能够限制 RGA 的生长；WA 的识别效果对局部小区域较好，但对渗漏水区域的识别不理想。类别四图像中含有拼缝、螺栓孔、阴影。FCN 模型没有受到阴影的干扰；OA 受阴影影响较大，显著增大了渗漏水区域的面积；RGA 不受阴影的干扰，但依旧受到拼缝的影响；WA 受阴影影响严重，识别后的渗漏水边界基本上看不到。类别五图像中存在拼缝、螺栓孔、阴影、管线，且管线遮挡部分渗漏水区域。FCN 模型识别的渗漏水区域大致与基准图中的渗漏水区域相吻合，不受拼缝、螺栓孔、阴影、管线等干扰物的影响；OA 则受干扰物影响敏感，难以分清渗漏水区域的边界；RGA 在渗漏水区域生长的过程中，将管线也归为了渗漏水区域；WA 已经严重丢失渗漏水区域的信息。类别六图像中的渗漏水区域不连通，FCN 模型能够将不连通的渗漏水区域较好地识别出来；OA 受拼缝、管线干扰严重，已经丢失各渗漏水区域的边界信息；RGA 难以识别不连通的渗漏水区域；WA 对此时的渗漏水区域失效。从以上 6 种类别的渗漏水图像识别结果可以看出，与大律法、区域生长法、分水岭法等传统图像识别算法对比，FCN 模型能够有效地避免管片拼缝、螺栓孔、管线、阴影等干扰物的影响，特别是在克服管线遮挡方面，具有优越的鲁棒性。

黄宏伟等采用病害错检率作为衡量模型精准度的标准，所谓病害错检率是指错检的像素数与图像总像素数的比值，其计算公式如(7-3)所示：

$$P_i = \frac{N_i}{N_{\text{total}}} \times 100\% \qquad (7-3)$$

式中：N_i 表示模型错检像素数；N_{total} 表示图像中总像素数。

在地铁盾构隧道衬砌表面复杂干扰物的影响下，OA、RGA、WA 难以识别渗漏水的准确区域。本书方法的错检率最低，其平均值为 0.9%，远远低于其他三种方法。

表7-4　不同算法的错检率结果

类别编号	错检的像素数/像素				总像素数/像素	检错率			
	NFCN	NOA	NRGA	NWA	NTOTAL	PFCN	POA	PRGA	PWA
一	8339	119232	38818	562833		0.8	11.9	3.9	56.3
二	4128	235223	23570	444548		0.4	23.5	2.4	44.5
三	19147	261013	41099	619976		1.9	26.1	4.1	62.0
四	2971	288029	32019	614964	1000000	0.3	28.8	3.2	61.5
五	10688	364877	149222	673769		1.1	36.5	14.9	67.4
六	10839	116887	96928	561288		1.1	11.7	9.7	56.1
平均错检率						0.9	23.1	6.4	58.0

（2）基于UNET的公路裂缝检测

裂缝是威胁道路安全的主要因素之一，保持良好的道路状况至关重要。如果能够在初期阶段及时发现裂缝，并且实时追踪裂缝的发展，则在大大降低高速公路的维修成本的同时，还可以保证公路上行车的安全。

传统的道路检测主要依靠人工现场检测来检测道路状况，存在明显的缺点，如检测效率低，人工成本高以及对各种参数的计算和处理速度相对较慢。而从安全管理的角度来说，工作人员在拥挤的交通中进行操作非常危险，并且会阻碍正常的交通。

Liu等尝试使用U-Net网络检测混凝土裂缝时发现训练有素的U-Net可以在各种条件下从输入的原始图像识别裂缝位置，具有很高的准确性。U-Net拥有编码器-解码器结构，编码器通过卷积、合并等方法提取特征，从而逐渐减小输入尺寸，根据编码器提供的信息，解码器可以进行多尺度特征融合，上采样等对细节特征进行修复，从而获得更高的精度。通过U-Net检测混凝土裂缝的流程如图7-6所示。

首先，对从实验室、现场和互联网收集的裂缝图像进行大小调整、扩充，部分进行手动标记，以形成训练集，剩下的则为验证集。然后，通过UNET网络进行训练。

U-Net的结构如图7-7所示，采用与主流图像分割网络相同的对称编解码结构，网络的左半边是编码器结构，其余半边是解码器结构。图中的四棱柱代表输入、输出和中间层。箭头表示神经网络中的操作。将像素大小为3×512×

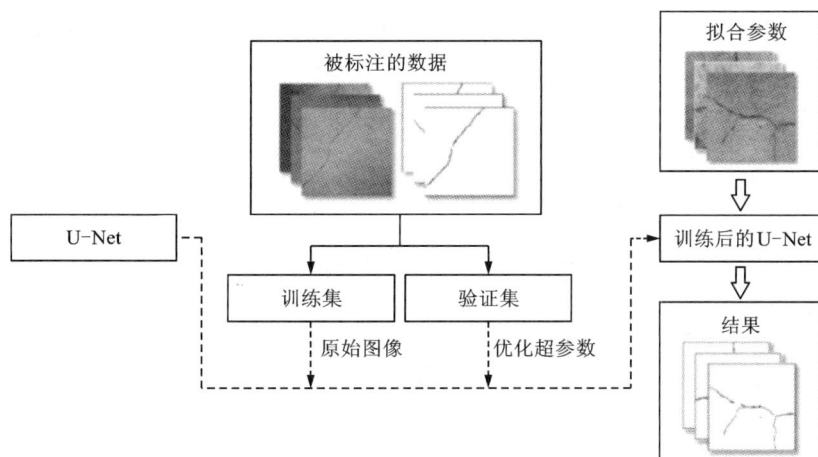

图 7-6　基于 U-Net 的混凝土裂缝检测示意图

512 的图像(具有三个 RGB 通道且边长为 512 像素的彩色图像)输入到构造的
神经网络中。经过计算设备运算,最终输出 $2 \times 512 \times 512$ 的图像(边长为 512
像素的黑白图像)。每个像素位置对应于一个二维矢量,该二维矢量表示该位
置是背景或裂缝的概率。

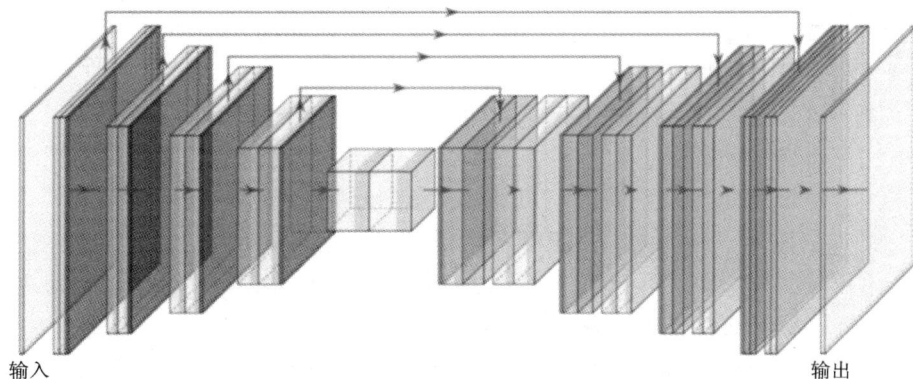

图 7-7　应用于裂缝检测的 U-NET 网络结构

　　与 FCN 相比,UNet 进行了多次上采样,并在同一步使用了跳跃连接,而不
是直接在高级语义特征上进行监督和损失反传,这样就保证了最后恢复出来的
特征图能融合更多的低层次的特征,也使得不同尺度的特征得到了融合,从而

可以进行多尺度预测。上采样也使得分割图恢复边缘等信息更加精细。U-Net
在使用更小的训练集的情况下可以达到较高的准确性，从而减少了很多人力
成本。

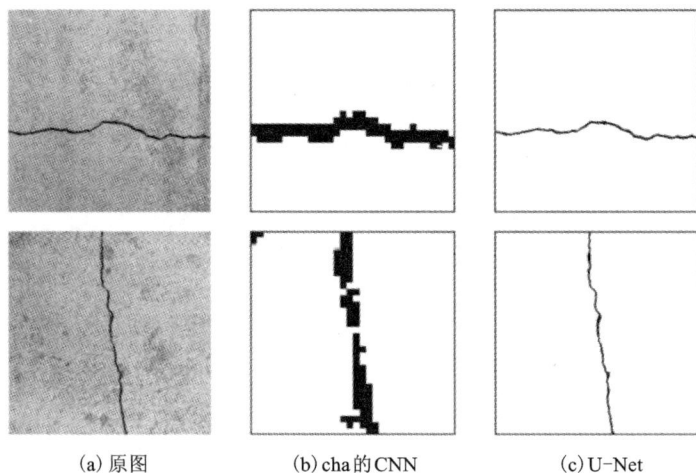

(a) 原图   (b) cha 的 CNN   (c) U-Net

图 7-8 在理想条件下拍摄的图像的处理结果

为了测试经过训练和验证的模型的性能，将一组从未在训练和验证集中使
用过的 27 张图像作为测试集。使用 Liu 提出的 U-Net 模型（以下称为 U-Net）
和 Cha 等提出的基于 CNN（以下简称 Cha 的 CNN）模型对测试集中的图像进行
处理，来检查它们的性能。

图 7-8 示出了两种处理在理想条件下拍摄的两个图像的方法的结果。两
种方法都可以找到裂缝。但是，Cha 的 CNN 会导致信息丢失，因此只能粗略地
标记裂缝区域。此外，U-Net 允许以更高的精度进行像素级检测。

图 7-9 显示了两种方法在粗糙背景干扰下的性能。可以发现，U-Net 仍然
表现出更好的性能，并且背景干扰更少，但是 Cha 的 CNN 在切块之后处理图
像，这就容易将划痕和粗糙的背景区域误认为是裂纹区域。

测试了基于 U-Net 网络结构的混凝土裂缝检测方法的性能，并与 Cha 的
CNN 进行了比较。发现 U-Net 比 DCNN 更为优雅，具有更强的鲁棒性、更高的
有效性和更准确地检测结果。通过检查代表该方法性能的基本参数，发现与以
前的 FCN 相比，本发明的 U-Net 通过较小的训练集即可达到较高的准确性，从
而减少了很多人力成本。

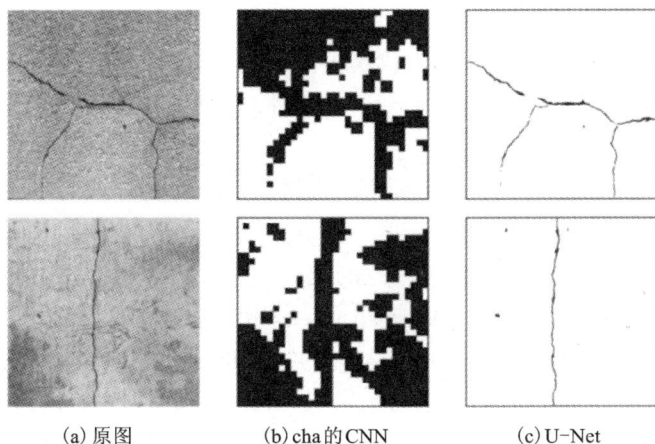

(a) 原图　　　　　　(b) cha 的 CNN　　　　　(c) U-Net

图 7-9　背景粗糙图像的处理结果

表 7-5　FCN 和 U-Net 性能的比较

模型	图片尺寸	训练集和测试集	准确度	召回率	F1 分数
FCN(Yang 等)	224×224	> 800	82%	79%	80%
当前模型(U-Net)	512×512	57	90%	91%	90%

对于本书的裂纹检测任务，常用的评估指标为精确度(P)、召回率(R)和 F_1，计算公式如下：

$$P = \frac{TP}{TP + FP} \tag{7-4}$$

式中：TP 表示预测为裂缝，实际为裂缝；FP 表示预测为裂缝，实际无裂缝。

$$R = \frac{TP}{TP + FN} \tag{7-5}$$

式中：FN 表示预测无裂缝际为裂缝。

F_1 分数是统计学中用来衡量二分类模型精确度的一种指标，同时考虑了分类模型的准确率和召回率，公式如下：

$$F_1 = \frac{2 \times P \times R}{R + P} \tag{7-6}$$

表 7-5 列出了代表 Yang 等的 FCN 性能的基本参数，以及当前的 U-Net 中的基本参数，很明显，Yang 等的 FCN 需要使用超过 800 张图像训练模型，但是其精确度、召回率、F_1 分数均低于目前的 U-Net，因此，可以安全地得出结论，U-Net 可以使用较小的训练集达到较高的精度。

　　尽管本书中的方法显示出良好的性能，但工程应用程序还有很长的路要走。在实验中，该方法的实现过程中有许多人使用的为调整的超参数。这些超参数来自训练集和验证集，探索这些超参数对模型性能的影响仍然需要大量实验。

　　(3)基于 DeepLab 的道路识别

　　从超高分辨率遥感影像中自动提取目标已成为机器学习领域中的热门话题，通常通过卷积神经网络实现这一目标，但是由于标的拉长性质和大小变化，许多网络模型无法获得令人满意的提取结果。为了提高目标像素提取的准确性，Lin 等提出了一种基于 DeepLab v3 结构的深度学习模型。它集成了挤压和激励(SE)模块，以将权重应用于不同的特征通道，并执行多尺度上采样，从而保留和融合浅层和深层信息。为了解决与图像中的目标样本不平衡的相关问题，在模型训练过程中测试了不同的损失函数和骨干网络模块。与交叉熵相比，骰子损失可以在训练和预测过程中提高模型的性能。SE 模块在改善提取目标的完整性方面优于 ResNext 和 ResNet。

　　SE 模块考虑了特征图中通道之间的关系，并为每个通道提供了不同的权重。它通过模型学习自动获取每个功能通道的重要性，然后根据每个通道的重要性增强有用的功能，同时抑制那些对当前任务无用的功能，挤压和兴奋是 SE 模块中的两个关键操作。

　　改进后的 SE-DeepLab 具有改进的编码器和解码器结构。每个下采样的输出都经过上采样操作，以达到编码器中原始图像大小，因此不同级别的特征可以相互集成。通过组合大小不同的接收场的特征，提高了提取大小不同的目标的性能，并且由于是上采样结构而保留了下采样可能丢失的图像信息。在解码器中，传统的 DeepLab v3 通过反卷积层将输出直接扩展为原始图像大小，因此对于某些小目标，此结构的预测结果将很粗糙。相比之下，所提出的模型具有使用残差结构的 SE 模块逐层扩展的特征图的大小，通过多尺度特征融合改进了道路分割的预测。所提出的模型具有用于训练和测试的不同结构。在验证和测试过程中，可以隐藏一些参数和计算步骤而不影响结果，与训练相比，提高了计算效率。从 VHR 遥感图像提取道路是一个热门的研究主题，但是在某些情况下仍然存在一些局限性，将丢失一些立体信息，现实中不相交的目标可能在图像中相交。

　　在对 DeepLab 网络进行训练前，应该准备好训练网络的数据集，这些数据应当由专门的图像采集设备采集，并提前做好预处理，以方便网络运行。为了增强模型预测的通用性，可通过在建模之前旋转和裁剪图像来应用数据增强。将原始图像和带注释的图像逆时针旋转，然后进行剪裁，这样可以增加图像数据的多样性。

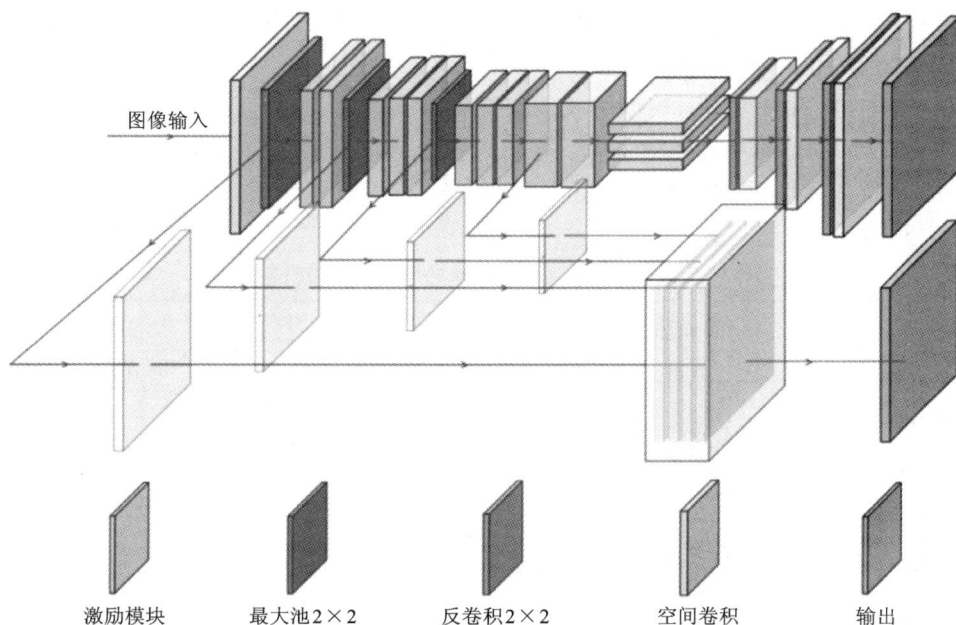

激励模块　　最大池2×2　　反卷积2×2　　空间卷积　　输出

图 7-10　应用于裂缝检测的 DeepLab 网络结构

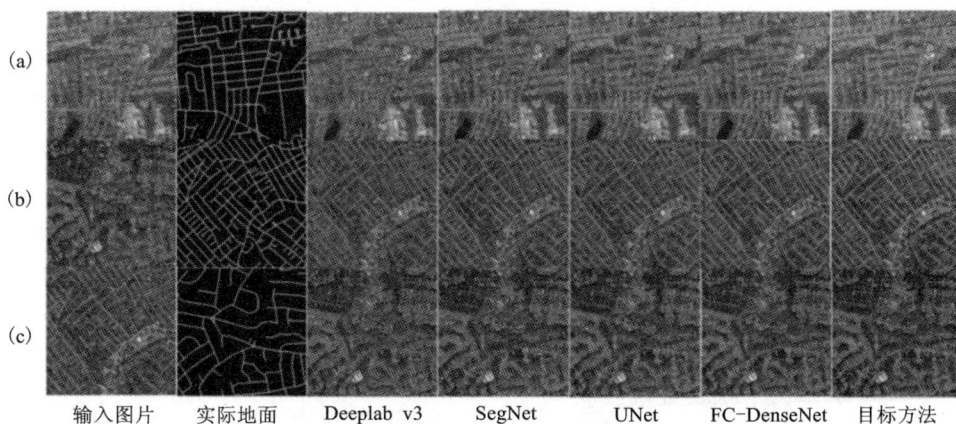

(a)

(b)

(c)

输入图片　　实际地面　　Deeplab v3　　SegNet　　UNet　　FC-DenseNet　　目标方法

图 7-11　嵌套 SE-DeepLab 和其他深度学习模型的训练结果比较

图 7-11 表示嵌套 SE-DeepLab 和其他深度学习模型在测试数据集上的视觉比较，真阳（TP）标记为绿色，假阳（FP）标记为蓝色，假阴（FN）标记为红色。图中包括（a）（b）（c）的三行表示测试集中三个示例的视觉效果，这些示例

已通过基于不同语义分割网络的模型进行了测试。可以看出，Ye 提出的改进过的 SE-DeepLab 模型的正确率要高于其他模型，该模型在提取目标中实现了比 FC-DenseNet 更好的分割精度。

表 7-6 列出了不同模型的预测结果的评估指标。在这里测试的五个模型中，SE-DeepLab 模型表现最佳。与 FC-DenseNet 相比，F1 得分高约 2.4%，其 IoU 值高 2.0%，整体精度高 1.5%。

表 7-6　SE-DeepLab 与其他深度学习模型性能比较

模型	总体精度	正确率	F1 分数	IoU^2
DeepLab V3	0.862	0.694	0.734	0.5878
SegNet	0.873	0.695	0.724	0.6256
U-Net	0.923	0.793	0.821	0.6932
FC-DenseNet	0.954	0.809	0.833	0.7189
SE-DeepLab	0.967	0.858	0.857	0.7387

(4) 基于 Mask R-CNN 的裂缝检测

随着民用基础设施(例如桥梁、隧道和大坝)由于风化、腐蚀、热胀冷缩而老化，结构原始设计功能可能受损甚至失效。因此，需要定期检查结构，尽快尽早排除病害，维护设施，防止结构损坏和可能发生的故障，以避免发生恶性事故。混凝土表面的裂缝是结构退化的最早的症状之一。裂纹的数量、类型、宽度、长度表明了表面混凝土结构的退化程度和承载能力。在裂缝发展早期发现危险裂缝并采取预防措施，可以避免结构产生更进一步的损伤。

检查裂缝的传统方法是检修人员目视检查。检修人员采用目视巡逻或使用无人机以及其他机器人或远程操作的设备进行调查，观察结构表面并记录裂缝发展状况。这种现场检查需要提前封锁现场，导致高额的检测费用、巨大的时间浪费和极低的工作效率。此外，这种人工方法取决于检修人员的知识与经验，在定量分析中缺乏客观性。

为了解决上述问题，各种研究小组提出了自动裂缝检测方法，以替代纯人工检查。在过去的几十年中，发表了许多关于在不同结构表面(例如道路、桥面、人行道和隧道墙)上自动检测裂缝的论文，创造了许多图像处理技术。早期图像处理工作依赖于诸如阈值处理、数学形态学和边缘检测等技术的组合。尽管在某些场景下具有可行性，但是这些方法使用的是基于浅层抽象的方法，无法解决包括裂纹的不均匀性、表面纹理的多样性、背景的复杂性，以及与裂纹（例如接缝）具有相似纹理的噪声的判断。

使用 Mask R-CNN 网络可以有效解决以上问题，Kim 等尝试使用 Mask R-CNN 进行自动裂缝检测，这是一种基于区域的 CNN 分类器，可以视作 Faster R-CNN 和 FCN 的组合，可以同时进行对象定位和对象掩码，不仅可以检测图像中的目标，还可以为每个目标提供预测的掩模，这对进一步处理很有用。

检测框架基于 Mask R-CNN。首先，RPN 输出一组 RoI，其分数指示在其中包含对象的可能性。然后，结合使用 Faster R-CNN 分类器和二进制掩码预测分支，分别在 RoI 和相应掩码中找到对象的类别。

由于目前还没有一个权威的裂缝数据库，在训练 Mask R-CNN 网络时只能使用自己采集的图像，常常有数据库太小、训练效果差的现象，因此在训练之前应当对图像进行预处理，以供可用图像的不同变体，增强并模仿更大的数据集，从而改善网络的训练性能，常用的数据集增强变换有：垂直和水平翻转、旋转、调整亮度等。

由于只能构建一个相对较小的数据集，因此最好使用转移学习方法，训练模型时不需要从头开始对网络进行端到端的训练，而是应该通过对 COCO 和 Imagenet 数据集进行训练而使用预先训练的权重来初始化模型。通过调整几个超参数微调网络，以使其适应数据。

因为目前缺少一个公开的裂缝数据库，Kim 从互联网和真实的混凝土结构中收集了 376 张图像。为了提高训练网络的性能并防止过拟合，在每次训练迭代中都使用了数据增强，以增强对数据集的利用。为了减少用于训练图像的需求，每次迭代时，将以 VGG 注释器构建的训练图像以 50% 的机会水平翻转，以 50% 的机会垂直翻转。

对采集图片进行预处理后，将其输入经过训练的语义分割网络，得到的结果如图 7-12 所示，图 7-12（a）为原始图像，图 7-12（b）为检测结果。

如表 7-7 所示，实验中该网络漏检（假阴）裂纹数量为 108，而在这 108 个裂纹中，有 84 个裂纹的宽度小于 0.1 mm，在结构检查中可以忽略不计。从这些结果可以确认，训练后的模型几乎不会遗漏宽度为 0.3 mm 以上的裂纹。此外，值得关注的一点是：在后续的实验中发现，比 0.227 mm 窄的裂缝仍有未被检测到的可能。裂纹检测结果的召回率为 76.15%，标准 IoU 为 50%。

误测到的裂缝，在表 7-7 中称为检测错误数，共计 84 个。误测的第一个原因主要是数字图像的质量限制，这是由相机的分辨率低造成的；第二个原因是照片处理过程中产生的图像失真；第三个原因是采集图像时相机移动导致图像模糊，裂纹边缘平移，当裂纹较小时，会略去裂缝。减少误检的最佳解决方案是提高相机的分辨率。

(a) 原始图像

(b) 检测结果

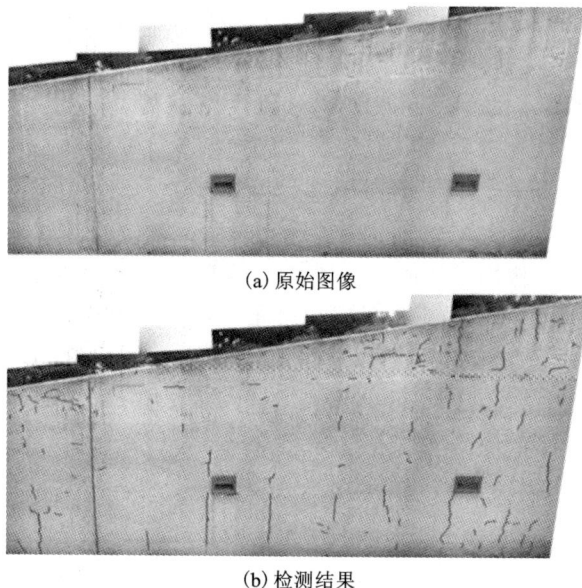

图 7-12　**Mask R-CNN** 的裂缝自动检测

表 7-7　按宽度分类的裂缝检测状况

裂缝宽度/mm	裂缝数/个	漏检数/个	检测错误数/个
0.5~1	5	0	84
0.3~0.5	16	1	0
0.1~0.3	139	23	0
<0.1	293	84	0
总计	453	108	84

　　对于宽度大于 0.3 mm 的裂纹，该方法可以准确地测量裂纹宽度，而对于较窄的裂纹，误差会增加。通过使用更高分辨率的图像或其他超分辨率技术，可以进一步减少此错误。

7.3.2　几何尺度量化

　　为了客观地利用数字图像进行盾构隧道裂缝病害诊断，经过图像识别后的裂缝病害二值图像需要经过量化，才能便于处理。裂缝病害通常是狭长线状的。关于裂缝的量化参数主要有长度、宽度、深度、分布、间距、位置和走向等。由于裂缝病害的间距、位置、走向 3 个参数的确定涉及图像拼接、图像空间坐标系建立等问题，这里暂不考虑，而且裂缝宽度和裂缝深度是相关的，选择其中一个参数即可。由于裂缝跨度相较深度更便于测量，在此采用裂缝宽度和长度作为量化裂缝病害的基本参数。通过数字图像计算裂缝宽度时，应该确定采用最大宽度还是平均宽度作为参数。因为裂缝平均宽度易于计算，但会忽略裂缝局部较宽的危险区域，所以本书选取裂缝最大宽度作为量化参数之一。鉴于分形维数能够定量描述裂缝病害的密度、分布，采用分形维数作为裂缝量化参数。

综上，对于裂缝病害，需要考虑的量化参数主要有 3 个，分别是长度、最大宽度、分形维数。诊断尺度范围内裂缝病害量化参数的数字特征主要有平均值、最大值、累计值三种。平均值代表病害量化参数的平均水平，非常大的数字经过平均后都可能会非常小，因此难以表示出隧道区段上的严重程度；最大值能够清晰地将隧道区段上最严重的单个病害表示出来，但不能考虑病害的数量，相当于丢失了数量信息；累计值是将隧道区段内全部病害的量化参数累加起来获得的数值，既能考虑病害的数量，又可以代表隧道区段上的严重程度。因此，应当选择累计值作为病害样本空间中量化参数的数字特征。

7.4　语义分割网络技术演进

7.4.1　实时高精度语义分割

作为深度学习领域应用于图像的一个热点方向，语义分割已经受到了学界的广泛关注。语义分割是针对输入的图像的每个像素，预测出该像素属于何种类别。相对于仅仅提供边界框信息的目标检测算法而言，其能够产生更加详细具体的预测，提供的信息也较传统的目标检测更为丰富，能够以像素级的准确度提供裂缝在图像中的准确轮廓与边界信息，为计算机针对场景进行理解提供重要帮助。

为了满足交通基础设施的日常自动化维护，实际工程应用对语义分割网络的运算速度与准确性有着较高的要求。随着 AlexNet 和 VGG 在图像识别领域的成功，深度卷积神经网络逐步走入大众视野，紧接着一系列语义分割方法被提出。而实时语义分割的算法，近年来也越来越受到研究者的关注。FCN、PSPNet 之类的方法虽然能获得较高的精确度，但是在运算速度上并不能令人满意，为了实现裂缝的快速检测，在运算速度方面仍然需要一定的研究。

因此,实现实时高精度的语义分割算法在裂缝识别等需要精细化信息的领域中有着非常大的发展前景。

7.4.2　弱监督语义分割

图像语义分割可以应用于交通基础设施病害检测等场合,传统的语义分割模型是基于全监督学习的图像分割模型,首先需要专业人员对训练的裂缝数据集样本进行精准的像素级标注,然后利用标注好的数据对语义分割神经网络进行训练,最后将训练好的分割网络用于图像的分割。

基于全监督学习方法的图像语义分割网络为了实现高精度的裂缝识别,提升网络的识别精度,往往过度依赖于精准的数据集标注,而标注相对精准的数据集是一项需要消耗大量人力以及时间的任务,对工作人员的工作状态与工作经验要求较严格,而且往往会出现错标漏标的现象,对裂缝的准确识别造成了较大的负面影响,导致语义分割模型往往在标注数据时浪费过多时间,复杂程度远远超过图像分割模型,这无疑增加了维护工作的成本。

基于上述问题,本书提出通过弱监督的方式进行裂缝检测网络训练的方法,从而降低标注成本。所谓弱监督,就是用更容易获得的真值标注替代逐像素的真值标注,常见的输入有图像级别标记和边界区域。

7.4.3　零样本(Zero-Shot)语义分割

传统机器学习方法通常需要大量的有标签的训练集进行学习,只能分割出训练数据集中存在的物品类别的信息,而识别不到新的训练集中不存在的类别信息,会使未看到的物品类别被归类为背景信息。

由于目前缺少一个可靠开源的交通基础设施裂缝数据库,因此需要维护人员自行采集、处理裂缝数据,制作训练集,从零开始耗费人力资源与公共资源,进行裂缝数据的采集与标注工作的社会成本与经济成本较高,为了减少成本,降低标注数据集所需的人力以及模型对标注的依赖,从而可以较为便利地识别到原始模型从未见过、看不见的裂缝,本书提出了结合零样本语义分割方法,减少网络对数据的依赖性。

所谓零样本学习,就是在零训练样本的前提下为从未见过的目标进行像素分类。现有的零示例语义分割方法有 ZS3Net 和 SPNet。

(1)ZS3Net

ZS3Net 是把用于图像嵌入的骨干网络与基于类的特征的生成模型结合在一起,可以将从未见过的物体生成样本,然后把生成的样本用于训练。

结构的框架如图 7-13 所示,该框架主要有两部分,分别是:

①训练生成模型。

②微调分类层。

为了使语义分割网络能够识别可见和不可见类别，ZS3Net 为不可见类生成综合训练数据集，这是通过以目标类的语义表示为条件的生成模型获得的。

一旦训练了生成器，就可以为不可见类生成许多合成特征，并将其与来自所见类的真实样本结合，新的训练数据集将被用于重新训练分割网络的分类器，以便它现在可以处理可见和不可见的类。在测试时，图像通过配备有重新训练的分类层的语义分割模型传递，从而可以对可见和不可见类进行预测。

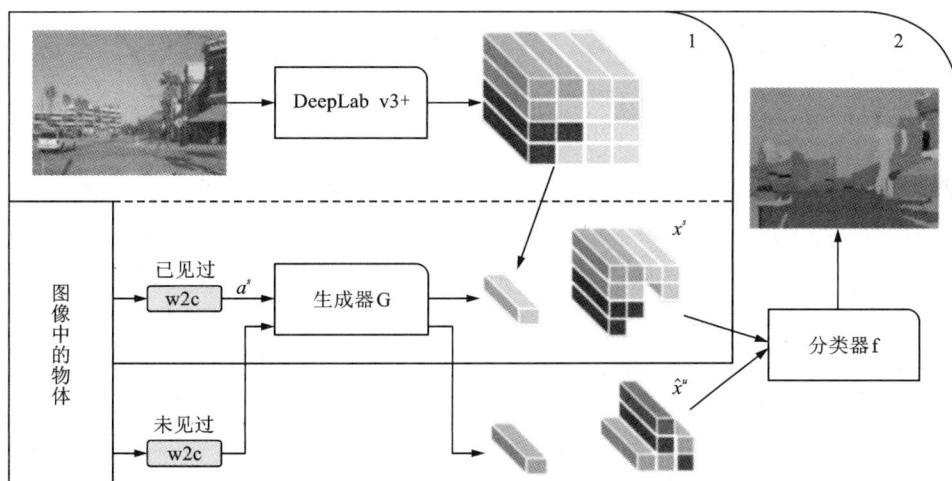

图 7-13　ZS3Net 框架

ZS3Net 通过特征生成的方法解决了已知种类偏见的问题，即根据已知种类数据学习从词向量到像素级别特征的映射。学习映射之后，可以用未知种类的词向量生成未知种类的像素级别特征，对最后一层分类器微调，使其可以兼顾已知种类和未知种类。ZS3Net 里面的特征生成器输入一个种类的词向量和采样得到的随机向量，即可生成该种类的像素级别特征。然而，用这种方式生成的像素级别特征多样性有限，并且没有充分考虑影响像素级别特征的上下文信息。

（2）SPNet

SPNet 是根据已知种类数据学习从像素级别特征到词向量的映射，在测试阶段可以通过比较映射后的像素级别特征和所有种类的词向量完成分割。但是这种做法最严重的一个问题就是已知种类偏见，也就是所有像素都被分到已知种类，导致未知种类的分割性能趋近于零。

这个现象在广义零样本分类里面也被广泛研究过。SPNet 针对已知种类偏见提出了一种简单的校准方案，就是把已知种类的预测值减去一个常量，从而让已知种类的预测值和未知种类的预测值有可比性。但是这种简单的校准方案效果并不理想。

7.5　本章小结

本章节分别介绍了基于卷积神经网络和基于区域卷积神经网络的语义分割网络的工作原理、框架以及它们针对裂缝表征的性能。

本章第一节从工程实际出发，介绍了工程中常见的裂缝种类、不同裂缝的危害性以及裂缝在工程中的划分标准。第二节对目前学界主流的基于卷积神经网络的 FCN、U-Net、DeepLab 和基于区域卷积神经网络的 Mask R-CNN 网络的原理和框架结构进行了介绍，并且提出了评价语义分割网络性能的三个指标。第三节介绍了语义分割网络在工程实际中的应用，通过语义分割网络可以对图像中的目标进行高准确的像素级的标注与表征，帮助工程人员快速准确地区分出结构中存在的高危病害。第四节对语义分割网络未来的发展方向进行了预测，尽管语义分割网络具有准确度高、分割性能好的优点，但是目前绝大多数语义分割网络训练都需要操作人员基于大量数据，对图像进行像素级别的标注，需要大量的人力物力。因此，通过减少像素标注工作量的弱监督学习和减少对数据依赖的零样本语义分割的技术将是未来的发展重点。

目前交通基础设施的病害检测以人工检测为主，对工人的工作环境、工作状态、工作经验较为依赖，具有很大的不确定性。在此提出将语义分割网络应用于实际工程中，这种模型可以对病害进行像素级的标注和判断，可以提高交通基础设施病害检测的效率和准确度，减少工作人员的工作负担，提升工作效率。

第 8 章

数据驱动的基础设施裂缝智能评估与维护决策

　　基于基础设施裂缝的巡检数据和分析结果对其进行系统性、规范性、合理性的智能评估，并采取相应的维护决策，以提高基础设施的耐久性，是个急需解决的关键科学问题。为了解决这个问题，本章借鉴了国外组织与机构对不同类型裂缝的定义与分类方法，并结合中国交通运输部、国家铁路集团出台的一系列基础设施裂缝管理办法，概括总结了针对基础设施裂缝检测维修的智能评估方法。还重点对比并分析了国内外裂缝维修组织管理模式及不足之处，揭示了传统的运维被动式响应模式"检测—响应—维护—恢复"向"检测—分析—评估—预警—响应—维护—恢复"的主动安全保障模式的转变。最后基于裂缝不同位置、类型、发展状况预测的工程基础指标对裂缝的维护优先级进行了深入探索，并结合建筑信息模型（building information model，BIM）和地理信息系统（geographic information system，GIS）提出了数据驱动的基础设施裂缝智能管理体系。

8.1　基础设施裂缝状态的评价标准

8.1.1　路面裂缝状态的评价标准

　　美国各州公路及运输协会的长期路面性能手册（*Long-Term Pavement Performance*，LTPP）中将裂缝的危害程度规定为低、中、高三级：

　　①低危害：车辆振动小，例如，振动引起的波纹是很明显的，但是不影响舒适性或安全性，没有必要降低速度；个别的颠簸或沉降，或两者兼而有之，会导致车辆轻微的弹跳，但不会造成什么不适。

②中危害：车辆振动很大，为了安全和舒适，有必要降低一些车速；个别的颠簸或沉降，或两者兼而有之，会使车辆出现明显的弹跳，产生一些不适感。

③高危害：车辆振动过大，为了安全和舒适，必须大大降低车速；个别的颠簸或沉降，或两者兼而有之，导致车辆过度弹跳，造成严重的不适感、安全隐患或车辆的损坏。

中国交通运输部也将裂缝的危害程度定义为轻、中、高三级，所以国内外各组织对裂缝的定义都有一个广泛的认知，那就是将裂缝的危害程度分为轻、中、高三级。对各种形态特征裂缝的定义和三种危害程度的划分如下所述。

（1）疲劳裂缝

按照美国材料试验协会（American Society for Testing and Materials，ASTM）的定义，疲劳裂缝是指在反复的交通荷载作用下，沥青混凝土表面疲劳失效而产生的一系列相互连接的裂缝，又称鳄鱼裂纹，如图8-1所示。鳄鱼裂纹只发生在反复承受交通荷载的区域（轮道）。因在车轮荷载作用下，沥青表面或稳定基层的底部的拉应力和应变最大，所以裂缝开始出现于沥青表面或稳定基层的底部。裂缝最初以一系列平行的纵向裂缝向表面传播，经过反复的交通荷载，形成多面的尖角片和类似鸡丝或鳄鱼皮的图案，碎片的最长边一般小于0.5 m。

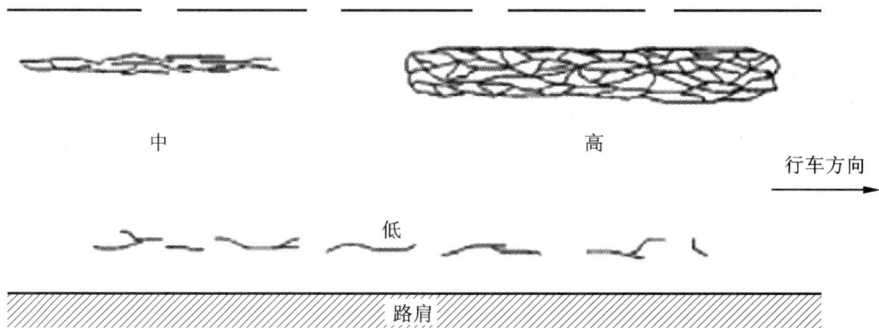

中　　　　　　　　　　　　　　　高

行车方向 →

低

路肩

图 8-1　疲劳裂缝

在LTPP中，疲劳裂缝是指发生在反复承受交通负荷的区域（轮道）的裂缝，在发展的早期阶段可以是一系列相互连接的裂缝，后期发展成多面尖角状的片状，通常最长边小于0.3 m，特点是有鸡丝、鳄鱼纹。而国内把疲劳裂缝危害的定义放到了块裂与龟裂中。疲劳裂缝等级划分见表8-1。

表 8-1　疲劳裂缝等级划分

标准	裂缝等级	裂缝特征
LTPP	轻危害 (图 8-2)	裂缝的区域没有或只有几条连通的裂缝，裂缝没有剥落或密封，唧泥现象不明显
	中危害 (图 8-3)	相互连通的裂缝区域，形成完整的图案，裂缝可能有轻微的剥落，可能被封堵，唧泥现象不明显
	高危害 (图 8-4)	中度或严重剥落的相互连通的裂缝区域，形成完整的图案，碎片受交通影响可能会移动，裂缝可能被封堵，唧泥现象明显

图 8-2　轻危害疲劳裂缝

图 8-3　中危害疲劳裂缝

图 8-4　高危害疲劳裂缝

(2)纵向裂缝

按照 LTPP 的定义，纵向裂缝是指与路面中心线平行的，在轮道或非轮道区域的长裂缝。中国交通运输部对纵向裂缝的描述：纵向裂缝是指沿路面行车方向分布的单根裂缝。如图 8-5 所示，在路表水渗入路堤下地基范围较小的情况下，可能仅在中央分隔带两侧行车道上，甚至接近硬路肩的一侧产生一条纵向裂缝；在路表水渗入路堤下地基范围较大的情况下，可能在中央分隔带两侧行车道上和超车道上产生两条纵向裂缝，少数路段甚至有三条纵向裂缝。特别是当路基边部压实不足时，路堤边部会产生沉降，导致在距路边附近处产生纵向裂缝。在沥青混合料摊铺时，由于纵向接缝处理不当，路面会早期渗水或压实度未达到要求，在行车作用下亦会在纵向接缝处形成纵向裂缝。由于地基和填土横向不可避免的不均匀性，特别是在有路表水渗入地基的情况下，路面产生细而小的纵向裂缝也是不可避免的，但是路面产生纵向裂缝过多过早，裂缝宽度过大和长度过长，将严重影响其使用性能和使用寿命。纵向裂缝等级划分见表 8-2。

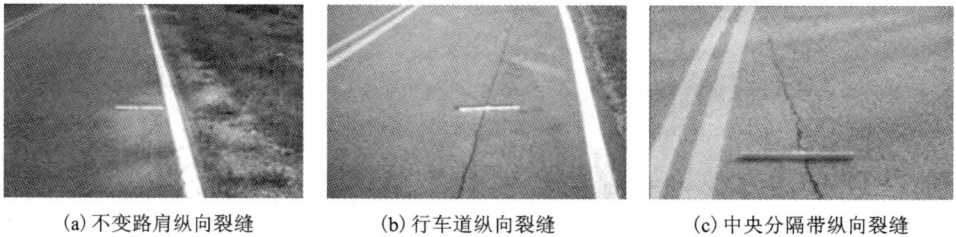

(a) 不变路肩纵向裂缝　　　　(b) 行车道纵向裂缝　　　　(c) 中央分隔带纵向裂缝

图 8-5　LTPP 纵向裂缝

表 8-2　纵向裂缝等级划分

标准	裂缝等级	裂缝特征
LTPP	轻危害	裂缝平均宽度不大于 6 mm，或密封裂缝密封状况良好，宽度无法确定
	中危害	任何平均宽度大于 6 mm 且不大于 19 mm 的裂缝
	高危害	任何平均宽度大于 19 mm 的裂缝
中国交通运输部	轻危害（图 8-6）	此类裂缝小于 6 mm（1/4 in），裂缝边缘无碎裂、或仅有轻微碎裂，无或少支缝，对车辆行驶的平稳性影响不太大
	中危害（图 8-7）	此类裂缝宽为 6~19 mm（1/4~3/4 in）裂缝边缘有轻微碎裂，并有少量支缝。裂缝两侧有微量错台，会引起车辆轻微跳动
	高危害（图 8-8）	此类裂缝宽为 19~25 mm（3/4~1 in），裂缝边缘有中等碎裂，并有少量支缝。裂缝两侧有少量错台，会引起车辆明显跳动

图 8-6　轻危害纵向裂缝

图 8-7　中危害纵向裂缝

图 8-8　高危害纵向裂缝

（3）横向裂缝

按照 LTPP 的定义，横向裂缝是指以垂直于路面中心线的线为主的裂缝（图 8-9）。根据中国交通运输部定义，横向裂缝是指与行车方向基本垂直的裂缝。横向裂缝等级划分标准见表 8-3。

表 8-3　横向裂缝等级划分

标准	裂缝等级	裂缝特征
LTPP	轻危害	未密封裂缝，平均宽度不大于 6 mm；或密封状态良好的裂缝，宽度无法确定
	中危害	任何平均宽度大于 6 mm 且不大于 19 mm 的裂缝；或任何平均宽度不大于 19 mm 的裂缝及相邻的低严重度随机裂缝
	高危害	任何平均宽度大于 19 mm 的裂缝；或任何平均宽度不大于 19 mm 的裂缝，且相邻有中至高度危害的随机裂缝

续表8-3

标准	裂缝等级	裂缝特征
中国交通运输部	轻危害	缝隙、裂缝壁无剥落或有轻微剥落，裂缝宽度在3 mm以内，损坏按长度计算，检测结果要用影响宽度(0.2 m)换算成面积
	高危害	缝宽、裂缝贯通整个路面、裂缝壁有散落并伴有少量支缝，主要裂缝宽度大于3 mm，损坏按长度计算，检测结果要用影响宽度(0.2 m)换算成面积

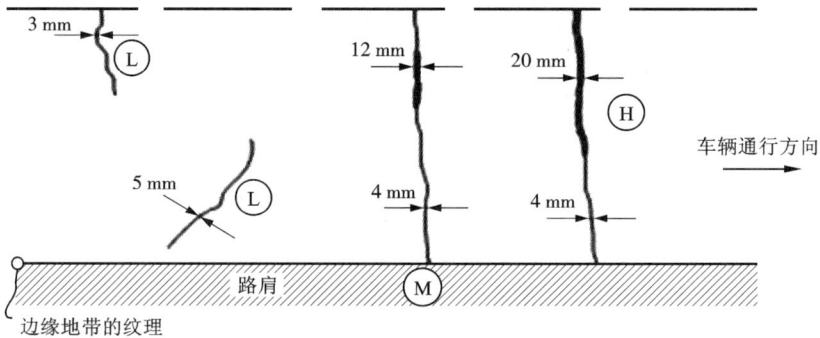

注：在最高水平上对整个裂缝进行评级，预设为总裂缝长度的10%或以上

Ⓛ 轻危害裂缝　Ⓜ 中危害裂缝　Ⓗ 高危害裂缝

图8-9　横向裂缝

(4)块状裂缝

按照LTPP的定义，块状裂缝是指将路面分割成大约长方形块的裂缝图案，矩形块的大小从约0.1 m² 到10 m² 不等，见图8-10。

按照中国交通运输部的定义，块状裂缝是指裂缝形状呈不规则的大块多边形(或呈大网格状)，其在形状上和尺寸上都有别于龟裂，且棱角较为明显。块状裂缝通常是由于铺设沥青路面的沥青混合料采用了大量的低针入度沥青和亲水性集料，或沥青发生老化失去其弹性，而在交通荷载作用下导致的脆裂；或由于低温作用使沥青混凝土产生的缩裂，故有时亦将此类裂缝称为收缩裂缝。块状裂缝在较开阔的广场、停车场和城市道路上普遍发生。块状裂缝等级划分见表8-4。

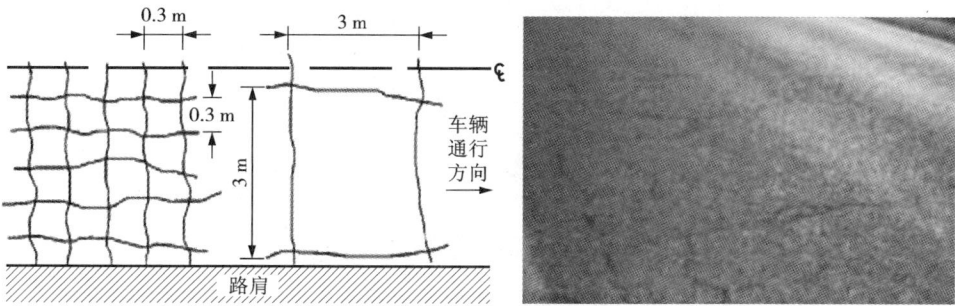

图 8-10　块状裂缝

表 8-4　块状裂缝等级划分

标准	裂缝等级	裂缝特征
LTPP	轻危害 （图 8-11）	裂缝平均宽度不大于 6 mm；或密封裂缝，密封材料状态良好，宽度无法确定
	中危害 （图 8-12）	裂缝平均宽度大于 6 mm 且不大于 19 mm；或任何裂缝平均宽度不大于 19 mm 且相邻低危害程度随机裂缝
	高危害 （图 8-11）	平均宽度大于 19 mm 的裂缝；或平均宽度不大于 19 mm 的任何裂缝，且相邻有中至高危害程度的随机裂缝
中国交通运输部	轻危害	缝细、裂缝区无散落，裂缝宽度在 3 mm 以内，大部分裂缝块度大于 1 m，损坏按面积计算

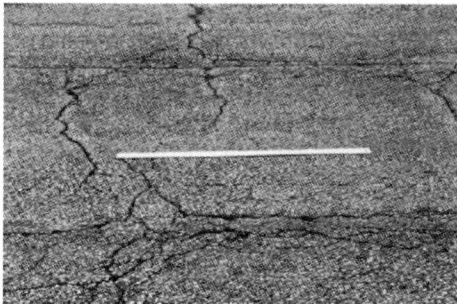

图 8-11　轻危害块状裂缝

图 8-12　中危害块状裂缝

图 8-13　高危害块状裂缝

（5）反射裂缝

根据 LTPP 的定义，反射裂缝是指沥青混凝土表面的裂缝，发生在混凝土路面的接缝处。根据中国交通运输部定义，反射裂缝是指由于下铺层的裂缝，向上传递而导致沥青面层产生与下铺层相似的裂缝，一般多发生在加铺层上。由于旧有水泥路面的接缝和裂缝，或旧有沥青路面的纵向裂缝、横向裂缝和块裂等的存在，在加铺时，未加以适当的处理就会导致加铺层产生与下铺层裂缝相似形状的反射裂缝。反射裂缝等级划分见表 8-5。

表 8-5　反射裂缝等级划分

标准	裂缝等级	裂缝特征
LTPP	轻危害 （图 8-14）	未密封裂缝，平均宽度不大于 6 mm；或密封材料状态良好的密封裂缝，宽度无法确定
	中危害 （图 8-15）	任何平均宽度大于 6 mm 且不大于 19 mm 的裂缝；或任何平均宽度不大于 19 mm 的裂缝及相邻的低危害程度的随机裂缝
	高危害 （图 8-16）	任何平均宽度大于 19 mm 的裂缝；或任何平均宽度不大于 19 mm 的裂缝，且相邻有中至高危害程度的随机裂缝
中国交通运输部	轻危害	此类裂缝宽小于 6 mm（1/4 in），裂缝边缘无碎裂、或仅有轻微碎裂，无或少支缝，对车辆行驶的平稳性影响不太大
	中轻危害	此类裂缝宽 6~19 mm（1/4~3/4 in），裂缝边缘有轻微碎裂，并有少量支缝。裂缝两侧有微量错台，会引起车辆轻微跳动
	中危害	此类裂缝宽 19~25 mm（3/4~1 in），裂缝边缘有中等碎裂，并有少量支缝。裂缝两侧有少量错台，会引起车辆明显跳动
	高危害	此类裂缝宽大于 25 mm（1 in），裂缝边缘有严重碎裂，并有较多支缝。裂缝两侧有较大错台，会引起车辆剧烈跳动

图 8-14　轻危害反射裂缝

图 8-15　中危害反射裂缝

图 8-16　高危害反射裂缝

8.1.2　桥梁裂缝状态的评价标准

（1）桥梁裂缝的严重程度定义

桥梁裂缝可以分为桥面裂缝、上部结构裂缝、下部结构裂缝三类。桥面裂缝会降低桥面铺装的整体性和刚度，还会降低铺装层抵抗车辆荷载的能力，其在外观上与路面裂缝基本一致，故桥面裂缝的严重程度定义可以按照路面裂缝的类型来定义。关于桥梁上部结构裂缝与下部结构裂缝，中国交通运输部都对其提出了各自的评价体系与危害识别系统。按我国《公路养护技术规范》（JTG 410—2009）关于桥梁检测的规定，将桥梁技术状况分为了四个等级。其具体评判方法如下：

①首先对桥梁各部构件受损状况进行评定，根据构件的缺损程度（大小、

多少或轻重)、缺损时对结构使用功能的影响程度(无、小、大)和缺损发展变化状况(趋向稳定、发展缓慢、发展较快)等三方面以累加评分的方法对各部件缺损状况做出等级评定。

②对于重要部件,以其中缺损最严重的构件评分;对于其他部件,根据多数构件缺损状况评分。

③全桥总体技术状况等级评定,宜采用考虑桥梁各部件权重的综合评定方法,亦可以重要部件最差的缺损状况评定。各地区可根据本地区的环境条件和养护要求,采用专家评估法确定各部件的权重。通常采用的是桥梁各部件权重的综合评定方法;根据公式(8-1)确定的 D 值,来判断桥梁技术状况等级。

$$D_r = 100 - \sum_{i=1}^{n} \frac{R_i W_i}{5} \tag{8-1}$$

式中:D_r 为桥梁总体技术状况评分;n 为部件数量;R_i 为各部件损坏扣分值;w_i 为各部件数量。

(2)桥梁质量分类指标比较

裂缝是各国对于钢筋混凝土结构桥梁状态评估标准的重点。它作为桥梁质量状态的直观检测的重要指标之一,各国桥梁评估规范均对此提出了要求标准。

1)中国规范

较好状态,裂缝宽度小于限值;较差状态,裂缝宽度超过限值;破坏状态,裂缝宽超限值,裂缝间距小于计算值。再如砖、石、混凝土上部结构,一类等级为次要部位有少量短细裂纹,裂纹宽度小于限值;二类等级为3%以内的表面有风化、麻面、短细裂缝,裂缝宽度小于限值;三类等级为结构3%~10%的表面有各种缺损,裂缝宽度超限值;四类等级为结构10%~20%的表面有各种缺损,重点部位出现接近全截面的开裂,裂缝宽度超过限值,间距小于计算值,顺筋方向有纵向裂缝,重点部位出现全截面的开裂,部分钢筋屈服或断裂。尽管规范对于裂缝的宽度、间距、长度、形式提出了要求,包括总体评定、墩台与基础、砖、石、混凝土上部结构等分项;但是并没有详细的指标,难以衡量。

2)加拿大规范

对于主要构件,其状态等级分为四级,对于裂缝的要求描述如下:等级四为弯拉区有发丝细的裂缝;等级三为中等宽弯曲裂缝、窄剪缝发展到混凝土构件高度的3/4处,混凝土上的许多纵向宽缝或网纹裂缝宽度接近2 mm;等级二为混凝土构件上有接近2 mm宽的弯曲裂缝且有中等宽度剪缝,有许多纵向宽缝或网纹裂缝,其宽度达3 mm;等级一为混凝土构件上有接近3 mm宽的弯曲裂缝且宽的剪缝,有许多纵向宽缝或网纹裂缝宽度超过3 mm。对于次要构件的评定，其状态等级分为六级：等级五为窄的弯曲裂缝、头发细剪裂缝发展到混凝土构件高度的 1/22 处；等级四为中等弯曲裂缝或窄的剪裂缝发展到混凝土构件高度的 3/4 处，有许多宽的网纹或纵向裂缝接近 2 mm 宽；等级三为宽的弯曲裂缝接近 2 mm 同时伴随中等剪裂缝，有许多宽的网纹或纵向裂缝接近 3 mm 宽；等级二为宽的弯曲裂缝接近 3 mm 同时伴随宽度接近 2 mm 的剪裂缝，有宽的网纹或超过 3 mm 宽的纵向裂缝；等级一为宽的弯曲裂缝超过 3 mm 同时伴随宽度接近 3 mm 的剪裂缝，有许多非常宽的网纹或纵向裂缝。加拿大规范对裂缝的宽度、位置、形式、开展高度提出了较为明确的规定，例如裂缝的宽度限值、开展高度等。同时其注意了构件在发展到不同阶段情况时裂缝的不同表现形式。

3）美国规范

美国对于裂缝的要求较为模糊，如开口的普通钢筋混凝土箱梁，其状态等级分为四级，各级对于裂缝的要求描述如下。条件状态 1：该构件有轻微的表面裂缝，但这并不影响结构构件的承载力或其提供的服务。条件状态 2：该构件表面有微小裂缝或起皮，但钢筋没有暴露或腐蚀迹象。条件状态 3：一些分层或起皮已经存在；一些钢筋可能裸露；普通钢筋可能已经有腐蚀，但其引起的截面损失轻微或不影响钢筋所提供的承载力或桥梁构件所提供的服务。条件状态 4：分层严重，钢筋的腐蚀或混凝土截面的减小已经对于承载力或桥梁构件的服务能力有重要影响。美国规范所提出的指标仅为模糊的裂缝宽度，其所担心的是钢筋是否锈蚀，是否已经影响结构构件的承载能力。这与我国和加拿大两国的规范相差较大。这可能是因为美国对于结构构件的评估是较为综合地考虑结构状态，它对于结构构件的状态评估并不具有相当的准确性，多为语言描述。现将各国桥梁评估规范关于钢筋混凝土上部构件对于裂缝的规定比较列于表 8-6。

表 8-6　上部结构裂缝规定

		结构等级	裂缝高度要求	裂缝宽度要求
我国公路养护规范	上部构件	技术状况 1	次要部位有少量短细裂缝纹	次要构件的裂缝宽度小于限值
		技术状况 2	有短细裂缝纹	裂缝宽度小于限值
		技术状况 3		裂缝宽度超过限值
		技术状况 4	接近全截面开裂	裂缝宽度超过限值
		技术状况 5	全截面开裂	裂缝宽度超过限值

续表8-6

		结构等级	裂缝高度要求	裂缝宽度要求
加拿大桥梁评估规范	上部主要构件	状态等级 3	裂缝高度发展到构件高度的 3/4	中等宽弯矩裂缝、窄剪缝
		状态等级 2		构件上有 2 mm 宽弯曲裂缝且有中等宽度剪缝
		状态等级 1		构件上有 3 mm 宽弯曲裂缝且有宽的剪缝
	上部次要构件	状态等级 5	裂缝高度发展到构件高度的 1/2	窄的弯曲裂缝
		状态等级 4	裂缝高度发展到构件高度的 3/4	中等宽弯矩裂缝、窄剪缝
		状态等级 3		构件上有接近 2 mm 宽弯曲裂缝且有中等宽度剪缝
		状态等级 2		构件上有接近 3 mm 宽弯曲裂缝且有宽的剪缝
		状态等级 1		构件上有 3 mm 以上宽弯曲裂缝且接近 2 mm 宽的剪缝
美国桥梁评估规范	上部构件	状态等级 1		有轻微的表面裂缝但不影响承载能力
		状态等级 2		有微小的裂缝但没有暴露钢筋
		状态等级 3		钢筋暴露有腐蚀但影响承载能力不大
		状态等级 4		钢筋严重腐蚀,严重承载能力

各国对于裂缝的各项指标提出了不同的要求,如裂缝的形式、位置、宽度、开展高度、间距、不同阶段的表现形式等,但对于结构的检测评估而言,裂缝的开展高度、开展宽度、裂缝间距,这三项指标最为关键。

(4)裂缝的控制标准

我国交通运输部《公路钢筋混凝土及预应力混凝土桥涵设计规范》规定,钢筋混凝土构件和在使用阶段允许出现裂缝的构件,其计算的特征裂缝宽度不应超过下列规定的限值:

Ⅰ类和Ⅱ类环境下:0.20 mm;

Ⅲ类和Ⅳ类环境：0.15 mm。

我国《混凝土结构设计规范》（GBJ 10—1989）规定，在设计钢筋混凝土构件时，应根据其使用要求确定控制裂缝的三个等级，其中一级为严格要求不出现裂缝的构件；二级为一般要求不出现裂缝的构件；三级为允许出现裂缝的构件。结构构件的裂缝控制等级及最大裂缝宽度限值见表 8-7。

表 8-7　结构构件的裂缝控制等级及最大裂缝宽度限值

环境类别	钢筋混凝土结构	
	裂缝控制等级	ω_{lim}/mm
一	三	0.3(0.4)
二	三	0.2
三	三	0.2

《公路养护技术规范》（JTGH 11—2004）中要求钢筋混凝土梁裂缝的限值见表 8-8。

表 8-8　钢筋混凝土梁裂缝的限值

	裂缝部位	允许最大缝宽/mm
钢筋混凝土梁	主筋附近竖向裂缝	0.25
	腹板斜向裂缝	0.30
	组合梁结合面	0.50
	横隔板与梁体端部	0.30
	支座垫石	0.50

对于裂缝宽度的限值，各个规范都做出了明确的规定和要求，通常是考虑裂缝宽度过大会影响结构的性能，从而引起使用风险，同时有可能引起钢筋混凝土中的钢筋锈蚀，影响结构的承载能力和耐久性。

8.1.3　隧道裂缝状态的评价标准

隧道衬砌结构所受的荷载超过本身的承载能力时，则会产生变形、开裂，它的存在会对隧道衬砌的承载力和安全性造成不同程度的影响。由于外力的作用性质和方向不同，其产生的衬砌变形形式和裂缝形态也不相同。

（1）衬砌裂缝的分类

按裂缝发展方向进行分类，主要可分为下列三种：

①纵向裂缝。平行于隧道轴线，在拱部和边墙都会发生，危害性最大。裂缝的发展还可引起隧道掉拱、边墙断裂，甚至引起整个隧道的塌方。

②斜向裂缝。通常是由滑坡、岩层的走向、节理等原因导致的，成因较为复杂，一般与隧道纵轴呈45°，其对隧道结构安全性的影响仅次于纵向裂缝。

③环向裂缝：主要由纵向不均匀荷载、围岩地质变化、沉降缝等处理不当所引起，多发生在洞口或不良地质地带与完整岩石地层的交接处，对隧道结构安全性的影响不大。

（2）衬砌裂缝的分级

由于地层压力(含原始地应力场和地下水)作用、温度和收缩应力作用、围岩膨胀性或冻胀压力作用、腐蚀性介质作用、施工中人为因素的影响等，隧道衬砌结构会开裂变形。其分级标准如下：

1）根据裂缝宽度分级

《铁路工务技术手册》将衬砌裂缝分为四级，美国隧道手册将非预应力混凝土衬砌的裂缝分为三级，而对于预应力混凝土衬砌，裂缝宽度超过 0.1 mm 为重度，不超过 0.1 mm 为中度。我国《铁路隧道设计规范》规定，钢筋混凝土衬砌结构构件，按荷载基本组合所求得的最大裂缝宽度不应大于 0.2 mm，见表 8-9。

表 8-9　裂缝等级

裂缝等级			
裂缝宽度值/mm			
中	毛 ≤0.3	小 0.3~2	中 2~20	大 >20
美	轻度 ≤0.8	中度 0.8~3.2	重度 >3.2	

2）根据裂缝宽度和长度分级

日本铁路隧道根据裂缝的宽度和长度对裂缝进行综合分级，见表 8-10，并将裂缝分为有发展性的裂缝和不能确定有无发展性的裂缝两类，还根据裂缝的宽度和长度对这两类裂缝进行了分级，见表 8-11 和表 8-12。我国铁路隧道采用定量和定性相结合的方法将隧道裂缝分为五级，定量时综合考虑裂缝的宽度和长度,见表 8-13。这类分级方法综合考虑了隧道衬砌裂缝的宽度和长度对衬砌结构的影响,与第一类方法相比,第二类分级方法更全面。

表 8-10　日本隧道衬砌裂缝分级

裂缝宽度	裂缝长度		
	> 10 m	5~10 m	< 5 m
> 5 mm	AA~A₁	A₁	A₁
3~5 mm	A₁	A₁	A₂

注:AA 级代表危险,A₁ 级代表迟早有危险,A₂ 级代表以后有危险

表 8-11　有发展性的衬砌裂缝分级

裂缝宽度	裂缝长度	
	> 5 m	< 5 m
> 3 mm	3A~2A	2A~A
< 3 mm	A	A

注:3A 级代表危险,2A 级代表早晚有危险,A 级代表将来有危险

表 8-12　不能确定有无发展性的衬砌裂缝分级

裂缝宽度	裂缝长度		
	> 10 m	5~10 m	< 5 m
> 5 mm	3A~2A	2A~A	2A~A
3~5 mm	2A	2A~A	A
< 3 mm	A~B	A~B	A~B

注:B 级代表无影响

表 8-13　我国隧道衬砌裂缝分级

等级	裂缝状态
AA(极严重)	裂缝长度 $L > 10$ m,裂缝宽度 $a > 5$ mm,且变形继续发展,拱部开裂呈块状,有可能掉落

续表8-13

等级	裂缝状态
A_1(严重)	$L = 5 \sim 10$ m, $a > 5$ mm; 开裂使衬砌呈块状, 在外力作用下有可能崩塌和剥落
B(较重)	$L < 5$ m 且 5 mm ≥ a ≥ 3 mm; 裂缝有发展, 但速度不快
C(中等)	$L < 5$ m 且 $a < 3$ mm
D(轻微)	一般龟裂或无发展状态

8.2　基础设施裂缝状态的分类与评估

8.2.1　交通基础设施裂缝分类

不同类型的裂缝对交通基础设施结构的危害性各不相同, 为了实现交通基础设施裂缝数据自动化评估, 裂缝的自动分类工作是最重要的任务之一。传统的裂缝分类方法是通过人工识别结合裂缝定向和拓扑特征的方法将裂缝分为不同类型, 这一过程复杂且主观。而以最小矩形覆盖(minimum rectangular cover, MRC)思想为代表的先进的图像处理技术则为交通基础设施裂缝状态的分类工作提供了更加有效且可靠的解决方案。通过将 MRC 和 SVM 结合, 能在确定每组路面裂缝的类别的同时简化分类步骤, 缩短时间并提升正确率。

(1)最小矩形覆盖表征裂缝

Tsai 等提出了使用边界框对裂缝进行表征的思想, 并开发了一种多尺度裂缝基本要素模型, 能将裂缝分为多个严重等级。该方法建立了一个椭圆形边界框来表示裂缝, 椭圆长轴的中心、方向和长度都可用于表示裂缝的特征。作者团队在研究中提出了约束整个路面裂缝簇的 MRC 的概念, MRC 的建立包括两个步骤: 第一步是通过划分算法将具有拓扑邻近性的裂缝斑点划分为多个簇; 第二步是使用最小尺寸的矩形框覆盖聚簇的裂缝群(图 8-17)。

(2)提取分类所需的特征向量

在分类问题中, 样本的特征向量包含了决定样本类别的信息, 特征选取的好坏直接决定了建立的分类器的分类正确程度, 一个有效的特征信息可以降低数据维度, 减少训练时间, 提高分类正确效率。考虑到提取裂缝特征时要考虑特征信息的完整度和冗余性, 本书采用 MRC 中的裂缝交叉点数量、MRC 中未连接裂缝的斑点数量以及 MRC 的裂缝密度来反映图像整体的分布情况。

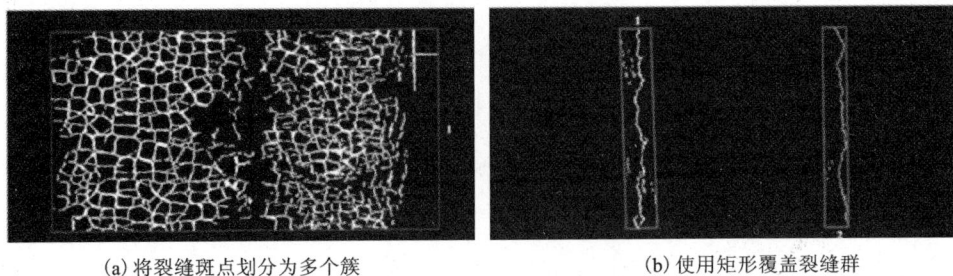

(a) 将裂缝斑点划分为多个簇　　　　　　(b) 使用矩形覆盖裂缝群

图 8-17　最小矩形覆盖捕获裂缝

1) 裂缝交点

当来自不同方向的两个或两个以上的裂缝在某个点处相交, 然后沿其原始方向离开或在相交之后终止时, 定义这两个裂缝相交, 其交点为裂缝交点。裂缝的交点是确定裂缝类型的潜在因素, 例如, 龟裂裂缝中的交点通常比其他类型的裂缝要多。为了实现裂缝的分组, 有必要考虑到裂缝交点的数量。

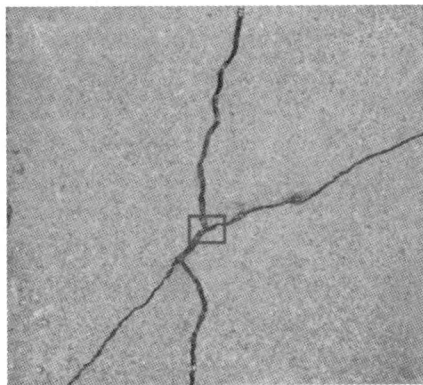

图 8-18　裂缝交点

在 Wang 和 Qiu 等的研究中, 提出了使用二值化裂缝图作为输入的两步方法: 第一步是裂缝骨架提取 (又名骨架化), 完整的二值化裂缝图是裂缝骨架提取的输入, 裂缝骨架化是一个复杂的过程; 第二步是通过基于二值化裂缝骨架的拓扑连接确定相交点和终点, 基于每个交叉点应至少具有三个邻点并且每个端点有且仅有一个邻点的假设, 可以进行点的检索。

2）未连接的裂缝斑点

计算未连接的裂缝斑点的数量是裂缝类型表征中的另一项任务，由于MRC 内的裂缝簇的实际分布是三维立体的，未连接的裂缝斑点可以表示裂缝之间的潜在连接或下层开始形成相互连接的裂缝的形成。例如，正在发展的龟裂裂缝相对于已经发展了的龟裂裂缝，交叉点的数量可能更少，但可能存在的未连接裂缝的数量可能更多。

3）开裂密度

裂缝面积也是表示裂缝量的重要参数，它是通过计算裂缝图上的裂缝像素来计算的，基于此，可将开裂密度定义为开裂面积与其受影响面积的比值（计算得出的 MRC 面积）。

（3）基于支持向量机实现裂缝状态分类

SVM 是由模式识别中的广义肖像算法（generalized portrait algorithm，GPA）发展而来的分类器，其早期工作来自于前苏联学者 Vapnik 和 Lerner 在 1963 年发表的研究，Vapnik 和 Chervonenkis 对广义肖像算法进行了进一步讨论并建立了硬边距的线性 SVM。此后在 20 世纪 70—80 年代，随着模式识别中最大边距决策边界的理论研究基于松弛变量的规划问题求解技术的出现，SVM 被逐步理论化并成为统计学习理论的一部分。

SVM 的基本模型是定义在特征空间上的间隔最大的线性分类器，间隔最大使它有别于感知机；SVM 的核心技巧使它成为真正意义上的非线性分类器，而且采用核函数技术可以很好地解决低维空间线性不可分的模式映射到高维空间产生的位数问题。SVM 的学习策略就是间隔最大化，可形式化为一个求解凸二次规划的问题，也等价于正则化的合页损失函数的最小化问题。SVM 的学习算法就是求解凸二次规划的最优化算法。

SVM 是在分类与回归分析中分析数据的监督式学习模型与相关的学习算法。给定一组训练实例，每个训练实例被标记为属于两个类别中的一个或另一个，SVM 训练算法创建一个将新的实例分配给两个类别之一的模型，使其成为非概率二元线性分类器，如图 8-19 所示。SVM 模型是将实例表示为空间中的点，这样映射就使得单独类别的实例被尽可能宽的明显地间隔分开，然后将新的实例映射到同一空间，并基于它们落在间隔的哪一侧来预测其所属类别。

Wang 和 Qiu 选取了从阿肯色州的四个州高速公路系统（US65NB，US65SB，US70EB 和 US70WB）中收集的 1063 张包含不同裂缝的路面图像，并使用 MRC 技术从图像中总共获得了 10134 个包含裂缝的 MRC。通过 SVM 对这些裂缝进行分类，分类结果与经验丰富的路面工程师提供的分类结果相比，其准确性超过88%。结果证明，通过将 MRC 与 SVM 结合对裂缝进行分组是可行而且有效的。

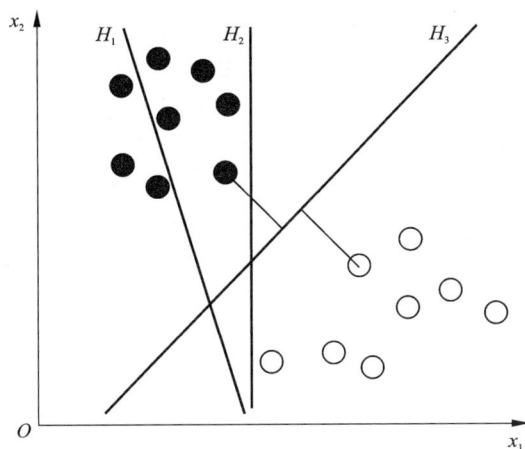

图 8-19　SVM 分配

8.2.2　交通基础设施裂缝危险性评价

为了构建多维度、多层次的裂缝自动化评价体系，在完成对交通基础设施中裂缝的分类之后，还应当根据在实际使用过程中的裂缝成灾因子对裂缝危险性进行评估。交通基础设施裂缝的危险性是指裂缝对结构造成破坏的可能性，危险性大的裂缝对交通基础设施造成破坏的可能性也大。

在交通基础设施的实际使用过程中，对裂缝危险性的判断更多地依靠检修人员的工作经验与个人判断，缺乏一定的客观性。为了实现裂缝的自动化评价体系，本节提出了一种客观的、基于层次分析的裂缝危险性评价体系。

（1）裂缝危险性评价方法示例

层次分析法（analytic hierarchy process，AHP），是指将与决策总是相关的元素分解成目标、准则、方案等层次，在此基础之上进行定性和定量分析的决策方法。该方法是美国运筹学家匹茨堡大学教授萨蒂于 20 世纪 70 年代初，在为美国国防部研究"根据各个工业部门对国家福利的贡献大小而进行电力分配"课题时，应用网络系统理论和多目标综合评价方法，所提出的一种层次权重决策分析方法。AHP 通过把目标分解为多个目标或准则，进而分解为多指标（或准则、约束）的若干层次，通过定性指标模糊量化方法算出层次单排序（权数）和总排序，以作为目标（多指标）、多方案优化决策的系统方法。AHP 将决策问题按总目标、各层子目标、评价准则直至具体的备投方案的顺序分解为不同的层次结构，然后用求解判断矩阵特征向量的办法，求得每一层次的各元素对上一层次某元素的优先权重,最后再通过加权和的方法递阶归并各备择方案对总目标的最终权重,根据最终权重决定最终方案。AHP 比较适合于具有分层交错评价指标的目标系统,而且目标值又难于定量描述的决策问题。

AHP 根据问题的性质和要达到的总目标,将问题分解为不同的组成因素,并按照因素间的相互关联影响以及隶属关系将因素按不同层次聚集组合,形成一个多层次的分析结构模型,最终使问题归结为最低层(供决策的方案、措施等)相对于最高层(总目标)的相对重要权值的确定或相对优劣次序的排定。

1)建立层次结构模型。

将决策的目标(裂缝危险性)、考虑的因素(决策准则,即成灾因子)和决策对象按它们之间的相互关系分为最高层、中间层和最低层,并绘出层次结构图。最高层是指决策的目的和要解决的问题,最低层是指决策时的备选方案,中间层是指考虑的因素和决策的准则。对于相邻的两层,称高层为目标层,低层为因素层。

2)构造判断(成对比较)矩阵。

在确定各层次各因素之间的权重时,如果只是定性的结果,常常不容易被别人接受,因而研究者们提出了一致矩阵法,即不把所有因素放在一起比较,而是两两相互比较,对此采用相对尺度,以尽可能减少性质不同的诸因素相互比较的困难,提高准确度。如对某一准则,对其下的各方案进行两两对比,并按其重要性程度评定等级。

3)层次单排序及其一致性检验。

对应于判断矩阵最大特征根的特征向量,经归一化(使向量中各元素之和等于 1)后记为 W,W 的元素为同一层次因素对于上一层次因素某因素相对重要性的排序权值,这一过程称为层次单排序。能否确认层次单排序,则需要进行一致性检验,所谓的一致性检验是指确定不一致的允许范围。

4)层次总排序及其一致性检验。

计算某一层次所有因素对于最高层(总目标)相对重要性的权值,称为层次总排序。这一过程是从最高层次到最低层次依次进行的。

(2)裂缝危险性评价因子

已有的研究成果表明,交通基础设施中的裂缝与温度变化、材料收缩程度、结构承受的荷载、所处环境等因素有关,但这些因素对裂缝成灾的影响程度不同,与裂缝之间既表现有空间分布上的对应性,也表现有相对的时间特点,且各因素之间具有一定的相互作用关系。因此,本书选用温度变化、材料收缩程度、结构承受的荷载三个裂缝成灾因子作为评估裂缝危险程度的评价因子。

1）温度变化。

工程施工过程中，混凝土要经过冷凝及硬化过程，在这个过程中，混凝土结构的内部温度与表面温度将会形成较大的温度差，从而产生一定的拉伸应力。混凝土结构的外部温度迅速降低，混凝土表面的强度降低，当内部的拉伸应力超过表面的抗压能力时，就会产生裂缝。

2）材料收缩程度。

交通基础设施的收缩裂缝产生的过程大致可分为三个阶段：

第一阶段是混凝土初始细观裂缝产生阶段。由于水化作用，浆体硬化干缩，骨料与骨料之间或骨料与浆体之间的结合面处形成初始的细观微裂缝，大部分出现在界面处，形成初始细观裂缝，这些初始微裂缝在结构内部的分布具有随机性，而且在一般情况下是相对稳定的，但是这些微裂缝往往是混凝土宏观裂缝产生的起点，对混凝土内部裂缝的产生起到决定性作用。

第二阶段是混凝土内部细观裂缝扩展阶段。随着交通基础设施的日常使用，结构中的收缩变形不断累积，混凝土的内部会产生约束拉应力，拉应力可能会在混凝土内部的初始微裂缝周围产生局部的应力集中，导致混凝土内部初始微裂缝扩展。随着收缩变形的累积，混凝土内部初始微裂缝不断扩展，导致粗集料和砂浆沿着开裂面产生相对位移，并且初始微裂缝会向砂浆的薄弱区域扩展，这些微裂缝随着收缩变形的累积相互汇集和贯通，形成了混凝土内部的宏观微裂缝。

第三阶段是混凝土宏观裂缝形成阶段。混凝土内部的细观微裂缝随着混凝土收缩变形的进一步累积，其数量和宽度都在急剧增加，并且砂浆的微裂缝以及骨料与砂浆交界面处微裂缝进行汇集，形成混凝土的宏观收缩裂缝。混凝土的宏观收缩裂缝产生的方向一般会垂直于最大主拉应力方向，这三个阶段的收缩裂缝发展见图 8-20，从左到右分别是第一阶段、第二阶段、第三阶段。

3）结构承受荷载。

荷载超过一定限度也会导致结构出现裂缝，一般情况下结构所受应力分为直接应力及次应力两种类型。在工程设计中，若对荷载未做好准确测算，存在遗漏或不完全计算的情况，就会导致在实际运营过程中，实际荷载要比设计荷载高，从而在超出设计标准的外力的作用下导致裂缝出现。在现场施工过程中，工程受力体系未转化完成，超荷载随意堆放施工材料也会形成裂缝，这些都是直接应力导致的裂缝。另外是次应力导致的裂缝，在施工中因为一些原因，要进行开洞或凿槽作业，荷载出现变化，无法达到设计标准，在工程运营过程中会导致裂缝出现。

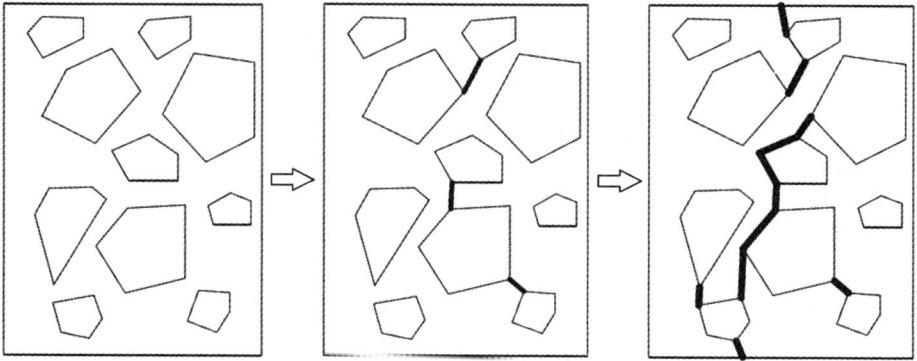

图 8-20　高性能混凝土裂缝发展趋势

3. 基于层次分析法的裂缝危险性评价

裂缝状态评价是在历史灾情和成灾条件调查与分析的基础上进行的。即根据裂缝的形成机理和成灾因子与灾害活动强度的关联程度，确定危险指数。

层次分析法的基本过程为：首先将复杂问题分解成递阶层次结构，然后将下一层次的各因素相对于上一层次的各因素请有经验的专家进行两两比较判断，构造出判断矩阵。通过对判断矩阵的计算，进行层次单排序和一致性检验，若满足一致性检验则可得到最后各指标因子的权重。利用上述权重结果，在 GIS 环境中进行加权叠加即可得到危险性指数，进而评价危险性大小。评价流程如图 8-21 所示。

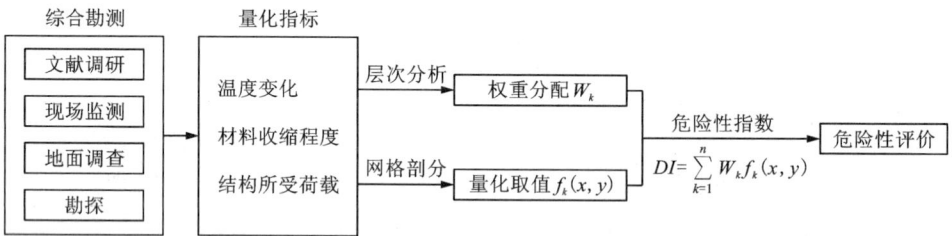

图 8-21　裂缝危险性评价流程

裂缝危险性评价采用危险指数 DI 建立分区评价数学模型：

$$DI = \sum_{k=1}^{n} W_k f_k(x, y) \tag{8-2}$$

式中：DI 为危险性指标，值越大裂缝的危险性越大；W_k 为影响因子权重；$f_k(x, y)$

为单因子影响值函数，其具体意义如表 8-14；(x, y) 为裂缝地理坐标；n 为影响因子个数。

表 8-14　单因子影响函数定义及相应权重

影响因子	影响函数	影响函数定义	权重
温度变化	$f_1(x, y)$	表示温度变化影响量化值	W_1
材料收缩	$f_2(x, y)$	表示交通基础设施材料收缩程度影响量化值	W_2
结构承受荷载	$f_3(x, y)$	表示交通基础设施所受荷载程度量化值	W_3

8.3　基础设施裂缝管理与维护现状

8.3.1　裂缝维护组织方式

裂缝维修工作通常会根据裂缝的不同发展性质而有不同的处理方式。在高温季节时，部分轻微裂缝（平均缝宽小于 2 mm）可自行愈合，使用修补胶即可进行处理或暂时不做处理并保持观察，但如果有无法愈合甚至开始恶化的轻微裂缝，则需要及时维修干预，防止裂缝的进一步恶化。现行的裂缝维修办法大体分为反应性维修、临时性维修、大面积铣刨摊铺、大型改造维修、预防性维修、预测性维护六种维修方式。

（1）反应性维护

裂缝维护方式中最基础的维护是反应性维护，即运行到故障再维修。在此策略中，基础设施一直使用到出现裂缝之后才会进行维修。基础设施可修则修，不可修则重建。这种策略对于成本低，出现裂缝之后也不影响基本功能的基础设施是十分可取的方法。例如，人行道地砖碎裂之后换新地砖，不仅成本低，其损坏后的影响也仅是行走不便。这种裂缝不会因载荷过大而破坏路面基层，但如果出现裂缝的成本高，造成的后续损失较大，则应考虑其他维护方法。

反应性维护的副作用包括：

①容易违反安全或环境法规。

②裂缝的间接危害会增加维修成本。

③维修后的基础设施质量降低。

④短期内可用率降低。

⑤造成浪费，增加了返工成本。

如果基础设施裂缝导致以上情况发生,则反应性维护不适用。在一般现实条件中,50%的裂缝维护是反应性的。就算是在理想维修策略中,也有10%~25%的裂缝维护是反应性的。

(2)临时性维护

针对不同的裂缝,需要采取对应的临时性维护:

①针对轻微裂缝,可考虑直接使用10号沥青油(具有较好的耐老化性、耐磨性、温度稳定性和防水性)进行灌填。

②对于中度及以上裂缝(一般平均缝宽大于2 mm),首先要压缩空气,清理沥青表层中的杂物,之后使用热沥青或者改良沥青,通过浇灌的方式修补裂缝。另外使用开槽机,在清缝后将砂砾与沥青混合填到裂缝中,随后加注沥青冷补料或改性沥青混合料压实成型,并用烙铁封住表层,最后做一层10号沥青油的薄层罩面,封口涂抹防水材料。

(3)大面积铣刨摊铺

大面积铣刨摊铺的方法更适用于直接更换具有裂缝病害的沥青混凝土道面面层,相当于恢复了其整体的水稳性和温度稳定性。这种方式主要适用于三种情况:

①裂缝类病害进行临时性维修后效果不佳的情况。

②难以使用临时性维修方法对"反射裂缝""滑移裂缝""网格状交叉裂缝"这三类病害进行处置的情况。

③沥青混凝土道面老化且各类破损频发的情况。

大面积铣刨摊铺沥青面层的一般流程为:机械铣刨—坑槽清理—黏层油喷涂—热拌沥青混合料摊铺—压路机压实。针对"反射裂缝"进行大面积铣刨摊铺时,应着重对基层的接缝或裂缝进行处理,可考虑使用APP改性沥青油毡或土工布作业,确保与基层道面良好黏合后再进行摊铺。

(4)大型改造维护

当地表水通过裂缝、孔隙等下渗至沥青混凝土道面结构层进而引起水稳性遭到较大程度影响或基层存在松散、脱空等现象时,一般需对病害区域进行大型改造维护,一般流程为:机械铣刨—坑槽清理—基层换填—黏层油喷涂—热拌沥青混合料摊铺—压路机压实,将病害区域沥青混凝土道面的整个结构组合进行更换,通常在基层换填过程中耗费时间较长。

(5)预防性维护

预防性维护一般是用来针对高故障成本的裂缝的,为了达到预防的目的,"故障"不再指基础设施完全失效,而是表示基础设施无法在现有质量、成本和效率下执行其应有功能的情况。为了避免过高的故障成本,预防性维护包括了定期检查、修补、更换三个步骤，这样做是基于裂缝是一个缓慢持续而不断累积的过程的假设。预防性维护的目的是阻止裂缝发育，尽量使裂缝的发展保持在低水平上，但大多数情况下裂缝的发生是难以定位的，一些外界的压力如车辆荷载或温度应力，都会加速裂缝的生成，使本来不存在裂缝或存在微小裂缝的基础设施出现较大裂缝。在没有外界压力的情况下往往不需要进行维护，而在压力作用下如果没有及时维护基础设施，发育的裂缝就有可能加速影响基础设施的使用情况。

（6）预测性维护

预测性维护是通过分析实际基础设施的性能来决定维护的时间及下一步维护方式。在这一策略中，将通过阶段性或持续的监测来侦测基础设施的裂缝及其发育情况，所得的信息用来预测潜在的问题和最佳的维护时间。预测性维护一般用于高故障成本的裂缝危害上。

以上几种方法都有较大的局限性，无法形成一个完整的维检闭环，仍有很大的进步空间。

8.3.2　现阶段国内外裂缝维护模式

（1）日本基础设施裂缝维修模式

日本基础设施维修采用网运合一的管理模式，在基础设施运营维护方面把管理、检测、维修严格分开。各基础设施公司负责管理工作，并把检测和维修的具体实施工作承包给相关的外协公司，各基础设施公司和外协公司之间在检测和维修的具体实施上是发包和承包的关系。

各基础设施公司负责管理，主要是对线路及线路设备的技术状态和运营成本进行管理。主要业务包括日常基本巡检工作，考察检测及施工外委公司并签订承包委外合同，根据检测公司提供的检测资料评估基础设施的技术状态及安全，并在此基础上制定更新维修计划，最后从经济学的角度对投入产出及其在拉动经济增长方面进行评估。负责检测工作的外协单位的职责在于根据承包合同完成基础设施设备的检测任务，并把检测结果传送到相关公司的基础设施设备共享信息系统中。除此之外，检测公司还需要对检测结果进行分析，提出维修更新建议。维修及更新之后的工程验收工作也由检测单位负责。最后，作为施方的外协单位，其职责在于按照承包合同完成基础设施的维修及更新工作。

（2）法国基础设施裂缝维修模式

与日本不同，法国铁路的管理模式为网运分离。在管理、检测、维修三个方面采用的是管理、检测合一，大部分维修作业通过合同委托给外协单位的管理模式。法国基础设施的运营维护及综合检测工作委托给了基础设施运营公司，使其成为真正的管理主体。

自 1976 年以来，法国基础设施运营维护方面一直实行总局、地区局及基层的三级管理体制。具体职责划分如下，总局的运营基础部主要负责基础设施总体的养护维修管理工作，地区局对应的基础部负责相关的管理工作，工务基层部门是综合维修段，归各地区铁路局、公路局管理。下设若干工区，工区下设班组，采用"管、检、修"部分分离的模式。法铁承担高速铁路基础设施的日常检测和养护维修工作，其中既有线的维修段负责牵引变电的养护维修，综合维修段负责线桥隧、接触网和通信信号的养护维修，大规模的维修工作外包给专业维修公司，让其根据签订的协议进行维修工作。

（3）德国基础设施裂缝维修模式

与法国一样，德国基础设施的管理模式也为网运分离模式，其基础设施运营维护的特点是管理、检测、维修合一，部分维修工作通过合同形式外包给外协单位。德国基础设施大部分大修更新、新建和改扩建工程、部分计划性维修等工作则交由外协单位或者组建的工程建设集团完成。除此之外，大部分计划性维修工作、消除误差工作和排除故障工作均由德国各基础设施公司的维护和维修部负责。

在德国各基础设施公司内部，由路网公司承担全部固定设备的运营维护工作。其中，参与或涉及基础设施维修的部门包括设备管理部、运营部、维护部和维修部。设备管理部是基础设施设备的产权所有者，对所有设备负责，并负责维修计划的制定等工作，要对设备的技术标准进行评估，从经济学的角度计算预期收益；运营部负责日常运营工作，并负有处理紧急事故的责任；维护部负责基础设施的日常检查和维护工作，并需根据检查数据上报维修建议，其另外一项重要职能是要把已批准的维修任务以合同的形式承包给维修部；维修部负责维修的具体实施工作，另外，维修部可以通过招投标的方式把部分维修工作交给外协单位完成。

（4）国内基础设施裂缝维修模式

目前，我国既有基础设施裂缝养护维修模式现状为：修程设置按大修、维修设置，修理周期按基础设施结构及交通通过总量划定，管理体制属粗放型管理。管理组织机构纵向分为三级：省部级单位—地方局—基层单位（工务段等）。基础设施裂缝维修采用工务段和工务机械段承担的修理方式，工务段主要负责裂缝的管理以及日常养护，工务机械段承担裂缝大修和综合维修。裂缝检测以每月的区段静态肉眼检查和检测器具动态检测相结合的方式进行，作业手段主要采用劳动密集型修理方式。我国基础设施裂缝大修和综合维修采用大型机械和人工相结合实施"天窗修""夜间抢修"，养护以手工作业为主，并同时采用小型维修机械。

8.3.3　传统裂缝管理方式存在的问题

传统的裂缝管理存在着纸质材料交付(未完全数字化)、信息离散、子系统多、系统割裂、分散、资源和数据无法实现共享、效率低下、无法直观查看裂缝信息等问题。具体包括：

①智能化程度不高，目前需要现场质量人员每天定期调阅各类裂缝数据，仅靠人力发现现场各类质量风险和隐患。尤其是在广域大型工程项目环境下存在信息难理解、易缺失、精度不足等问题，效率低下且不易发现项目中的潜在质量风险和趋势类隐患。

②二维图纸和纸质文档的信息共享性差，另外，裂缝数据的存储系统和设备过于分散，数据集中度不高，造成数据可回溯性不足；对于各业务流程活动和独立平台产生的海量质量数据(照片、报告、问题记录等)如何高效存储、管理和应用缺乏深入研究。

③裂缝信息的搜集整理成本高，现阶段的裂缝数据仍需要通过纸质化进行管理，这就需要人工来提取信息，且信息读取困难，客观上会造成系统割裂和数据隔离。为了便于对裂缝数据管理，需要对原始数据进行整理、装订并保管，但进行归档装订复杂，且需要重复进行档案录入的操作，不仅耗时较长，而且容易出错，人工成本花费也较大。

④查阅不便且使用效率低，纸质化的裂缝档案较为分散，无法智能搜索、准确查找，这就加大了需要审阅的工作人员的工作量；且查阅过程较为烦琐，需登录到不同子系统才能查阅。

⑤裂缝信息的种类繁多，信息离散，子系统多，发展的复杂多变性，决定了基础设施状态的复杂多变，要求裂缝管理信息必须准确、及时，通过传统的裂缝管理模式来掌握基础设施的运行状态，管理信息的处理工作量巨大，势必造成裂缝信息发展的滞后，从而给工作人员的检修判断造成错误影响，酿成不必要的损失。

8.3.4　传统基础设施维护方式存在的问题

传统的运维方式采用的是"检测—响应—维护—恢复"的被动式响应方式，缺乏统一、先进的维护管理制度和章程。没有按照基础设施裂缝的危害程度、发展规律等，对其进行维护管理和资金分配决策优先级的排序，缺乏科学、合理的决策依据等。首先是没有专业的维护人员针对各自系统进行运行维护管理，这就需要投入大量的人力成本，同时设备效能往往不能充分利用，设备运行效率较低，造成了基础设施维护工作十分困难的局面。其次，基础设施裂缝的历史数据查询与利用困难，这给后期的运行维护工作造成了很大的不便。再次，传统基础设施的维护工作总是处于被动响应状态，存在设备异常定位困难、对突发事件应变和处理慢等不足。最后，传统基础设施维护被视为一种附加业务，缺乏维护创效能力。所以，传统维护方式已经无法满足基础设施维护的要求，具体问题可总结为以下三类。

(1)维护资金投入与设施维护需要不匹配

新建项目通过投资的宏观调控，可以直接拉动城市经济增长，更能显示政府施政业绩。20世纪90年代以来，我国各大城市建设取得了长足发展，那时有大量新建城市基础设施，维护的需求量较少，维护管理工作没有成为工作重点。随着时间的推移，已建设施逐步老化，维护工作大量增加，维护量不足的矛盾日益显现。长期以来，一些部门和工作人员存在"重建设、轻管理"的倾向，认为"建设是硬任务，管理是软指标"，突出反映在城市管理和维护的规划滞后、投入不足、人力和物力配置不够、各类规范标准和定额不全、更新不及时等方面，造成"应维护的未维护""维护力度不到位"等问题，设施运行维护无法确保完好有效。由于经济发展的制约和认识不到位，政府对城市基础设施维护管理投入不足，故城市基础设施维护管理资金主要来源于经营收益，而基础设施运营单位普遍存在经营效率低下、亏损运行的状况，以致城市基础设施老化陈旧等现象较为普遍，难以发挥其应有作用。

(2)管理水平缺位、缺乏科学的维护观念

目前城市基础设施的维护管理方式仍然遗留着计划经济时代的思想观念。城市基础设施深受计划经济时代管理理念的束缚，还在实行统一管理、分级管理、统一管理和分级管理相结合的方式。首先，由于存在"重建设、轻管理"的思想，在城市基础设施建设的时候，没有将今后维护管理的资金、技术考虑到位，造成实际维护管理时，缺乏有效的资金渠道和技术条件；其次，在城市基础设施实际运营维护管理过程中，管理部门之间缺乏必要的整合，各自为政，难以协调工作。如基础设施的规划、建设不配套，导致建设周期不同步，造成城市道路重复开挖，"拉拉链"现象十分严重，浪费了人力和财力。相关规章法规不够健全，一些地方性立法程序不够合理，缺乏立法的预见性和超前性。城市基础设施管理执法亦有较大的随意性，有法不依、执法不严、多头执法的情况时有发生。城市基础设施管理业没有形成一个完整、有机的监督体系和运行机制监督机构。

由于经济立法的滞后和执法的不严，以及主管部门管理手段的单一，城市基础设施建设和后期维护管理的发展受到很大影响，有些领域表现得尤为突出。如地下管线、管道重复建设，道路建设发展速度跟不上小客车拥有量的速度，道路重复开挖，重大市政基础设施项目协调机制不完善；部分公众素质不高，设施破坏严重等。相关管理部门一般在城市基础设施出现一些病害或某些功能无法满足日常需求时才考虑制订维修计划和方案。科学的维护管理应建立在长期的跟踪检测与评价基础上，应根据科学的评价，编制日常养护计划与修缮改造工程。有些管理部门虽然定期或不定期地开展城市基础设施检测评定工作，但由于缺乏历史数据的积累及现有数据可靠性较差，不能建立起一整套行之有效的城市基础设施功能评价评估系统，因此也直接对年度维护计划的编制质量产生影响，导致养护费用效益无法达优。

（3）信息化、机械化水平不符合标准

城市基础设施维护工作需要借助新技术、新工艺、新材料；在维护监测手段上，需要借鉴现代化的综合监测装备。但是，在市政基础设施实际维护过程中，依然缺乏科学化、自动化运营管理技术，依旧习惯于靠人工、目视方法，按照既有排定的时间表对基础设施进行检测，对国外已有的"四新"技术仍处于测试阶段，尚未大规模推广使用。这样既耗时费财费力，又难以获得具有及时性以及持续性的系统化信息，难以掌握即时环境与结构系统特质的变化。

8.4　基础设施裂缝的智能管理体系

8.4.1　裂缝特征的精确刻画

表面裂缝微观形态的精确刻画对于评估基础设施开裂状况、监测裂缝传播以及路面的维护管理决策具有重要意义，因此需要一套精确、连续测量裂缝宽度的方法框架来对基础设施的表面裂缝进行分析。

目前常用的正交投影法并引入准欧几里得距离度量可以确定裂缝骨架线上每个点的连续宽度。这一方法的研究成果被证明了从高精度基础设施图像数据提取结构表面裂缝骨架和裂缝宽度测量是高效且可行的。鉴于该方法在某些裂缝中进行自动计算时会产生误差，目前多使用更为科学的基于拉普拉斯方程的精确测量方法。该算法包括裂缝扩展提取算法和裂缝边界提取算法，完美地解决了测量中可能出现的误差，实现了连续无歧义的裂缝形态分析。采用现场数据进行了实验测试，证明了提出的裂缝宽度精确测量方法的准确性、可靠性和实际应用能力。

此外，基于裂缝微观几何形态特征的精确测量理论和方法，中南大学邱实教授团队开发了高速铁路轨道板破损自动识别系统，主要包括结构表面破损信息采集系统和结构表面破损信息自动识别系统。该系统能够清晰准确地记录高速铁路轨道板巡检图像信息,选择合适的识别精度将裂缝准确地提取出来,并进行自动分类,该软件系统将应用于铁科院所研发的新一代自动化巡检系统中。

8.4.2　裂缝编码系统的建立

本小节主要是描述如何将基础设施上出现的裂缝进行编码精确化管理,包括一些具体的编码方式的介绍以及现有的编码方法,这是实现 BIM + GIS 的可视化管理的基础。裂缝编码系统主要的分类编码对象包括出现裂缝的设施(某某桥梁、某条线路等)、裂缝具体数据(上面的裂缝刻画体系,包括大小、位置等)、检测设备和日期,根据我国现有的《信息分类和编码的基本原则与方法》对上述数据进行科学系统的编码,得到一套统一的裂缝编码系统,从而对海量检测数据进行建库、归档,便于存储和查看。

裂缝编码系统的建立是将信息模型中的对象赋予计算机容易识别的符号,形成编码集合。整个信息模型是一个大的编码集合,集合中的每一个编码都代表着信息模型中的某类对象。信息模型中具有相同属性和特征的对象分为一类,具有相同的编码符号。类别编码在信息模型的编码集合中具有唯一性,这可保证信息模型在不同专业及不同应用系统之间能够正确解析。

(1)系统编码的三大要素

1)系统编码的原则

各类基础设施的信息模型中元素的编码应遵循如下基本原则:

①唯一性。在分类编码体系中,每一个类别有且仅有一个编码,一个编码也只对应一个元素类别。

②规范性。在分类编码体系中,编码结构及格式应保持一致。并对编码中使用的符号给予解释说明。

③扩展性。元素分类编码时应考虑冗余余量,满足未来不断扩展的需要。

2)编码方法

层级编码以对象层级分类为基础,将对象编码成为顺序递增可扩展的类。对象编码由表格编码和层级编码(第一级、第二级等)组成,表格编码和层级编码都由 2 位数字组成。采用"-"连接分类与层级码,采用"."连接层级码。不同的基础设施对编码的精确度要求不一样,单一类目的编码并不能精确地描述对象,将不同编码与" + ""-"" < "" > "符号一起使用可以准确地描述复杂对象。

不同的运算符号代表不同的含义," + "将多个代码组合在一起,"/"表示单个表中的分类对象代码段,"/"前代码为起点,"/"后代码为终点,"<""＞""用于表示分类对象间的隶属或主次关系。

3)编码系统的设计方法

①选用公开发表的分类编码系统作为参照对象,分析其结构设计的特点;

②确定分类原则,即编码设计是按什么特性来划分不同种类的裂缝,在众多特征中,如何选出"主要"特征来描述。

③以分类目的为出发点,统计出各类基础设施裂缝相应特征属性中所含的种数,以明确要分类的结果。

④将统计的所有数据进行整理分类,并根据分类目的确定出分类环节数和分类标志。

⑤根据裂缝的特征和人们的认知将所采集的裂缝数据进行细分,并确定大、中、小类。

⑥确定各环节的码位数及代码符号,码位数由符合该环节特征的所有的产品数来确定,字符只是一种表示方法。

⑦对编码的结果进行验证及修改。选取一定数量的裂缝书籍,按照设计的编码结构进行编码,以多种方式来验证其科学性,并对不合理的环节进行修改。

⑧编制出相应的裂缝的编码对照明细表,以便编码的录制、查询及检索。

(2)基础设施中的病害位置编码

1)基础设施病害编码方法

基础设施编码主要包括6部分:路线编码、行政区域代码、种类编码、行车方向编码、构件编码和裂缝编码。如图8-22所示。

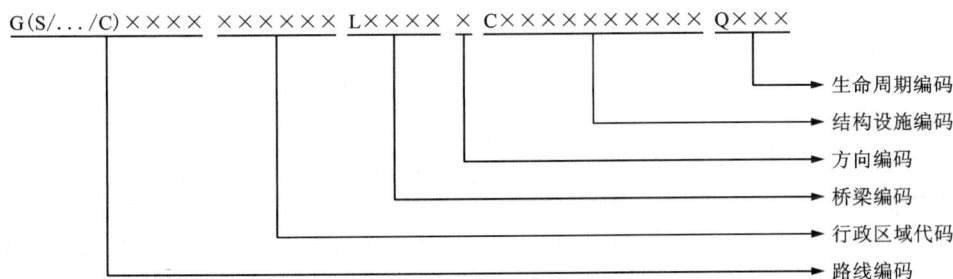

图8-22 桥梁构件编码结构

①路线编码。

编码中的第1部分路线编码以路线行政等级代码开头,字段中包括1位英文字符和 4 位数字,主要分为公路路线编码和市政道路路线编码 2 种类型。其中,公路路线编码沿用 GBT 917—2017《公路路线标识规则和国道编号》中的相关规定,用以表示桥梁所属路线,公路行政等级标识符主要包括:国道(G)、省道(S)、县道(X)、乡道(Y)、村道(C)、专用公路(Z);市政道路行政等级标识符主要包括:快速路(K)、主干路(M)、次干路(U)、支路(L)。

②行政区域代码。

编码中的第 2 部分为行政区域代码,由 6 位阿拉伯数字组成。该部分编码主要采用中华人民共和国民政部规定的"县以上行政区域代码作为公路交通基础设施行政区域代码"。行政区域代码和第 1 部分路线编码共同决定了桥梁所属路段。对于一个桥梁跨多个(一般 2 个)行政区域的特例,可根据其养护单位所属的行政区域进行编码,如果涉及多个养护单位,且不属于同一行政区域,则可根据养护界限划分,将其视为多个桥梁来进行编码。

③部件编码。

编码第 3 部分为桥梁编码,其结构如图 8-23 所示,由字母"L"和 4 位阿拉伯数字组成。该部分编码字母的定义沿用并参照《公路数据库编目编码规则》(JTT 132—2014)和《桥梁命名编号和编码规则》(GB/T 11708—1989)的规定;4 位阿拉伯数字中第 1 位为桥梁分类,其余 3 位为基础设施编号。桥梁编码按行车方向依次编码,一桥一码。

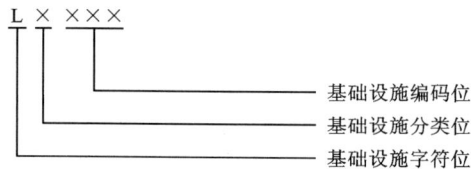

图 8-23　桥梁编码结构

④方向编码。

方向编码主要用于区分车行方向,该部分属于编码的第 4 部分。该部分编码类似于"×","×"为方向代码编码,主要包括:左幅(L)、右幅(R)。如果基础设施无方向之分,则方向代码为 U。左幅(按行车方向),大桩号往小桩号方向;右幅(按行车方向),小桩号往大桩号方向。桥梁主要根据桥梁结构类型进行分类,参照《桥梁技术状况评定标准》(JTG/TH 21—2011),各结构类型桥梁与其代码如表 8-15 所示。

表 8-15　桥梁结构类型编码

结构类型	代码
梁式桥	1
板拱桥、肋拱桥、箱型拱桥、双曲拱桥	2
钢架拱桥、桁架拱桥	3
钢-混凝土组合拱桥	4
悬索桥	5
斜拉桥	6

⑤构件编码。

构件编码为编码的第 5 部分，构件编码起始位为字母"C"，后续为字母 + 数字。构件编码位的具体位数说明如图 8-24 所示。其中，R—右侧、L—左侧、U—无左右之分；无所属跨的构件，所属跨编码位为"00"，反之，该编码为跨编码值；无所属墩的构件，所属墩编码位为"00"，反之，该编码为墩编码值。

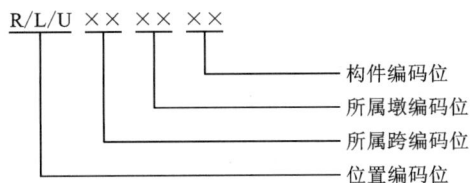

图 8-24　构件编码位的具体位数说明

⑥生命周期码。

公路交通基础设施生命周期码应能准确地反映出基础设施所经历的病害处置、维修和更换次数，生命周期码以字母"Q"作为其开始字符，后续以 3 位数字位代表其病害处置、维修和更换次数。如图 8-25 所示

图 8-25　生命周期码

⑦铁路编码方法。

根据《中华人民共和国铁路线路名称代码》，铁路线路代码编制原则主要有三点：①既有线路的已用线路名称代码保持不变，新增线路按照国标来执行；②线路名称代码由四位全数字码组成，代码范围为0001~9999；③线路名称代码的第一位为线路类别，线路名称代码中后三位为线路顺序号，如图8-26所示。

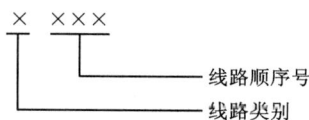

图 8-26　铁路编码

线路类别代码如表8-16所示。

表 8-16　铁路线路类别代码

第一位代码	线路类别	备注
0	干支线	
1	联络线	
2	联络线	
3	客运专线	属于干支线
4	干支线	备用
5	干支线	备用
6	联络线	备用
7	联络线	备用
8	地方铁路、非路产专用线	
9	地方铁路、非路产专用线	

3.基础设施中的病害类型编码

为了便于建立便捷高效的病害标准库，在病害分类的基础上，对各类病害进行编码。编码使用层级编码，要从数据库读取的方便快捷角度出发来进行编码排序, 层级编码采用全数字编码方式, 长度为五位数。第一位数字代码代表第一层级及四大划分标准, 数字范围为 1~4, 公路(1), 桥梁(2), 隧道(3), 轨道(4); 第二、三位数字码代表第二层级即补充分类, 编码范围为 00~99; 第四、五位数字码代表第三层级即病害类型, 编码范围为 00~99。

为了保证病害标准库的适用性, 实现交通基础设施裂缝数据的规范化录入, 在符合国标的同时, 统一描述裂纹评定描述, 如表 8-17、表 8-18 所示。

表 8-17　轨道板裂纹评定描述 (文字前的数字为其编码)

裂缝分类	标度	评定描述
40001 轨道板裂纹	1	完好
	2	局部出现轻微裂纹
	3	外观有较多明显裂缝
	4	开裂严重, 影响结构安全

表 8-18　交通基础设施裂纹编码 (部分)

编码	一级	二级	三级
10001	公路	表面裂纹	完好
20023	桥梁	次要钢构件裂纹	外观有较多明显裂缝
30034	隧道	裂纹	开裂严重
40002	轨道	轨道板	局部出现轻微裂纹

为了更好地诠释这个编码结构, 以"重庆市渝中区曾家岩大桥第一跨 8 号桥梁段墩台帽裂缝"进行编码示例, 曾家岩大桥所属城市主干道, 其编码为 M0001; 所属区域为渝中区, 其代码为 500105; 桥梁为梁式桥, 编码为 L1001; 第一跨 8 号梁端编码位 C060100U08; 结构为原始结构, 无维修记录, 生命周期编码位 Q001; 裂缝为公路桥墩台帽裂缝, 严重程度为外观有较多明显裂缝, 裂纹编码为 20122, 即"重庆市渝中区曾家岩大桥第一跨 8 号桥梁段墩台帽裂缝"的编码为"M0001500105L1001UC060100U08Q00120122"。

8.4.3　基于 BIM + GIS 的裂缝数据可视化管理

BIM 是建筑工程项目中利用 BIM3D 或 BIM4D、BIM5D 信息技术等进行的一种技术管理手段。BIM 技术在建筑工程项目中的运用可贯穿建筑物的整个生命周期，使建筑工程的设计方案实现三维可视化设计、虚拟漫游，可自动判别一些设计的错误和缺陷，在项目实施前可消除各种可能导致工期延长和资金浪费的设计隐患，进一步提高项目全过程精细化管理水平，从而大幅提升项目的各项效益。

GIS 是一种特定的十分重要的空间信息系统，在计算机的支持下，是能对整个或部分地球表层（包括大气层）空间中有关地理分布数据进行采集、储存、管理、运算、分析、显示和描述的技术系统。

BIM 和 GIS 技术的融合，能够将微观领域的 BIM 信息与宏观领域的 GIS 信息进行交换和互相操作，基于 BIM + GIS 的裂缝数据可视化管理平台就是该领域在裂缝数据管理中的最新应用。

BIM 技术在裂缝数据可视化管理过程中可以对项目所有相关信息进行整合，并在项目设计、施工、运行和维护的全生命周期过程中进行共享和传递。从基础设施的全生命周期出发，通过 BIM 技术，可将设计、建设、养护管理进行整合，控制工程信息的采集、加工、存储和交互，构建信息的创造、传递、评估和利用的良性循环机制。GIS 数据库实现对地理数据的空间信息和属性信息的整合、存储，对病害、作业点进行多方位的信息记录，形成属性表，实现基于位置与属性的双向查询、统计、分析；通过强大的空间分析能力及可视化功能，进行各类基础设施的状况评价与预测、施工现场安全及应急管理等。

通过上述建立的裂缝数据的刻画方法体系和统一的裂缝编码系统，结合 BIM 和 GIS 实现对裂缝数据的可视化管理。可以实现对裂缝信息的监测和预警。将 BIM 和 GIS 相结合的图形信息集成到，运营管理平台中，通过底层数据的流通和转换，在系统中实时映射基础设施的运行情况，为基础设施运营管理人员提供有效的决策依据。

将 BIM 和 GIS 数据集成到运维平台中，包括在网页端或程序端加入高性能数据转换插件、高效后处理中间件、快速在线转换服务和模型浏览软件。通过 BIM 和 GIS 轻量化和数据融合技术，一方面可以直观地展示基础设施裂缝的信息数据和管理数据，帮助运维人员有效地掌握基础设施的运行情况；另一方面可以实现数据流通和多专业协同，通过兼容多源数据格式，将不同格式的 BIM 和 GIS 进行整合，其打破了 BIM 和 GIS 模型间的交互屏障，实现了统一的数据格式与数据应用，使 BIM 和 GIS 在裂缝数据可视化的应用得到了加强。

可视化展示层是基于 BIM + GIS 信息化技术手段对于平台的数据及数据应用信息进行展示的图层，其中，GIS 主要为地图导航功能，可以对出现裂缝的位置进行精确导航，BIM 借助工程仿真模型，利用模型作为信息载体，通过与工程数据相结合，实现各类基础设施裂缝的信息化展示，并在此基础上利用

BIM 所独有的联动分析、推算等功能进行扩展应用，如图 8-27 所示。

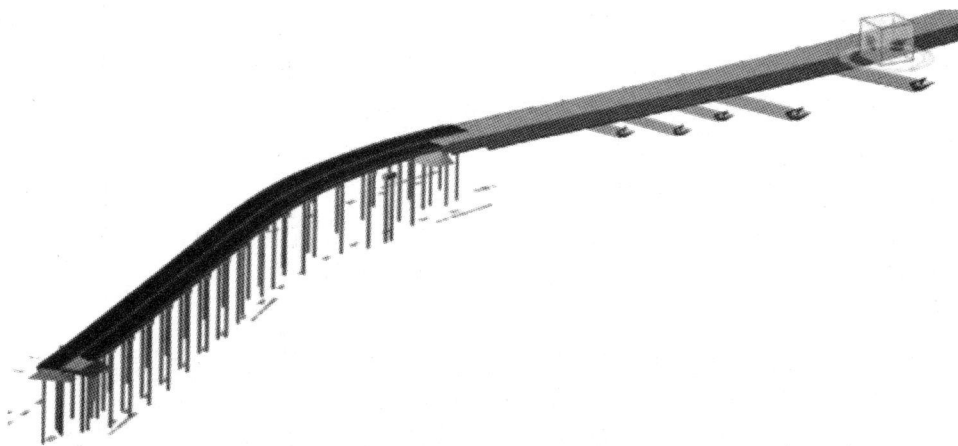

图 8-27　路桥 BIM 模型

(1) GIS 信息中心系统

基于 GIS 地图从宏观视角对项目的空间位置信息进行可视和管理，包括项目的整体位置情况，标段、场站、工点的具体位置信息。通过将 GIS 地图与 BIM 模型进行关联，用户在大比例尺的地图中通过点击节点图标，即可进入工点 BIM 模型，查看更详细的裂缝等信息。其主要功能为：

1) 基础信息编辑

基础信息编辑主要包含两部分功能，即地图底板信息与项目选择。对不同项目的所在区域进行划分，并绘制项目工程的线路、位置等基本信息。

2) 节点信息编辑

用户可以在地图中对关注的标段信息、站点信息以及设备信息进行位置的编辑，并对每一个节点建立唯一的节点编号。节点编号作为连接系统各个模块信息与 BIM 信息中心的接口，包括标段信息编辑、站点信息编辑、设备信息编辑。

3) GIS 地图功能

多级界面展示，初始界面为全路段宏观展示；二级界面为对整个"四电"项目的标段、场站信息进行初步显示，在此页面中，用户可以了解标段、场站的分布情况；三级界面为对一个标段内的场站信息和设备信息进行显示，用户可以浏览本标段内场站、设备精确的地理空间分布状态，并可通过鼠标单击，获得场站、设备的详细信息。

（2）BIM 信息中心系统

基于业主单位、施工单位提供的 BIM 模型文件，针对基础设施的各个区段、资源中心、等线性工程区间和建筑物以工点为基本单位进行建模，通过轻量化处理，可形成便于在浏览器中加载的 3D 模型。模型与其他子系统所传输的数据相结合，可实现模型信息的可视化和应用功能，方便用户使用。其主要功能为：

1）BIM 模型信息可视化

模型依托 GIS 来进行可视化，两者通过标段和节点编号进行关联。模型浏览包括全局漫游浏览以及局部细节浏览，如图 8-28 所示。

图 8-28　BIM 在 GIS 场景中整合

2）BIM 模型数据信息应用

对于 BIM 模型数据所显示的数据信息，可以通过整合不同类型的数据进行特定的应用，并将数据分析结果与 BIM 可视化相结合，融入 BIM 模型上进行告警信息、进度等信息的展示。

3）BIM 模型数据联动管理

为了将质量安全管理的信息在 BIM 模型中进行详细展示，在 BIM 系统中设计了与资源中心系统、工程过程管理系统、视频监控系统的数据联动。

基于 BIM + GIS 的裂缝数据信息管理平台有以下优点：①能够促进不同参与单位、不同层级之间关于项目数据信息的共享，提高不同单位、层级之间沟通效率；②能够融合 BIM 和 GIS 的工作模式，大大提升裂缝数据管理的效率；

③工作流程和可视化显示效果简单明了，方便业主和外部人员等非专业人士的查看和理解，同时为管理者的决策提供了有力的支持。

8.5　基础设施的智能维护与决策支持

8.5.1　主动安全保障模式的确立

传统基础设施裂缝的检测策略多为被动检修，检测效果不理想，无法很好地应对复杂的裂缝情况，并且它过度依赖人工判断，效率极低且经常会出现漏判、误判的情况，无法及时发现裂缝并进行补救。

要提高基础设施裂缝的检测率，优化裂缝检测效果，关键在于对数据集合的处理，将传统的运维被动式响应方式转变为主动安全保障模式，即"检测—分析—评估—预警—响应—维护—恢复"一体化方式。充分融合先进的智能检测、监测与物联网、大数据等信息技术，精确提取和分析各种基础设施裂缝的发展特征，建立评价模型，预测基础设施裂缝在反复荷载与复杂环境等多因素作用下的发展与演变规律，并提出合理的维护管理策略。主动安全保障模式对实现基础设施全方位、全周期的主动安全管控，提高基础设施裂缝检维的效率和正确率，延长使用寿命具有重要意义。

8.5.2　基础设施维护优先级排序

通过建立大数据优先级顺序，智能地将需要维护的裂缝进行登记分类，优先维护优先级别高、危险的裂缝，能提高基础设施裂缝检维工作的效率和安全性，在裂缝检测领域开辟一条新的道路。基于前面对基础设施裂缝的智能辨识与发展状况的预测，对基础设施进行维护管理和资金分配决策优先级排序。以下是三种主要的排序方法：基于裂缝位置的维护优先级、基于裂缝类型的维护优先级和基于裂缝发展的路面综合评价与分级方法。

（1）基于裂缝位置的维护优先级

以往的研究和管理规范着重于裂缝的危害程度，用于评价裂缝对基础设施长期性能指标的影响。但危害程度的分级不仅仅需考虑一项裂缝因素，它是综合裂缝的各项指标而确定的，如裂缝的位置、裂缝的类型和裂缝的成因。

目前还没有学者对基于裂缝位置的维护优先级进行系统的整理，这项工作的目的就在于根据裂缝的位置详细考虑损伤程度，从而制定裂缝维护的优先级。

裂缝的位置按照基础设施类别分类可以分为路面裂缝、桥梁裂缝、隧道裂缝和轨道板裂缝。其中路面裂缝的研究较为成熟,其他类裂缝的研究较少。本研究搜集了国内外文献,对不同部位、不同形式的基础设施裂缝的危害进行了梳理和分析,并将基于裂缝位置的维修优先级划分为三类,即立即维修、适时维修和定期维修,对应其危害程度高、中和低。

1)路面裂缝

①车轮荷载区域内。

车轮荷载区域内是受力最频繁的区域,也是最易出现裂缝的区域。裂缝在形成的初期,一般只是轻微的轮道纵向裂缝,此时裂缝对路面长期性能的影响较弱。但是考虑到车轮荷载区域内频繁的反复荷载作用,极易造成疲劳裂缝连成块状,甚至破坏路面基层,导致大规模的反射裂缝。综上所述,对车轮荷载区域内的裂缝应遵循立即维修的维护策略,及时发现,及时处理,确保裂缝不扩大,以免产生更高成本的维修费用。

②车轮荷载区域外。

车轮荷载区域外的裂缝一般是由路面内部化学反应、温度应力作用和施工不当造成的,与外力作用的关系不大,但有时候会出现因外力作用而导致车轮荷载区域内产生大量裂缝,从而破坏路面的整体受力性能,并导致车轮荷载区域外出现纵向裂纹的情况,需进行定期检修。

横向裂缝的出现一般贯穿荷载区与非荷载区,故在位置判定时,应将横向裂缝归类于车轮荷载区域内裂缝分析。

③路面接缝处。

现在绝大多数的路面上都设有接缝,用来抵御温度应力的侵扰,因此,路面接缝处出现的裂缝被认为是可以容忍的,只需要适时维护,防止其出现因长期不维护而导致的并发路面损坏即可。

④不同材料路面的衔接处。

不同材料路面的衔接处是路面的薄弱环节之一,因为不同材料的力学性能不同,一旦出现裂缝,对路面的损坏程度是极大的。由于不同材料的抗压强度和弹性模量不同,路面衔接处的裂缝发育速度往往是正常路面接缝处的数倍,易引起路面高低不平和坑洞,极大地影响行驶质量,故不同材料路面衔接处的裂缝应立即维修,并从根源上解决裂缝发育的问题。

以上四种位置的维护优先级如表8-19所示。

表 8-19　路面基于裂缝位置的维修优先级

位置	维修策略		
	立即维修	适时维修	定期检修
车轮荷载区域	√		
非车轮荷载区域			√
路面接缝		√	
不同材料路面衔接处	√		

2）桥梁裂缝

①上部结构裂缝。

梁桥上部结构的主要病害有结构性与非结构性裂缝、主梁下（上）挠、T 梁上拱、单板受力、钢筋锈蚀及其他表层缺陷，表现为梁体的承载能力不足。此类裂缝是梁体强度不足的特征，也是梁体开始破坏的表现。所以，此类裂缝应立即维修。

②下部结构裂缝。

下部结构指的是桥台、桥墩及桥梁基础，作用是支持桥梁上部结构并将荷载传给地基。裂缝在桥梁下部结构中的表现主要为：盖梁开裂、防震挡块开裂、混凝土墩台开裂、混凝土墩台身大面积开裂等。这类裂缝需要适时维修。

桥梁维护优先级见表 8-20。

表 8-20　桥梁基于裂缝位置的维修优先级

位置	维修策略		
	立即维修	适时维修	定期检修
上部结构裂缝	√		
下部结构裂缝		√	

3）隧道裂缝

①表面裂缝。

隧道表面裂缝主要是表面温度裂缝，这类裂缝是因混凝土硬化期间放出的大量水化热导致隧道表面和内部温差较大而产生的，这类裂缝只在接近表面的浅层范围内出现，表层以下结构依然完整。这类裂缝需要定期检修。

②连接处裂缝。

隧道连接处的裂纹主要是在新旧混凝土的施工缝之间出现的裂缝，这类裂缝的产生是由于在新旧混凝土接触面没有控制好水泥浇筑车止水带处混凝土面线性。这类裂缝需要立即维修。

③沉降缝裂缝。

隧道沉降缝裂缝产生的主要原因有地基不均匀沉降、结构荷载差异太大和新旧砼之间引起的不均匀沉降。这类裂缝可以根据周期进行观测，并可根据观测结果选择施工方法。这类裂缝需要定期检修和适时维修。

隧道基于裂缝位置的维护优先级见表 8-21。

表 8-21　隧道基于裂缝位置的维修优先级

位置	维修策略		
	立即维修	适时维修	定期检修
表面裂缝			√
连接处裂缝	√		
沉降缝裂缝		√	√

4）轨道板裂缝

①轨道板与轨道结合部裂缝。

轨道板与轨道结合部的裂缝主要是在结合部的四个角端出现的 45°左右的角裂缝，这一类裂缝是由外荷载引起的结构裂缝，即受力裂缝。这类裂缝容易影响轨道板与轨道的刚性结构稳定性，所以需要定期检修，且一经发现应立即维修。

②轨道板中间轨枕外侧裂缝。

轨道板中间轨枕外侧裂缝主要有两种形式，分别是横向和斜向裂缝，这些裂缝是轨道板混凝土自身材料特性引起的，主要包括由温度梯度与收缩变形引起的裂缝。这类裂缝可以适时维修。

轨道板基于裂缝位置的维护优先级见表 8-22。

表 8-22　轨道板基于裂缝位置的维修优先级

位置	维修策略		
	立即维修	适时维修	定期检修
轨道板与轨道结合部裂缝	√		√
轨道板中间轨枕外侧裂缝		√	

（2）基于裂缝类型的维护优先级

裂缝的类型往往由其成因决定，基于裂缝类型的维护优先级是在充分研究裂缝成因的机理上，分析其对基础设施长期运行状态的影响程度，从而决定裂缝维护的优先级。

裂缝的类型根据成因可分为以下几种：沉陷缝、干缩缝、温度缝和负载缝等。根据这些裂缝出现的宽度及深度可将裂缝分为轻微裂缝、一般裂缝和严重裂缝，再根据裂缝维护的优先级可分为立即维修、适时维修和定期检修，对应的危害程度可分为对承载没有大的影响（无害裂缝）、无决定性影响和影响结构安全耐久性（高危）。

1）沉陷缝

沉陷缝的产生是由于结构地基土质不匀、松软，或回填土不实或浸水而造成不均匀沉降；或者因为模板刚度不足，模板支撑间距过大或支撑底部松动等，特别是在冬季，模板支撑在冻土上，冻土化冻后产生不均匀沉降，致使混凝土结构产生裂缝。此类裂缝多为深进或贯穿性裂缝，其走向与沉陷情况有关，一般沿与地面垂直或呈 30°~45° 角方向发展，较大的沉陷裂缝，往往有一定的错位，裂缝宽度往往与沉降量成正比关系，而受温度变化的影响较小。地基变形稳定之后，沉陷裂缝也基本趋于稳定。不均匀沉陷裂缝对结构的承载能力和整体性有较大的影响。

沉陷裂缝维护优先级见表 8-23。

表 8-23　沉陷缝维修优先级

位置	维修策略		
	立即维修	适时维修	定期检修
轻微裂缝			√
一般裂缝		√	
严重裂缝	√		

2) 干缩缝

干缩裂缝主要是指在建造公路、桥梁、房屋建筑及各种构筑物时，结构的外荷载都没有加上，混凝土刚刚浇筑完成时出现的裂缝。这种裂缝属于表面性的，没有一定的规律，走向纵横交错，宽度及长度一般都较小，多为 0.1~0.4 mm。干缩缝在公路、桥梁、隧道和轨道板等混凝土结构上广泛存在。这类裂缝若及时处理，方便程度高，损失小；若不进行及时处理，雨水、雪水渗入之后会引起钢筋锈蚀。

干缩裂缝维护优先级见表 8-19。

表 8-19　干缩缝维修优先级

位置	维修策略		
	立即维修	适时维修	定期检修
轻微裂缝			√
一般裂缝		√	
严重裂缝	√		

3) 温度缝

温度缝是指在混凝土浇筑后，初凝过程中因水化热得不到及时散发，导致混凝土内部温度较高，内外温差较大，混凝土的形变超过极限而引起的裂缝。温度缝在公路、桥梁、隧道和轨道板等混凝土结构中较为常见。这类裂缝可以是表层的，也可以是深层或贯穿性的。温度缝走向没有一定的规律性；裂缝宽度沿裂缝方向无多大变化，但是受温度变化影响，会有明显的热胀冷缩现象。随着时间的推移，温度缝还会逐渐开展，甚至恶化。

温度裂缝维护优先级见表 8-25。

表 8-25　温度裂缝维修优先级

位置	维修策略		
	立即维修	适时维修	定期检修
轻微裂缝			√
一般裂缝		√	
严重裂缝	√		

4）负载裂缝

负载裂缝主要是由公路、桥梁、隧道和轨道板上的交通工具及其他外力荷载作用导致的裂缝。这类裂缝在轨道板上表现为在轨道板与轨枕结合部的四个角端出现的 45°左右的角裂缝，在隧道和公路上表现为反射裂缝。这一类裂缝对路面性能的影响主要有降低路面防水性能、增加路基压应力、引起路面变形以及磨耗层沿裂缝损坏。

负荷载裂缝维护优先级见表 8-26。

表 8-26　负载裂缝维修优先级

位置	维修策略		
	立即维修	适时维修	定期检修
轻微裂缝			√
一般裂缝		√	
严重裂缝	√		

（3）基于裂缝发展的路面综合评价与分级方法

在国外，路面资产已经逐渐老化，为了保持公路的继续使用，每年都有大量公共资金投入到公路的养护维修中。在通常情况下，经验综合评估方法是首选办法，但是这一方法主要是基于专家和工程师的经验判断，有很大的局限性。为了优化资源的分配，许多路面综合评价模型被提出，常用的有主成分分析法（principal component analysis，PCA）、物元模型分析法和相似性有限顺序技术（the technique for order preference by similarity to ideal solution，TOPSIS）等。

1）主成分分析法

主成分分析法的主要思想是降维，它通过数学方法对原来的多个相关变量进行变换，生成的是原来变量线性组合的主成分，从相互独立的新变量主成分中选取在变差总信息量中贡献率较大的主成分来分析事物。

王国凤等选取北京市石景山区的道路养护数据，在主成分分析法的基础上对模型进行简化，对其进行了综合评价，得出了道路养护优先级，为道路养护提出了科学的建议。

2）物元模型分析法

物元分析是我国学者蔡文首创的，它是研究求解不相容问题的理论，最重要的部分是质和量的分析。事物、事物的特征和事物关于特征的类别或量值就是物元，它们构成有序的三元组。由于事物有许多特征，因此物元可表达为多维形式，在此基础上，可以进行物元变换，将不相容的问题转换为相容问题，从而合理地解决问题。

王惠勇等使用武汉市城区 20 世纪 70—90 年代陆续修建的若干条道路路面状况的原始资料，采用物元分析方法进行路面状况综合评判，与灰色方法的评价结果一致，说明了该方法是合理的、可选择的，可以进一步推广到其他复杂系统的质量判定中去。

3）相似性有限顺序技术

相似性有限顺序法是根据有限个评价对象与理想化目标的接近程度进行排序的方法，它是在现有的对象中进行相对优劣的评价。

为了弥补经验性路面评价实践的局限性，作者团队从路面维护项目优先级角度出发，通过现场收集的各种路面性能数据制定了一系列维护项目的先后顺序。下面介绍作者提出的一种应用数据驱动方法进行全面路面评估和排名的框架。

TOPSIS 和 PCA 方法是框架的两个支柱。这种数据驱动的方法使用多维的物理路面状况度量来生成候选路面截面的无偏等级。采用这种方法可以将经验判断的影响降到最低。此外，它比简单的平均值更科学。

基于数据驱动的路面排名框架步骤为：

①从路面管理系统数据库中检索路面状况数据。

②准备数据进行统计分析。

③对数据集进行相关性分析，确定具有高相关性的属性。

④将 PCA 应用于高度相关的属性中，并将很多属性组合成一个。

⑤使用降维数据集进行 TOPSIS 分析。

⑥从 TOPSIS 结果中获取路面等级，若属性高度相关，则 PCA 结果可用于路面等级。

⑦基于常规效用理论的评估，将 PCA 和 TOPSIS 两种方法进行比较，得出最佳决策。

所提出的方法已在路易斯安那州林肯教区的案例研究中得到应用，根据 18 个路面性能指标评估了 35 个路面断面，排名结果证明了 TOPSIS 方法的可行性和有效性。

总之，与广泛使用的主观方法相比，该方法在路面性能数据可用时是直接、有用和实用的。它能够处理多维路面状况数据，这将鼓励公路部门在未来的路面评估中收集和使用性能指标的更多方面。此外，此方法适用于不同级别和规模（州、县和城市）的公路代理。该方法生成的路面等级可以用于支持资源分配和项目优先级。

8.5.3　基础设施智能维护决策的制定

对施工规模较大的基础设施建设工程而言,其本身周期长,范围广,且整个线性工程本身也具有时间和空间的差异性,不同位置,不同建设时期,工程本身都具有不同的情况。BIM 借助基础设施的模型作为信息载体,GIS 可以融合可视化分析技术,对数据进行全方位、多维度的深入挖掘和可视化展示,因此,基于 BIM 和 GIS 的裂缝可视化管理体系在智能维护决策过程中有十分重要的地位。

裂缝智能管理体系可以按照预先设置的规定,将裂缝按危害程度分为高、中、低三个等级,分别对应立即维修、适时维修和定期维修三种维修状态,并对危害程度不同的裂缝标以不同的颜色进行区别,系统还会自动对裂缝进行优先级排序。这样,管理和决策人员就能在可视化平台中快速、清晰地看到裂缝的具体位置和发展状态,了解裂缝是否需要紧急维修。

需要立即维修的裂缝对基础设施的运营安全危害最大,维修优先级最高,但同时,维护成本也最大。综合考虑维护成本和基础设施的运营安全以及该裂缝位置的历史维护信息,应按照尽量以最小的成本实现最大的安全保障的原则来制定应急处理方案和日常的监测维护策略。

8.5.4　基础设施智能运维案例

随着新一代信息化技术的快速发展,传统的基础设施养护管理方法的质量和效率越来越不能满足养护管理的要求,为了提高基础设施的智能运维能力,基于 BIM 和 GIS 的智能运维管理分析方法开始应用于交通路网养护,尤其在重要的桥梁管理环节中取得了不少成功,如上海的徐浦大桥。

上海徐浦大桥为一跨过江的双塔双索面斜拉桥,全长约为 4.02 km。中跨主梁采用钢梁和钢筋混凝土桥面板组成的结合梁,跨度为 590 m。边跨主梁为 $(40+3\times39+45)$m 的预应力混凝土连续梁。从整体上看,徐浦大桥的主梁为混合式结构。主跨结合梁的钢纵梁为分离式矩形箱梁,箱高为 2.70 m,宽为 1.90 m,两箱形纵梁的中心距离为 33.25 m,由间距 4.5 m 的工字形横梁连系。桥面混凝土板厚为 0.26~0.46 m,通过钢纵梁和钢横梁上缘的抗剪栓钉将混凝土桥面板与钢梁结合在一起。桥面全宽为 35.95 m,为双向 8 车道。"A"字形索塔,塔顶标高为 217.50 m。拉索采用扇形平面布置,每一索面有 30 对索(全桥共 240 根索),最长的索长为 325 m,重约 30 t。

像徐浦大桥这样的超大型桥梁,如果使用传统的信息化管理系统,就会出现数据无法共享和流转、不能实现可视化、用户体验度差等问题,而引入物联网、云计算、BIM 和 GIS 等新一代信息化技术，构建基于 GPS 和 GIS 技术的桥梁养护巡检系统，将其与 BIM 模型相结合，并利用智能移动终端的优势，就可以很好地弥补传统巡检工作方式的诸多不足，大幅提高桥梁管理的精细化水平，给工程项目的全寿命周期的信息化管理带来了全新的工作体验。

徐浦大桥项目采用 Revit 软件建立桥梁 BIM 模型，依据构件区域划分为：主桥结构建模、主桥设施建模、主塔结构建模、主塔设施建模、引桥结构建模、引桥设施建模、匝道结构建模、匝道设施建模、其他附属结构及设施建模等。大桥 BIM 全信息模型总构件数量约 9440 个，所有模型大小都达到近 1GB 的数据量。为实现 GIS + BIM 融合的综合应用，对原始 BIM 模型进行了轻量化处理，最终实现了 GIS + BIM 模型 Web 端和移动端的流畅浏览漫游。

通过构建一个融合了 BIM 技术和 GIS 技术的智能运维平台，对桥梁管养数据进行系统性的管理，利用其可视化的管理方式，结合移动互联网技术，以及协同办公、数据完整性等优势，既可以用于构筑物内部信息的分析和管理，对后期运维和资产管理提供基本的模型和信息资料，又可用于管理区域空间，分析空间地理信息数据，从而实现了桥梁数据的精细化、智慧化管理。

每辆车的位置都能实时显示在地图上。当需要紧急处理时，管理者能通过对讲机通知车上人员，安排任务，以最快的速度调度车辆，大大提高了应急响应速度。通过在平台上预定行车路线，可以模拟日常维护检查，随时随地观察路线的视频图像、交通设施及周边环境信息，既解决了交通拥堵下的巡查难题，又节能环保。

检查人员可以通过现场的移动应用程序登录系统，收集桥梁的所有缺陷信息，然后提交给系统。徐浦大桥具有大量构件，检查员可以通过在 BIM 模型上选择构件来快速定位构件。为了提高缺陷信息描述的准确性，系统根据常见缺陷的统计和分类提供了标准化的模板。检查人员提交缺陷信息后，管理人员可以在系统中进行检查。

基于移动终端采集到的缺陷信息，评估系统可以根据桥梁养护标准自动分析构件的严重程度。然后，利用 BIM 模型的三维可视化特性，在 BIM 模型的构件上显示不同的颜色，直观地描述整个桥梁不同程度的病害状况，如绿色表示安全，黄色表示受到轻微损害，红色表示构件损坏严重，应考虑采取相应措施。

用户可以搜索存储在系统中的桥梁的维修信息。桥梁的裂缝通常随着时间的增长而发展，缺陷发展到一定程度并威胁到结构安全时，系统会自动向桥梁管理人员发送通知，提醒他们及时采取措施。此外，系统还能根据检测和监测信息，定期生成图表、统计报告。基于这些功能，该系统有助于做出辅助维护决策。

参考文献

[1]交通运输部. 2019 年交通运输行业发展统计公报[J]. 交通财会, 2020(6): 86-91.

[2]交通运输部. 2018 年交通运输行业发展统计公报[N]. 中国交通报, 2019-04-12(2).

[3]交通运输部. 2017 年交通运输行业发展统计公报[J]. 中国物流与采购, 2018(11): 51-55.

[4]交通运输部. 2016 年交通运输行业发展统计公报[N]. 中国交通报, 2017-04-17(2).

[5]交通运输部. 2015 年交通运输行业发展统计公报[N]. 中国交通报, 2016-05-05(2).

[6]佚名. 截至 2017 年底中国铁路隧道情况统计[J]. 隧道建设, 2018, 38(3): 506-508.

[7]黄建平. 基于二维图像和深度信息的路面裂缝检测关键技术研究[D]. 哈尔滨: 哈尔滨工业大学, 2013.

[8]李国栋. 桥梁高性能混凝土早期收缩裂缝形成机理及控制[D]. 哈尔滨: 哈尔滨工业大学, 2014.

[9]徐有邻. 混凝土结构工程裂缝的判断与处理[M]. 中国建筑工业出版社, 2016.

[10]李保险. 基于路面三维图像的沥青路面裂缝自动识别算法[D]. 成都: 西南交通大学, 2019.

[11]孙鑫鹏. 道床板混凝土的开裂机理分析[D]. 长沙: 中南大学, 2010.

[12]苏成光. 连续式无砟轨道温度场及开裂特性研究[D]. 成都: 西南交通大学, 2018.

[13]赵平锐, 刘学毅, 杨荣山. 双块式无砟轨道温度荷载取值方法的试验研究[J]. 铁道学报, 2016(1): 92-97.

[14]张书国. 双块式无砟轨道混凝土裂缝成因及控制措施[J]. 现代城市轨道交通, 2015(2): 46-47, 51.

[15]李文杰, 赵君黎. 发展中的中国桥梁——张喜刚谈中国桥梁的现状与展望[J]. 中国公路, 2018(13): 64-68.

[16]张兴成. 基于大数据分析的桥梁裂缝图像识别技术研究[D]. 南京: 东南大学, 2019.

[17]刘松平. 钢筋混凝土桥梁裂缝成因分析与加固措施研究[D]. 杭州: 浙江大学, 2012.

[18] Bing H, Zhao-Lin C. The Application of BICS Injection Method in Fixing Bridge Crack[J]. Western China Communicationsscience & Technology, 2009, 161(4): 562-5.

[19] Rödel J, Kelly J F, Lawn B R. In Situ Measurements of Bridged Crack Interfaces in the Scanning Electron Microscope[J]. Journal of the American Ceramic Society, 2010, 73.

[20] 左永霞. 路面破损智能检测系统的关键技术研究[D]. 长春: 吉林大学, 2013.

[21] Hanzaei S H, Afshar A, Barazandeh B. Automatic detection and classification of the ceramic tiles surface defects[J]. Pattern Recognition, 2017, 66.

[22] Cubero-Fernandez A, Rodriguez-Lozano F J, Villatoro R, et al. Efficient pavement crack detection and classification[J]. EURASIP Journal on Image and Video Processing, 2017(1).

[23] 阳恩慧, 张傲南, 丁世海, 等. 基于二维光影模型的公路路面裂缝自动识别算法[J]. 西南交通大学学报, 2017, 52(2): 288-294.

[24] 彭博, 蒋阳升, 蒲云. 基于数字图像处理的路面裂缝自动分类算法[J]. 中国公路学报, 2014, 27(9): 10-18+24.

[25] 乐弋舟. 隧道结构裂缝病害数据库设计及病因初探[D]. 成都: 西南交通大学, 2018.

[26] 张龙. 隧道裂缝形成机理及发展规律研究[D]. 重庆: 重庆交通大学, 2017.

[27] 马伟斌, 柴金飞. 运营铁路隧道病害检测、监测、评估及整治技术发展现状[J]. 隧道建设, 2019, 39(10): 1553-1562.

[28] 张森. 公路隧道衬砌缺陷影响机理与承载力研究[D]. 兰州: 兰州大学, 2020.

[29] 吴剑飞. 运营病害隧道健康状态评估[D]. 成都: 西南交通大学, 2017.

[30] 应国刚. 衬砌背后空洞对隧道结构体系安全性的影响机理研究[D]. 北京: 北京交通大学, 2016.

[31] Wang T T. Characterizing crack patterns on tunnel linings associated with shear deformation induced by instability of neighboring slopes[J]. Engineering Geology, 2010, 115(1).

[32] 文静, 李翠翠, 王卓伟. 交通信息化项目基础设施运行维护机制探究[J]. 中国交通信息化, 2020(9): 44-46.

[33] 岑静航. 基于卷积神经网络的桥梁裂缝检测系统[D]. 上海: 上海交通大学, 2018.

[34] Wang K C P. Designs and Implementations of Automated Systems for Pavement Surface Distress Survey[J]. Journal of Infrastructure Systems, 2000, 6(1).

[35] National Academies of Sciences, Engineering, and Medicine, Transportation Research Board. Automated Pavement Distress Collection Techniques[M]. National Academies Press: 2004-11-15.

[36] Yao Y, Tung S T E, Glisic B. Crack detection and characterization techniques—An overview[J]. Structural Control & Health Monitoring, 2015, 21(12): 1387-413.

[37] Monti M. Large-area laser scanner with holographic detector optics for real-time recognition of cracks in road surfaces[J]. Optical Engineering, 1995, 34(7): 2017-2023.

[38] 王广俊. 数字全息技术及其在测量中的应用研究[D]. 北京: 北京工业大学, 2011.

[39] 王磊. 基于机器视觉的路面裂缝分类与检测方法研究[D]. 哈尔滨: 哈尔滨工业大

学，2019.

［40］Mandal V, Uong L, Adu – Gyamfi Y. Automated Road Crack Detection Using Deep Convolutional Neural Networks［C］//2018 IEEE International Conference on Big Data（Big Data）. IEEE, 2018.

［41］Jiang J B, Cao P, Lu Z C, et al. Surface Defect Detection for Mobile Phone Back Glass Based on Symmetric Convolutional Neural Network Deep Learning［J］. Applied Sciences, 2020, 10（10）.

［42］黄丽燕. 基于大数据的高速铁路客流分析与辅助决策研究［D］. 成都：西南交通大学，2017.

［43］刘东. 基于机器视觉的隧道衬砌裂缝分析与检测［J］. 新型工业化，2020，10（5）：78-79+82.

［44］邵永军，王小雄，任晓辉，等. 基于计算机视觉的桥梁裂缝半自动检测方法［J］. 公路交通科技，2019，15（11）：176-179.

［45］高占凤. 大型结构健康监测中信息获取及处理的智能化研究［D］. 北京：北京交通大学，2010.

［46］张旭. 基于计算机视觉的桥底裂缝检测算法研究［D］. 石家庄：河北工业大学，2018.

［47］周志华. 机器学习［M］. 北京：清华大学出版社，2016.

［48］Bray J, Verma B, Li X, et al. A neural network based technique for automatic classification of road cracks［C］//International Joint Conference on Neural Networks. IEEE, 2006.

［49］谭卫雄，王育坚，李深圳. 基于改进人工蜂群算法和 BP 神经网络的沥青路面路表裂缝识别［J］. 铁道科学与工程学报，2019，16（12）：2991-2998.

［50］Hinton G E, Osindero S, Teh Y W. A fast learning algorithm for deep belief nets［J］. Neural Computation, 2006, 18（7）：1527-1554.

［51］Ali L, Valappil N K, Kareem D N A, et al. Pavement Crack Detection and Localization using Convolutional Neural Networks（CNNs）［C］//2019 International Conference on Digitization（ICD）. IEEE, 2020.

［52］Gou C, Peng B, Li T, et al. Pavement Crack Detection Based on the Improved Faster–R–CNN［C］//2019 IEEE 14th International Conference on Intelligent Systems and Knowledge Engineering（ISKE）. IEEE, 2019.

［53］邵长虹，庄红男，贾晓非. 大数据环境下的铁路统计信息化平台研究［J］. 中国铁路，2015（7）：1-5+9.

［54］王卫东，徐贵红，刘金朝，等. 铁路基础设施大数据的应用与发展［J］. 中国铁路，2015（5）：1-6.

［55］王宇桐. 地铁轨道扣件图像定位和分类方法研究［D］. 2020.

［56］刘永锋，李翅，黄兵杰，等. 移动三维激光扫描轨检小车在地铁盾构隧道椭圆度检测中的应用［J］. 城市勘测，2020（6）：119-122.

［57］李美洁，谢征宇，秦勇，等. 小型无人机在国外铁路的应用［J］. 中国铁路，2020（10）：

120-125.

[58]陈瑶，梅涛，王晓杰，等. 基于爬壁机器人的桥梁裂缝图像检测与分类方法[J]. 中国科学技术大学学报，2016(9)：788-796.

[59]许子扬，黄声享，邹进贵. 三维激光扫描技术在隧道监测中的应用[J]. 北京测绘，2017(S1)：101-105.

[60]张琳，曾子芳. 伽利略卫星导航系统的初步性能评估[J]. 中国惯性技术学报，2017，25(1)：91-96.

[61]李卫东，侯丽虹. 基于卫星导航系统的高速列车定位技术研究[J]. 信息与控制，2016，45(4)：479-486.

[62]董春梅，任顺清，陈希军. 基于二轴转台误差分析的IMU标定方法[J]. 系统工程与电子技术，2016，38(4)：895-901.

[63]马臣希，张二永，方玥，等. 车载轨道状态巡检技术发展及应用[J]. 中国铁路，2017(10)：91-95.

[64]张未. 澳大利亚PAILSCAN非接触式轨道测量系统[J]. 哈尔滨：哈尔滨铁道科技，2001(3)：38-39.

[65]张未. 德国RAILCHECK光电式自动化钢轨检测系统在轨道检查车中的应用[J]. 哈尔滨：哈尔滨铁道科技，2001(4)：3-4.

[66]庞娜，赵启林，芮挺，等. 基于机器视觉的桥梁检测技术现状及发展[J]. 现代交通技术，2015，12(6)：25-31.

[67]李良福，冯建云，宋睿. 基于图像重生成的桥梁裂缝检测方法研究[J]. 光电子激光，2019，30(12)：1298-1308.

[68]黄建平. 基于二维图像和深度信息的路面裂缝检测关键技术研究[D]. 哈尔滨：哈尔滨工业大学，2013.

[69]黄宏伟，孙龑，薛亚东. 基于机器视觉的隧道衬砌表面病害检测技术研究进展[A]. 中国土木工程学会隧道及地下工程分会. 2014中国隧道与地下工程大会(CTUC)暨中国土木工程学会隧道及地下工程分会第十八届年会论文集[C]. 中国土木工程学会隧道及地下工程分会：中国土木工程学会，2014：13.

[70]吴晓军，白韶红，啜丙强，等. 基于CMOS线阵相机地铁隧道裂缝快速检测系统[J]. 路基工程，2015(3)：185-190.

[71]薛春明. 基于机器视觉的隧道智能检测技术研究现状及技术分析[J]. 山西交通科技，2019(6)：66-68.

[72]冯英会，龚伦，俞景文. 三维激光扫描技术在既有交通隧道快速检测中的应用[J]. 工程建设与设计，2019(10)：257-261.

[73]Zhi S, Liu Y, Li X, et al. Toward real-time 3D object recognition: A lightweight volumetric CNN framework using multitask learning[J]. Computers & Graphics, 2018, 71: 199-207.

[74]Chazal F, Guibas L J, Oudot S Y, et al. Analysis of scalar fields over point cloud data[C]// Proceedings of the twentieth annual ACM-SIAM symposium on Discrete algorithms. Society

for Industrial and Applied Mathematics, 2009: 1021-1030.

[75] Lee M J. Method and apparatus for transforming point cloud data to volumetric data: U. S. Patent 7, 317, 456[P]. 2008-1-8.

[76] Wu Z, Song S, Khosla A, et al. 3 d shapenets: A deep representation for volumetric shapes [C]//Proceedings of the IEEE conference on computer vision and pattern recognition. 2015: 1912-1920.

[77] Su H, Maji S, Kalogerakis E, et al. Multi-view convolutional neural networks for 3 d shape recognition[C]//Proceedings of the IEEE international conference on computer vision. 2015: 945-953.

[78] Maturana D, Scherer S. Voxnet: A 3d convolutional neural network for real-time object recognition[C]//2015 IEEE/RSJ International Conference on Intelligent Robots and Systems (IROS). IEEE, 2015: 922-928.

[79] Yang F, Zhang L, Yu S, et al. Feature pyramid and hierarchical boosting network for pavement crack detection[J]. IEEE Transactions on Intelligent Transportation Systems, 2019, 21(4): 1525-1535.

[80] Eisenbach M, Stricker R, Seichter D, et al. How to get pavement distress detection ready for deep learning? A systematic approach[C]//2017 international joint conference on neural networks (IJCNN). IEEE, 2017: 2039-2047.

[81] Luo G, An R, Wang K, et al. A deep learning network for right ventricle segmentation in short-axis MRI[C]//2016 Computing in Cardiology Conference (CinC). IEEE, 2016: 485-488.

[82] Shelhamer E, Long J, Darrell T. Fully convolutional networks for semantic segmentation[J]. IEEE transactions on pattern analysis and machine intelligence, 2017, 39(4): 640-651.

[83] Fan Z, Wu Y, Lu J, et al. Automatic pavement crack detection based on structured prediction with the convolutional neural network[J]. arXiv preprint arXiv: 1802.02208, 2018.

[84] Shi Y, Cui L, Qi Z, et al. Automatic road crack detection using random structured forests [J]. IEEE Transactions on Intelligent Transportation Systems, 2016, 17(12): 3434-3445.

[85] Cheng J, Xiong W, Chen W, et al. Pixel-level crack detection using U-net[C]//TENCON 2018-2018 IEEE Region 10 Conference. IEEE, 2018: 0462-0466.

[86] Liu Y, Cheng M M, Hu X, et al. Richer convolutional features for edge detection[C]// Proceedings of the IEEE conference on computer vision and pattern recognition. 2017: 3000-3009.

[87] Oliveira H, Correia P L. Automatic road crack detection and characterization[J]. IEEE Transactions on Intelligent Transportation Systems, 2012, 14(1): 155-168.

[88] Anand S, Gupta S, Darbari V, et al. Crack-pot: Autonomous road crack and pothole detection[C]//2018 Digital Image Computing: Techniques and Applications (DICTA). IEEE, 2018: 1-6.

［89］Nguyen V, Yago Vicente T F, Zhao M, et al. Shadow detection with conditional generative adversarial networks［C］//Proceedings of the IEEE International Conference on Computer Vision. 2017：4510-4518.

［90］Wang J, Li X, Yang J. Stacked conditional generative adversarial networks for jointly learning shadow detection and shadow removal［C］//Proceedings of the IEEE Conference on Computer Vision and Pattern Recognition. 2018：1788-1797.

［91］Qu L, Tian J, He S, et al. Deshadownet：A multi-context embedding deep network for shadow removal［C］//Proceedings of the IEEE Conference on Computer Vision and Pattern Recognition. 2017：4067-4075.

［92］Khan S H, Bennamoun M, Sohel F, et al. Automatic shadow detection and removal from a single image［J］. IEEE transactions on pattern analysis and machine intelligence, 2015, 38 (3)：431-446.

［93］Goodfellow I, Pouget-Abadie J, Mirza M, et al. Generative adversarial nets［C］//Advances in neural information processing systems. 2014：2672-2680.

［94］Fan H, Han M, Li J. Image Shadow Removal Using End-To-End Deep Convolutional Neural Networks［J］. Applied Sciences, 2019, 9(5)：1009.

［95］Li S, Zhao X. Convolutional neural networks-based crack detection for real concrete surface ［C］//Sensors and Smart Structures Technologies for Civil, Mechanical, and Aerospace Systems 2018. International Society for Optics and Photonics, 2018, 10598：105983V.

［96］Jenkins M D, Carr T A, Iglesias M I, et al. A deep convolutional neural network for semantic pixel-wise segmentation of road and pavement surface cracks［C］//2018 26th European Signal Processing Conference (EUSIPCO). IEEE, 2018：2120-2124.

［97］Chen F C, Jahanshahi M R. NB-CNN：Deep learning-based crack detection using convolutional neural network and Naïve Bayes data fusion［J］. IEEE Transactions on Industrial Electronics, 2017, 65(5)：4392-4400.

［98］Zou Q, Zhang Z, Li Q, et al. Deepcrack：Learning hierarchical convolutional features for crack detection［J］. IEEE Transactions on Image Processing, 2018, 28(3)：1498-1512.

［99］舒杰, 曹建, 刘克明, 等. 高精度混凝土裂缝宽度智能监测系统设计［J］. 计算机测量与控制, 2012, 20(4)：872-874.

［100］Cha Y J, Choi W, Büyüköztürk O. Deep learning-based crack damage detection using convolutional neural networks［J］. Computer-Aided Civil and Infrastructure Engineering, 2017, 32(5)：361-378.

［101］段瑞玲, 李庆祥, 李玉和. 图像边缘检测方法研究综述［J］. 光学技术, 2005, 31(3)：415-419.

［102］董鸿燕. 边缘检测的若干技术研究［D］. 长沙：国防科学技术大学, 2008.

［103］陈一虎. 图像边缘检测方法综述［J］. 宝鸡文理学院学报（自然科学版）, 2013, 33 (1)：16-21.

[104]韩思奇，王蕾. 图像分割的阈值法综述[J]. 系统工程与电子技术，2002，24(6)：91-94.

[105]谭优，王泽勇. 图像阈值分割算法实用技术研究与比较[J]. 微计算机信息，2007，23(83)：298-299.

[106]陈方昕. 基于区域生长法的图像分割技术[J]. 科技信息，2008(15)：58-59.

[107]徐蔚波，刘颖，章浩伟. 基于区域生长的图像分割研究进展[J]. 北京生物医学工程，2017，36(3)：317-322.

[108]周玉县，郑善喜，黄晓锋，等. 基于区域生长法的建筑裂缝定量分析方法[J]. 低温建筑技术，2017，39(10)：158-160.

[109]杨俊闯，赵超. K-Means 聚类算法研究综述[J]. 计算机工程与应用，2019，55(23)：7-14+63.

[110]李航. 统计学习方法. 北京：清华大学出版社，2012.

[111]杜清超，钟伟，郑佩莹. 基于数字图像处理的轨道梁裂缝检测技术[J]. 四川建筑，2019，39(4)：95-97.

[112]王沛然. 地铁隧道表面裂缝自动识别系统的设计与实现[D]. 北京：北京交通大学，2019.

[113]Allen Zhang, Qiang Joshua Li, Kelvin C. P. Wang, Shi Qiu. Matched Filtering Algorithm for Pavement Cracking Detection. Transportation Research Record：Journal of the Transportation Research Board, 2013, 2367 (2)：30-42.

[114]马志丹. 基于机器学习的裂缝检测方法研究[J]. 信息通信，2018(11)：25-26.

[115]Anan Banharnsakun. Hybrid ABC - ANN for pavement surface distress detection and classification[J]. International Journal of Machine Learning and Cybernetics, 2017, 8(2).

[116]Jingxiao Lu, Pingli Song, Kaihong Han. Improved imaging algorithm for bridge crack detection[P]. Digital Image Processing, 2012.

[117]Peng J, Zhang S, Peng D. Research on Bridge Crack Detection with Neural Network Based Image Processing Methods. 12th International Conference on Reliability, Maintainability, and Safety (ICRMS), 2018.

[118]杨国庆，吴昊，方振江. 基于 PCA 降噪的 Canny 算法在建筑裂缝检测中的应用[J]. 天津城建大学学报，2020，26(3)：231-235.

[119]杨剑锋，乔佩蕊，李永梅，等. 机器学习分类问题及算法研究综述[J]. 统计与决策，2019，35(6)：36-40.

[120]McCulloch W S, Pitts W. A logical calculus of the ideas immanent in nervous activity[J]. The bulletin of mathematical biophysics, 1943, 5(4)：115-133.

[121]严春满，王铖. 卷积神经网络模型发展及应用[J]. 计算机科学与探索，2020：1-23.

[122]Minsky M, Papert S A. Perceptrons：An introduction to computational geometry[M]. MIT press, 2017.

[123]Rumelhart D E, Hinton G E, Williams R J. Learning representations by back-propagating

errors[J]. nature, 1986, 323(6088): 533-536.

[124] Hochreiter S. Untersuchungen zu dynamischen neuronalen Netzen[J]. Diploma, Technische Universität München, 1991, 91(1).

[125] Hinton G E, Osindero S, Teh Y W. A fast learning algorithm for deep belief nets[J]. Neural computation, 2006, 18(7): 1527-1554.

[126] Zeiler M D, Fergus R. Visualizing and understanding convolutional networks[C]//European conference on computer vision. Springer, Cham, 2014: 818-833.

[127] Simonyan K, Zisserman A. Very deep convolutional networks for large - scale image recognition[J]. arXiv preprint arXiv: 1409.1556, 2014.

[128] Szegedy C, Liu W, Jia Y, et al. Going deeper with convolutions[C]//Proceedings of the IEEE conference on computer vision and pattern recognition. 2015: 1-9.

[129] He K, Zhang X, Ren S, et al. Deep residual learning for image recognition[C]//Proceedings of the IEEE conference on computer vision and pattern recognition. 2016: 770-778.

[130] Hu J, Shen L, Sun G. Squeeze - and - excitation networks[C]//Proceedings of the IEEE conference on computer vision and pattern recognition. 2018: 7132-7141.

[131] Krizhevsky A, Sutskever I, Hinton G E. Imagenet classification with deep convolutional neural networks [C]//Advances in neural information processing systems. 2012: 1097-1105.

[132] Zeiler M D, Fergus R. Visualizing and understanding convolutional networks[C]//European conference on computer vision. Springer, Cham, 2014: 818-833.

[133] Simonyan K, Zisserman A. Very Deep Convolutional Networks for Large Scale Image Recognition[J]. Computer ence, 2014.

[134] He K, Zhang X, Ren S, et al. Delving deep into rectifiers: Surpassing human - level performance on imagenet classification [C]//Proceedings of the IEEE international conference on computer vision. 2015: 1026-1034.

[135] Tan M, Le Q V. EfficientNet: Rethinking Model Scaling for Convolutional Neural Networks [J]. 2019: 6105-6114.

[136] Lin M, Chen Q, Yan S. Network in Network[C]//International Conference on Learning Representations, 2014: 1-10.

[137] Szegedy C, Liu W, Jia Y, et al. Going deeper with convolutions[C]//Proceedings of the IEEE conference on computer vision and pattern recognition, 2015: 1-9.

[138] Szegedy C, Vanhoucke V, Ioffe S, et al. Rethinking the inception architecture for computer vision[C]//Proceedings of the IEEE conference on computer vision and pattern recognition. 2016: 2818-2826.

[139] Hochreiter S, Schmidhuber J. Long short-term memory[J]. Neural computation, 1997, 9 (8): 1735-1780.

[140] He K, Zhang X, Ren S, et al. Deep residual learning for image recognition[C]// Proceedings of the IEEE conference on computer vision and pattern recognition. 2016: 770- 778.

[141] Xie S, Girshick R, Dollár P, et al. Aggregated residual transformations for deep neural networks[C]//Proceedings of the IEEE conference on computer vision and pattern recognition. 2017: 1492-1500.

[142] Huang G, Liu Z, Van Der Maaten L, et al. Densely connected convolutional networks[C]// Proceedings of the IEEE conference on computer vision and pattern recognition. 2017: 4700 -4708.

[143] Szegedy C, Ioffe S, Vanhoucke V, et al. Inception-v4, inception-resnet and the impact of residual connections on learning[C]//Thirty-first AAAI conference on artificial intelligence. 2017.

[144] Yamada Y, Iwamura M, Kise K. Deep pyramidal residual networks with separated stochastic depth[J]. arXiv preprint arXiv: 1612.01230, 2016.

[145] Zagoruyko S, Komodakis N. Wide residual networks[J]. arXiv preprint arXiv: 1605. 07146, 2016.

[146] Zhang X, Li Z, Change Loy C, et al. Polynet: A pursuit of structural diversity in very deep networks[C]//Proceedings of the IEEE Conference on Computer Vision and Pattern Recognition. 2017: 718-726.

[147] Hu J, Shen L, Sun G. Squeeze-and-excitation networks[C]//Proceedings of the IEEE conference on computer vision and pattern recognition, 2018: 7132-7141.

[148] Li X, Wang W, Hu X, et al. Selective kernel networks[C]//Proceedings of the IEEE conference on computer vision and pattern recognition, 2019: 510-519.

[149] Woo S, Park J, Lee J Y, et al. Cbam: Convolutional block attention module[C]// Proceedings of the European conference on computer vision (ECCV), 2018: 3-19.

[150] Wright R E. Logistic regression[J]. 1995.

[151] Leung K M. Naive bayesian classifier[J]. Polytechnic University Department of Computer Science/Finance and Risk Engineering, 2007, 2007: 123-156.

[152] Burges C J C. A tutorial on support vector machines for pattern recognition[J]. Data mining and knowledge discovery, 1998, 2(2): 121-167.

[153] Jain A K, Mao J, Mohiuddin K M. Artificial neural networks: A tutorial[J]. Computer, 1996, 29(3): 31-44.

[154] Breiman L. Random forests[J]. Machine learning, 2001, 45(1): 5-32.

[155] Rao Y N, Principe J C. A fast, on-line algorithm for PCA and its convergence characteristics[C]//Neural Networks for Signal Processing X. Proceedings of the 2000 IEEE Signal Processing Society Workshop (Cat. No. 00TH8501). IEEE, 2000, 1: 299-307.

[156] Tenenbaum J B, De Silva V, Langford J C. A global geometric framework for nonlinear

dimensionality reduction[J]. science, 2000, 290(5500): 2319-2323.

[157]Roweis S T, Saul L K. Nonlinear dimensionality reduction by locally linear embedding[J]. science, 2000, 290(5500): 2323-2326.

[158] Belkin M, Niyogi P. Laplacian eigenmaps for dimensionality reduction and data representation[J]. Neural computation, 2003, 15(6): 1373-1396.

[159]Donoho D L, Grimes C. Hessian eigenmaps: Locally linear embedding techniques for high dimensional data. PNAS, 2003, 100(10): 5591-5596.

[160]Zhang Z, Zha H Y. Principal manifolds and nonlinear dimensionality reduction via tangent space alignment. SIAM Journal on Scientific Computing, 2004, 26(1): 313-338.

[161]Fischer A, Igel C. An introduction to restricted Boltzmann machines//Proceedings of the Lberoamerican Congress on Pattern Recognition. Berlin, Germany, 2012: 14-36

[162]Zhang C X, Ji N, Wang G. Restricted boltzmann machines [J]. Chinese journal of engineering mathematics, 2015, 2: 159-173.

[163]Rumelhart D E, Hinton G E, Williams R J. Learning representations by back-propagating errors[J]. nature, 1986, 323(6088): 533-536.

[164]Bourlard H, Kamp Y. Auto-association by multilayer perceptrons and singular value decomposition[J]. Biological cybernetics, 1988, 59(4-5): 291-294.

[165]Goodfellow I, Pouget-Abadie J, Mirza M, et al. Generative adversarial nets[C]//Advances in neural information processing systems. 2014: 2672-2680.

[166]LeCun Y, Bottou L, Bengio Y, et al. Gradient-based learning applied to document recognition[J]. Proceedings of the IEEE, 1998, 86(11): 2278-2324.

[167]Girshick R, Donahue J, Darrell T, et al. Rich feature hierarchies for accurate object detection and semantic segmentation[C]//Proceedings of the IEEE conference on computer vision and pattern recognition. 2014: 580-587.

[168]Bray J, Verma B, Li X, et al. A neural network based technique for automatic classification of road cracks [C]//The 2006 IEEE International Joint Conference on Neural Network Proceedings. IEEE, 2006: 907-912.

[169]Kaseko M S, Lo Z P, Ritchie S G. Comparison of traditional and neural classifiers for pavement-crack detection[J]. Journal of transportation engineering, 1994, 120(4): 552-569.

[170]Zhang L, Yang F, Zhang Y D, et al. Road crack detection using deep convolutional neural network[C]//2016 IEEE international conference on image processing (ICIP). IEEE, 2016: 3708-3712.

[171]Cha Y J, Choi W, Büyüköztürk O. Deep learning-based crack damage detection using convolutional neural networks[J]. Computer-Aided Civil and Infrastructure Engineering, 2017, 32(5): 361-378.

[172]Xu G, Ma J, Liu F, et al. Automatic recognition of pavement surface crack based on BP

neural network[C]//2008 International Conference on Computer and Electrical Engineering. IEEE, 2008: 19–22.

[173]Zhang A, Wang K C P, Li B, et al. Automated pixel-level pavement crack detection on 3D asphalt surfaces using a deep-learning network[J]. Computer-Aided Civil and Infrastructure Engineering, 2017, 32(10): 805–819.

[174]Maeda H, Sekimoto Y, Seto T. Lightweight road manager: smartphone–based automatic determination of road damage status by deep neural network[C]//Proceedings of the 5th ACM SIGSPATIAL International Workshop on Mobile Geographic Information Systems. 2016: 37–45.

[175]Cha Y J, Choi W, Suh G, et al. Autonomous structural visual inspection using region-based deep learning for detecting multiple damage types[J]. Computer – Aided Civil and Infrastructure Engineering, 2018, 33(9): 731–747.

[176]Felzenszwalb P F, Girshick R B, McAllester D, et al. Object detection with discriminatively trained part – based models[J]. IEEE transactions on pattern analysis and machine intelligence, 2009, 32(9): 1627–1645..

[177]沙爱民, 蔡若楠, 高杰, 等. 基于级联卷积神经网络的公路路基病害识别[J]. 长安大学学报: 自然科学版, 2019, 39(2): 1–9.

[178]Dorafshan S, Thomas R J, Maguire M. Comparison of deep convolutional neural networks and edge detectors for image – based crack detection in concrete[J]. Construction and Building Materials, 2018, 186: 1031–1045.

[179]Xu Y, Li S, Zhang D, et al. Identification framework for cracks on a steel structure surface by a restricted Boltzmann machines algorithm based on consumer-grade camera images[J]. Structural Control and Health Monitoring, 2018, 25(2): e2075.

[180]Soukup D, Pinetz T. Reliably Decoding Autoencoders' Latent Spaces for One – Class Learning Image Inspection Scenarios[C]//OAGM Workshop. 2018.

[181]Ali R, Cha Y-J. Subsurface damage detection of a steel bridge using deep learning and uncooled micro-bolometer. Constr Build Mater. 2019, 30(3)76–87.

[182]Dung C V, Sekiya H, Hirano S, et al. A vision-based method for crack detection in gusset plate welded joints of steel bridges using deep convolutional neural networks[J]. Automation in Construction, 2019, 102: 217–229.

[183]李良福, 马卫飞, 李丽, 等. 基于深度学习的桥梁裂缝检测算法研究[J]. 自动化学报, 2019, 45(9): 1727–1742.

[184]马星星. 基于 DSP 和 FPGA 的图像采集监测与通信平台开发[D]. 西安: 西安电子科技大学, 2018.

[185]Cha Y J, Choi W, Büyüköztürk O. Deep learning-based crack damage detection using convolutional neural networks[J]. Computer-Aided Civil and Infrastructure Engineering, 2017, 32(5): 361–378.

［186］黄宏伟, 李庆桐. 基于深度学习的盾构隧道渗漏水病害图像识别［J］. 岩石力学与工程学报, 2017, 36(12): 2861-2871.

［187］薛亚东, 李宜城. 基于深度学习的盾构隧道衬砌病害识别方法［J］. 湖南大学学报: 自然科学版, 2018, 45(3): 100-109.

［188］刘延宏. 基于 BIM+GIS 技术的铁路桥梁工程管理应用研究［J］. 交通世界(运输. 车辆), 2015(9): 30-33.

［189］高新闻, 李帅青, 金邦洋. 基于 DenseNet 分类的隧道裂缝检测研究［J］. 计算机测量与控制, 2020, 28(8): 1671-4598.

［190］冉建民. 基于图像和 CNN 模型的钢轨表面缺陷识别研究［D］. 兰州交通大学, 2018.

［191］赵冰, 代明睿, 李平等. 基于深度学习的铁路关键部件缺陷检测研究［J］. 铁道学报, 2019(8) 10

［192］刘孟轲, 吴洋, 王逊. 基于卷积神经网络的轨道表面缺陷检测技术实现［J］. 现代计算机: 中旬刊, 2017 (10): 65-69.

［193］Faghih-Roohi S, Hajizadeh S, Núñez A, et al. Deep convolutional neural networks for detection of rail surface defects［C］//2016 International joint conference on neural networks (IJCNN). IEEE, 2016: 2584-2589.

［194］Shang L, Yang Q, Wang J, et al. Detection of rail surface defects based on CNN image recognition and classification ［C］//2018 20th International Conference on Advanced Communication Technology (ICACT). IEEE, 2018: 45-51.

［195］蒋欣兰. 结构化区域全卷积神经网络的钢轨扣件检测方法［J］. 计算机科学与探索, 2020: 1-14.

［196］Gopalakrishnan K, Khaitan S K, Choudhary A, et al. Deep convolutional neural networks with transfer learning for computer vision-based data-driven pavement distress detection［J］. Construction and Building Materials, 2017, 157: 322-330.

［197］Ali R, Cha Y J. Subsurface damage detection of a steel bridge using deep learning and uncooled micro-bolometer［J］. Construction and Building Materials, 2019, 226: 376-387.

［198］Bang S, Park S, Kim H, et al. Encoder-decoder network for pixel-level road crack detection in black-box images［J］. Computer-Aided Civil and Infrastructure Engineering, 2019, 34(8): 713-727.

［199］Dung C V, Sekiya H, Hirano S, et al. A vision-based method for crack detection in gusset plate welded joints of steel bridges using deep convolutional neural networks［J］. Automation in Construction, 2019, 102: 217-229.

［200］Tabernik D, Šela S, Skvarč J, et al. Segmentation-based deep-learning approach for surface-defect detection［J］. Journal of Intelligent Manufacturing, 2020, 31(3): 759-776.

［201］Kobayashi T. Spiral-Net with F1-Based Optimization for Image-Based Crack Detection ［C］//Asian Conference on Computer Vision. Springer, Cham, 2018: 88-104.

［202］Wu S, Fang J, Zheng X, et al. Sample and Structure-Guided Network for Road Crack

Detection[J]. IEEE Access, 2019, 7: 130032-130043.

[203] Rumelhart D E, Hinton G E, Williams R J. Learning representations by back-propagating errors. Nature, 1986, 323(6088): 533-536

[204] Bourlard H, Kamp Y. Auto-association by multilayer perceptrons and singular value decomposition[J]. Biological cybernetics, 1988, 59(4-5): 291-294.

[205] Salimans T, Goodfellow I, Zaremba W, et al. Improved techniques for training gans[J]. Advances in neural information processing systems, 2016, 29: 2234-2242.

[206] Zhang H, Goodfellow I, Metaxas D, et al. Self-attention generative adversarial networks [C]//International conference on machine learning. PMLR, 2019: 7354-7363.

[207] Ledig C, Theis L, Huszár F, et al. Photo-realistic single image super-resolution using a generative adversarial network[C]//Proceedings of the IEEE conference on computer vision and pattern recognition. 2017: 4681-4690.

[208] Santana E, Hotz G. Learning a driving simulator [J]. arXiv preprint arXiv: 1608. 01230, 2016.

[209] Gou C, Wu Y, Wang K, et al. A joint cascaded framework for simultaneous eye detection and eye state estimation[J]. Pattern Recognition, 2017, 67: 23-31.

[210] Shrivastava A, Pfister T, Tuzel O, et al. Learning from simulated and unsupervised images through adversarial training[C]//Proceedings of the IEEE conference on computer vision and pattern recognition. 2017: 2107-2116.

[211] Zhang K, Zhang Y, Cheng H D. CrackGAN: A Labor-Light Crack Detection Approach Using Industrial Pavement Images Based on Generative Adversarial Learning [J]. arXiv preprint arXiv: 1909. 08216, 2019.

[212] 李良福, 孙瑞赟. 复杂背景下基于图像处理的桥梁裂缝检测算法[J]. 激光与光电子学进展, 2019, 56(6): 104-114.

[213] 李良福, 胡敏. 基于生成式对抗网络的细小桥梁裂缝分割方法[J]. 激光与光电子学进展, 2019, 56(10): 101004.

[214] Perez L, Wang J. The effectiveness of data augmentation in image classification using deep learning[J]. arXiv preprint arXiv: 1712. 04621, 2017.

[215] Kim B, Cho S. Automated vision-based detection of cracks on concrete surfaces using a deep learning technique[J]. Sensors, 2018, 18(10): 3452.

[216] Kim B, Cho S. Image-based concrete crack assessment using mask and region-based convolutional neural network [J]. Structural Control and Health Monitoring, 2019, 26 (8): e2381.

[217] 黄军生. 钢筋混凝土桥梁裂缝成因综述[J]. 世界桥梁, 2002 (2): 59-63.

[218] 中华人民共和国住房和城乡建设部. 城市桥梁养护技术标准(CJJ 99—2017)[S]. 北京: 中国建筑工业出版社, 2017: 7.

[219] 中国铁道科学研究院铁道建筑研究所, 中国铁道科学研究院通信信号研究所. CRTS

I 型板式无砟轨道混凝土轨道板(TB/T 3398—2015)[S]. 北京：中国铁道出版社, 2015：12.

[220] 中国铁路经济规划研究院. CRTS II 型板式无砟轨道混凝土轨道板(TB/T 3399—2015)[S]. 北京：中国铁道出版社, 2015：12.

[221] 中国铁道科学研究院. 高速铁路 CRTS III 型板式无砟轨道先张法预应力混凝土轨道板暂行技术要求(流水机组法)(TJ/GW 156—2017)[S]. 北京：中国铁路总公司办公厅, 2017：1.

[222] 中国铁道科学研究院铁道建筑研究所. 高速铁路无砟轨道混凝土道岔板：第一部分：预埋套管式(TB/T 3400.1—2015)[S]. 北京：中国铁道出版社, 2015：12.

[223] 高文山. 隧道衬砌裂缝对结构抗震性能影响研究[J]. 国防交通工程与技术, 2020, 18(5)：61-65.

[224] Girshick R, Donahue J, Darrell T, et al. Rich feature hierarchies for accurate object detection and semantic segmentation[C]//Proceedings of the IEEE conference on computer vision and pattern recognition. 2014：580-587.

[225] Girshick R. Fast r-cnn[C]//Proceedings of the IEEE international conference on computer vision. 2015：1440-1448.

[226] He K, Zhang X, Ren S, et al. Spatial pyramid pooling in deep convolutional networks for visual recognition[J]. IEEE transactions on pattern analysis and machine intelligence, 2015, 37(9)：1904-1916.

[227] Ren S, He K, Girshick R, et al. Faster r-cnn: Towards real-time object detection with region proposal networks[C]//Advances in neural information processing systems. 2015：91-99.

[228] Dai J, Li Y, He K, et al. R-fcn: Object detection via region-based fully convolutional networks[C]//Advances in neural information processing systems. 2016：379-387.

[229] Redmon J, Divvala S, Girshick R, et al. You only look once: Unified, real-time object detection[C]//Proceedings of the IEEE conference on computer vision and pattern recognition. 2016：779-788.

[230] Redmon J, Farhadi A. YOLO9000: better, faster, stronger[C]//Proceedings of the IEEE conference on computer vision and pattern recognition. 2017：7263-7271.

[231] Redmon J, Farhadi A. Yolov3: An incremental improvement[J]. arXiv preprint arXiv: 1804.02767, 2018.

[232] Deng J, Lu Y, Lee V C S. Concrete crack detection with handwriting script interferences using faster region-based convolutional neural network[J]. Computer-Aided Civil and Infrastructure Engineering, 2020, 35(4)：373-388.

[233] Song L, Wang X. Faster region convolutional neural network for automated pavement distress detection[J]. Road Materials and Pavement Design, 2019：1-19.

[234] Wang M, Cheng J C P. Development and improvement of deep learning based automated

defect detection for sewer pipe inspection using faster R－CNN［C］//Workshop of the European Group for Intelligent Computing in Engineering. Springer，Cham，2018：171 －192.

［235］Mao Y，Chen J，Ping P，et al. Crack Detection with Multi－task Enhanced Faster R－CNN Model［C］//2020 IEEE Sixth International Conference on Big Data Computing Service and Applications（BigDataService）. IEEE，2020：193－197.

［236］Xue Y，Li Y. A fast detection method via region－based fully convolutional neural networks for shield tunnel lining defects［J］. Computer－Aided Civil and Infrastructure Engineering，2018，33(8)：638－654.

［237］Nie M，Wang C. Pavement Crack Detection based on yolo v3［C］//2019 2nd International Conference on Safety Produce Informatization（IICSPI）. IEEE，2019：327－330.

［238］Deng J，Lu Y，Lee V C S. Imaging－based crack detection on concrete surfaces using You Only Look Once network［J］. Structural Health Monitoring，2020：1475921720938486.

［239］Li W，Shen Z，Li P. Crack Detection of Track Plate Based on YOLO［C］//2019 12th International Symposium on Computational Intelligence and Design（ISCID）. IEEE，2019：15－18.

［240］Lin T Y，Goyal P，Girshick R，et al. Focal loss for dense object detection［C］//Proceedings of the IEEE international conference on computer vision. 2017：2980－2988.

［241］Yao Y，Tung S T E，Glisic B. Crack detection and characterization techniques－An overview ［J］. Structural Control and Health Monitoring，2014，21(12)：1387－1413.

［242］徐有邻. 混凝土结构工程裂缝的判断与处理［M］. 北京：中国建筑工业出版社，2016.

［243］Long J，Shelhamer E，Darrell T. Fully convolutional networks for semantic segmentation ［C］//Proceedings of the IEEE conference on computer vision and pattern recognition. 2015：3431－3440.

［244］Ronneberger O，Fischer P，Brox T. U－net：Convolutional networks for biomedical image segmentation［C］//International Conference on Medical image computing and computer－assisted intervention. Springer，Cham，2015：234－241.

［245］Chen L C，Papandreou G，Kokkinos I，et al. Semantic image segmentation with deep convolutional nets and fully connected crfs［J］. arXiv preprint arXiv：1412. 7062，2014.

［246］Chen L C，Papandreou G，Kokkinos I，et al. DeepLab：Semantic image segmentation with deep convolutional nets，atrous convolution，and fully connected crfs［J］. IEEE transactions on pattern analysis and machine intelligence，2017，40(4)：834－848.

［247］Chen L C，Papandreou G，Schroff F，et al. Rethinking atrous convolution for semantic image segmentation［J］. arXiv preprint arXiv：1706. 05587，2017.

［248］He K，Gkioxari G，Dollár P，et al. Mask r－cnn［C］//Proceedings of the IEEE international conference on computer vision. 2017：2961－2969.

［249］黄宏伟，李庆桐. 基于深度学习的盾构隧道渗漏水病害图像识别［J］. 岩石力学与工

程学报, 2017, 36(12): 2861-2871.

[250] Liu Z, Cao Y, Wang Y, et al. Computer vision-based concrete crack detection using U-net fully convolutional networks[J]. Automation in Construction, 2019, 104: 129-139.

[251] Cha Y J, You K, Choi W. Vision-based detection of loosened bolts using the Hough transform and support vector machines [J]. Automation in Construction, 2016, 71: 181-188.

[252] Cha Y J, Choi W, Büyüköztürk O. Deep learning-based crack damage detection using convolutional neural networks[J]. Computer-Aided Civil and Infrastructure Engineering, 2017, 32(5): 361-378.

[253] Yang X, Li H, Yu Y, et al. Automatic pixel-level crack detection and measurement using fully convolutional network[J]. Computer-Aided Civil and Infrastructure Engineering, 2018, 33(12): 1090-1109.

[254] Lin Y, Xu D, Wang N, et al. Road Extraction from Very-High-Resolution Remote Sensing Images via a Nested SE-DeepLab Model[J]. Remote Sensing, 2020, 12(18): 2985.

[255] Kim B, Cho S. Image-based concrete crack assessment using mask and region-based convolutional neural network [J]. Structural Control and Health Monitoring, 2019, 26 (8): e2381.

[256] 李庆桐, 黄宏伟. 基于数字图像的盾构隧道衬砌裂缝病害诊断[J]. 岩石力学与工程学报, 2020, 39(8): 1658-1670.

[257] Bucher M, Tuan-Hung V U, Cord M, et al. Zero-shot semantic segmentation[C]// Advances in Neural Information Processing Systems. 2019: 468-479.

[258] Al Arif S M M R, Knapp K, Slabaugh G. SPNet: Shape prediction using a fully convolutional neural network[C]//International Conference on Medical Image Computing and Computer-Assisted Intervention. Springer, Cham, 2018: 430-439.

[259] Miller J S, Bellinger W Y. Distress identification manual for the long-term pavement performance program [R]. United States. Federal Highway Administration. Office of Infrastructure Research and Development, 2003.

[260] 张冠华. 桥梁上部结构质量等级分类重要指标裂缝及其评价方法[J]. 北方交通, 2008 (1): 87-90.

[261] 周绍文, 来凯, 王亚琼. 公路隧道衬砌裂缝病害等级判定与处治技术[J]. 公路交通科技(应用技术版), 2014, 10(7): 283-285.

[262] 铁道部工务局. 铁路工务技术手册. 隧道(第2版)[M]. 北京: 中国铁道出版社, 1997.

[263] 中铁二院工程集团有限责任公司. 铁路隧道设计规范(TB 10003—2016)[S]. 北京: 中国铁道出版社, 2017: 1.

[264] 罗鑫, 夏才初. 隧道病害分级的现状及问题[J]. 地下空间与工程学报, 2006(5): 877-880.

［265］Tsai C, Feng J H, Lin S W, et al. Mask error enhancement factor（MEEF）aware mask rule check（MRC）：U. S. Patent 8, 739, 080［P］. 2014-5-27.

［266］Wang S, Qiu S, Wang W, et al. Cracking classification using minimum rectangular cover-based support vector machine［J］. Journal of Computing in Civil Engineering, 2017, 31（5）：04017027.

［267］潘振龙. 我国高速铁路基础设施运营维护经营模式探讨［D］. 石家庄：石家庄铁道大学, 2015.

［268］余泽西. 客运专线固定设备综合维修管理模式研究［D］. 成都：西南交通大学, 2009.

［269］甄相国. 客运专线线路维修养护管理模式探讨：2012 年 3 月建筑科技与管理学术交流会［C］. 中国北京, 2012.

［270］顾昌平. 城市基础设施维护管理存在的问题及对策研究［J］. 上海建设科技, 2018（4）：97-99.

［271］王丽英, 尹丹丽, 刘炳胜. 城市基础设施可持续运营的管理维护策略探析［J］. 现代财经（天津财经大学学报）, 2009, 29（11）：63-66.

［272］郭劼. 长沙市城市基础设施管理存在的问题与对策建议［D］. 长沙：国防科学技术大学, 2010.

［273］孙黎莹. GB/T 917《公路路线标识规则和国道编号》的修订说明［J］. 交通运输研究, 2009（2）：15-19.

［274］孙渝平, 孙黎莹, 熊燕舞. 交通行业标准《公路数据库编目编码规则》修订说明［J］. 交通标准化, 1999（3）：6-8.

［275］孙黎莹. 国标《公路桥梁命名编号和编码规则》介绍［J］. 交通运输研究, 1990（2）：15-15.

［276］单位交通运输部公路科学研究院. 公路桥梁技术状况评定标准［M］. 北京：人民交通出版社, 2011.

［277］交通运输部公路科学研究院, 交通运输部科学研究院, 交通运输部规划研究院. 公路路线标识规则和国道编号（GB/T 917—2017）［S］. 北京：中国标准出版社, 2017：9.

［278］王国凤, 刘扬, 靳宝. 基于主成分分析的道路状况评价简化模型［J］. 北京测绘, 2017（S1）：282-285.

［279］王惠勇, 陈宇亮, 芮勇勤. 基于物元模型分析方法的路面状况综合评价［J］. 交通运输工程学报, 2004（2）：6-9.

［280］史家钧, 邵志常. 上海徐浦大桥结构状态监测系统［C］//中国土木工程学会. 中国土木工程学会桥梁及结构工程学会第十三届年会论文集（下册）. 中国土木工程学会：中国土木工程学会, 1998：6.

［281］代希华, 李法雄, 杨昀, 等. 虎门二桥 BIM 建养一体化建设［J］. 中国公路, 2017（6）：68-71.

图书在版编目(CIP)数据

基于机器视觉的交通运输基础设施裂缝检维与管理／
邱实等编著. —长沙：中南大学出版社，2021.8
ISBN 978-7-5487-4497-9

Ⅰ. ①基… Ⅱ. ①邱… Ⅲ. ①交通设施—维修 Ⅳ.
①U

中国版本图书馆 CIP 数据核字(2021)第 123248 号

基于机器视觉的交通运输基础设施裂缝检维与管理
JIYU JIQI SHIJUE DE JIAOTONG YUNSHU JICHU SHESHI LIEFENG JIANWEI YU GUANLI

邱实　等编著

□责任编辑	刘颖维	
□责任印制	唐　曦	
□出版发行	中南大学出版社	
	社址：长沙市麓山南路	邮编：410083
	发行科电话：0731-88876770	传真：0731-88710482
□印　　装	长沙印通印刷有限公司	

□开　　本	710 mm×1000 mm 1/16　□印张 16.75　□字数 334 千字
□版　　次	2021 年 8 月第 1 版　□印次 2021 年 8 月第 1 次印刷
□书　　号	ISBN 978-7-5487-4497-9
□定　　价	128.00 元

图书出现印装问题，请与经销商调换